高等职业教育“十二五”规划教材

模拟电子技术与应用项目教程

王继辉　编

机械工业出版社

本书以实际生产中的产品——音频放大器、正弦波信号发生器为载体，将这两个产品的设计与制作为具体项目，下设半导体器件的识别与测试、音频放大器前置放大电路的制作（一）、音频放大器前置放大电路的制作（二）、音频放大器音调电路的制作、音频放大器输出电路的制作、音频放大器电源部分的制作、音频放大器设计与装调、正弦波信号发生器的设计与制作等8个工作任务，每个工作任务包含必备知识、相关技能训练、任务实现三个模块，每一个工作任务的完成是对必备理论知识和实践技能的一个综合运用的过程。

本书按照项目化教学模式，在保证基础理论的同时，注重学生应用技能和职业能力的养成，可作为高职高专院校自动化类、通信类、机电设备类等专业的教学用书，也可供相关专业工程技术人员参考使用。

为方便教学，本书配有电子课件、习题答案、模拟试卷及答案等，凡选用本书作为授课教材的学校，均可来电（010-88379564）或邮件（cmpqu@163. com）索取。有任何技术问题也可通过以上方式联系。

图书在版编目（CIP）数据

模拟电子技术与应用项目教程/王继辉编. —北京：机械工业出版社，2014.1（2020.9 重印）
高等职业教育“十二五”规划教材
ISBN 978-7-111-44950-8

Ⅰ.①模… Ⅱ.①王… Ⅲ.①模拟电路-电子技术-高等职业教育-教材 Ⅳ.①TN710

中国版本图书馆CIP数据核字（2013）第286317号

机械工业出版社（北京市百万庄大街22号 邮政编码100037）
策划编辑：曲世海 责任编辑：曲世海 冯睿娟
封面设计：赵颖喆 责任校对：刘秀丽
责任印制：常天培
北京京丰印刷厂印刷
2020年9月第1版·第6次印刷
184mm×260mm·11.75印张·287千字
标准书号：ISBN 978-7-111-44950-8
定价：36.00元

电话服务	网络服务
客服电话：010-88361066	机 工 官 网：www. cmpbook. com
010-88379833	机 工 官 博：weibo. com/cmp1952
010-68326294	金 书 网：www. golden-book. com
封底无防伪标均为盗版	机工教育服务网：www. cmpedu. com

前　言

电子技术经过100多年的发展历程，应用十分广泛。现在电子技术已从根本上改变了世界的面貌，一切新的科学技术都与电子技术有着非常密切的联系。

模拟电子技术是高职高专工科类学生必修的一门重要的专业基础课，本课程旨在培养学生具有识别与选用模拟电子元器件；具有认识和分析模拟电子技术基本单元电路及其应用的能力。通过本课程的学习，使学生了解电子技术的发展方向和应用领域，获得模拟电子技术的基础理论、基本知识和基本技能，培养学生的创新精神和实践能力，以适应电子技术发展的形势，为后续专业课程的学习和从事与本课程有关的工程技术工作打好基础。

本书在编写过程中，根据高等职业教育培养应用型人才的需要，结合本课程实践性强的特点，坚持以就业为导向，以职业岗位训练为主体，打破传统的学科体系教学模式，以从企业典型的工作任务提炼出来的项目为学习载体，重新整合了教学内容。本书按照项目化教学模式，结合实际电路介绍模拟电子技术的基础理论、基本知识和基本技能，并运用所学的理论知识对音频放大器和正弦波信号发生器进行分析、设计、组装、调试，注重学生职业能力、设计能力和创造能力的培养，促进学生职业技能的养成。

本书在编写中力求突出如下特点：

第一，必备知识以理论够用为度，力求内容简洁、精练、重点突出，深入浅出地阐述各单元电路的基本概念、基本原理和应用知识。

第二，相关训练使理论与实际应用紧密联系，前后呼应，学用结合，由浅入深、循序渐进地进行技能训练。

第三，任务实现以学生为主体，实现实用单元电路的设计、组装与调试，从工程观点培养学生的工程思维和分析解决实际工程问题等职业能力，进一步提高学生的知识运用能力。

同时本书注重介绍模拟电子技术新器件、新工艺、新技术的应用，以适应电子技术飞速发展的需要，并且鼓励学生自学，培养学生的自主学习能力。

由于软件原因，文中部分图形符号、文字符号以及相关标注方式与国家标准不完全相同，在此提醒读者注意。

编写本书时，查阅、参考或引用了众多文献资料，获得了很多启发，在此谨向这些作者表示诚挚的感谢！由于时间仓促，加之编者水平有限，书中难免有疏漏和不妥之处，恳请读者批评指正，以便进一步修改完善。

编　者

目　录

项目2 正弦波信号发生器的设计与制作

项 目 1

音频放大器的制作

项目介绍：我们在买台式计算机或用 MP3 播放音乐时，都需要配备一个音响（音频放大器），如果我们能自己动手制作一个音响，一定感觉更有意义。现在我们就通过制作音频放大器这一生产项目，来获得模拟电子技术的基本知识。

音频是指人耳能够感知的声音频率范围，音频放大器就是对这一频率范围内的电信号进行放大和处理，使其能够有足够大的输出功率去驱动扬声器或耳机等负载，重新将电信号转换为声音输出。音频放大器的功能框图如图 0-1 所示，可以分为音频放大和直流电源两大部分。其中音频放大部分的功能是将其他电子设备（如 MP3、计算机声卡、VCD 机等）的音源信号进行放大，然后再经过功率放大，最后去驱动扬声器发声。简单来说，音频放大器就是一个扩音器，但为了提高声响的品质，内部要求有能够对高音和低音进行调节的均衡电路（即音调电路）。直流电源部分则负责将 220V 的交流电转换为低压直流电供放大电路使用。

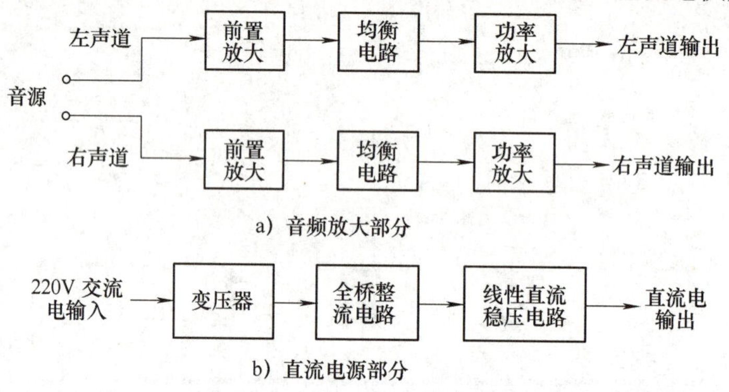

图 0-1　音频放大器的功能框图

根据音频放大器的功能框图，我们可以将其分解为多个工作任务，通过这些任务的实现，掌握模拟电子技术的基本知识和基本技能，完成音频放大器的设计与制作。其中任务 1 介绍了构成音频放大器的核心半导体器件的识别与测试方法。任务 2、任务 3、任务 4、任务 5、任务 6 完成了各单元电路的设计和制作，任务 7 完成了音频放大器的整体制作。

任务1 半导体器件的识别与测试——认识常用半导体器件

模块1 必备知识

构成音频放大器的核心器件是各种半导体器件，因此，我们首先要掌握各种半导体器件的结构特点和检测方法。

1.1 半导体器件

1.1.1 半导体的基本知识

在自然界中存在着许多不同的物质，根据其导电性能的不同大体可分为导体、绝缘体和半导体三大类。将导电能力介于导体和绝缘体之间、电阻率在 $10^{-3} \sim 10^{9}\Omega \cdot cm$ 范围内的物质，称为半导体。常用的半导体材料是硅（Si）和锗（Ge）。

用半导体材料制作电子元器件，不是因为它的导电能力介于导体和绝缘体之间，而是由于其导电能力会随着温度、光照的变化或掺入杂质的多少发生显著的变化，这就是半导体不同于导体的特殊性质。

纯净的具有完整晶体结构的半导体称为本征半导体。室温下，本征半导体的导电能力极差，掺入少量三价或五价元素后，导电能力大大增强。掺入其他元素的半导体称为杂质半导体。根据掺入元素的不同，将它们分为N型半导体和P型半导体。

1. N型半导体

在本征硅（或锗）中掺入少量磷（或其他五价元素），则磷原子将取代某些位置上的四价硅原子，形成N型半导体。磷原子有五个价电子，多余的一个价电子很容易挣脱磷原子的束缚而成为自由电子，磷原子失去一个价电子成为不能移动的正离子。故N型半导体中，自由电子为多数载流子，简称多子；本征激发产生的少量空穴为少数载流子，简称少子。

2. P型半导体

在本征硅（或锗）中掺入少量硼（或其他三价元素），则硼原子将取代某些位置上的四价硅原子，形成P型半导体。硼原子有三个价电子，在与相邻的硅原子形成共价键时，将因缺少一个价电子而形成一个空穴，这个空穴容易吸引邻近共价键上的价电子来填补，使得硼原子得到一个价电子成为不能移动的负离子。在P型半导体中，空穴为多子，自由电子为少子。

综上所述，多子是由掺杂产生，多子数量取决于掺杂浓度，杂质半导体主要靠多子导电。少子是本征激发产生，因此少子数量对温度非常敏感，所以在高温下，半导体器件少子数目增多，器件的稳定性将会受到影响。

3. PN结的形成及其单向导电性

如果将一块半导体的一侧掺杂成为P型半导体，而另一侧掺杂成为N型半导体，则在二者的交界处将形成一个特殊薄层，称为PN结。PN结是构成各种半导体器件的基础。

如图1-1所示，在P区和N区的交界处，自由电子和空穴都要从高浓度处向低浓度处扩散。多子扩散到对方区域后，使对方区域的多子因复合而耗尽，所以P区和N区交界处就形成了一个电场方向从N区指向P区的空间电荷区，称为内电场。内电场阻碍多子扩散，帮助少子漂移运动，随着扩散运动的逐渐减弱，漂移运动的逐渐增强，最后形成一种动态平衡，这样空间电荷区的厚度、内电场的大小就不再发生变化，这个空间电荷区就称为PN结，其厚度为几微米至几十微米。

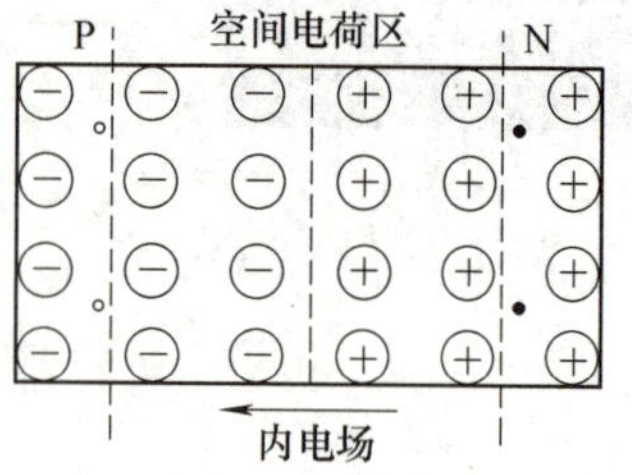

图1-1　PN结的形成

PN结无外加电压时，多子的扩散运动与少子的漂移运动处于动态平衡状态，此时，PN结内无宏观电流。

PN结外加正向电压（称为正向偏置），即P区接电源的正极，N区接电源的负极，如图1-2a所示。这时，外电场方向与内电场方向相反，内电场被削弱，使多子扩散增强，少子漂移减弱，因此空间电荷区变窄。PN结中形成了以扩散电流为主的正向电流 I_F。因为多子数量较多，所以 I_F 较大，此时，PN结呈现出一个很小的电阻，PN结处于正向导通状态。

PN结外加反向电压（称为反向偏置），即N区接电源的正极，P区接电源的负极，如图1-2b所示。这时，外电场方向与内电场方向一致，内电场增强，使多子扩散减弱，少子漂移增强，空间电荷区变宽。此时，少子漂移运动构成了反向电流 I_R。由于少子在一定温度下浓度很低，故反向电流 I_R 很小，只有微安级，PN结呈现出高电阻特性。

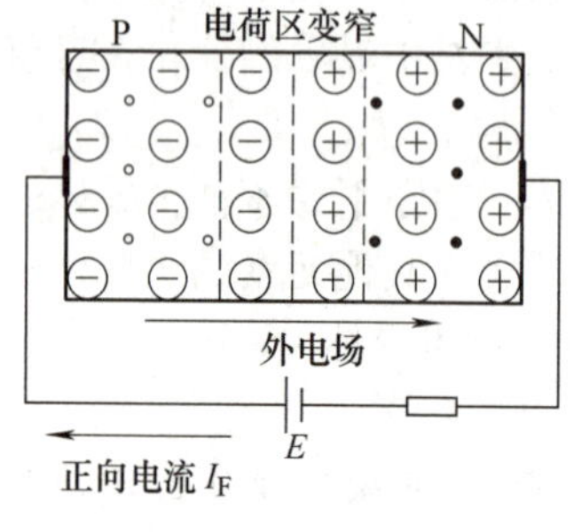

a) PN结外加正向电压

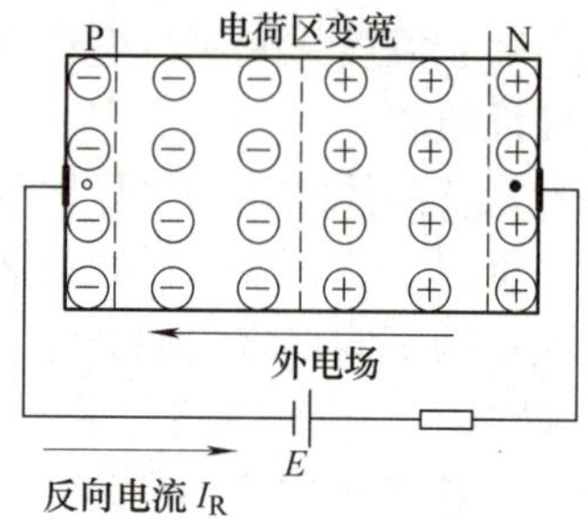

b) PN结外加反向电压

图1-2　PN结的单向导电性

综上所述，PN结正向偏置时，处于导通状态，正向电阻很低，有较大正向电流 I_F 通过；PN结反向偏置时，处于截止状态，反向电阻很高，反向电流 I_R 很小，这就是PN结的单向导电性。

1.1.2　二极管

1. 二极管的结构与符号

在一个PN结的两端加上电极引线，外边用金属（或玻璃、塑料）管壳封装起来，就构成了二极管。由P区引出的电极，叫做正极（或阳极），由N区引出的电极，叫做负极（或阴极），二极管的电路符号如图1-3所示，箭头指向为正向导通电流方向。

（阳极）　VD　（阴极）
\+　　I_D　　−

图1-3　二极管的电路符号

二极管的类型很多，按制造二极管的材料分，可分为硅二极管和锗二极管；按用途来分，可分为整流二极管、开关二极管、

稳压二极管等；按PN结内部的结构来分，可分为点接触型二极管、面接触型二极管和平面型二极管，如图1-4所示。

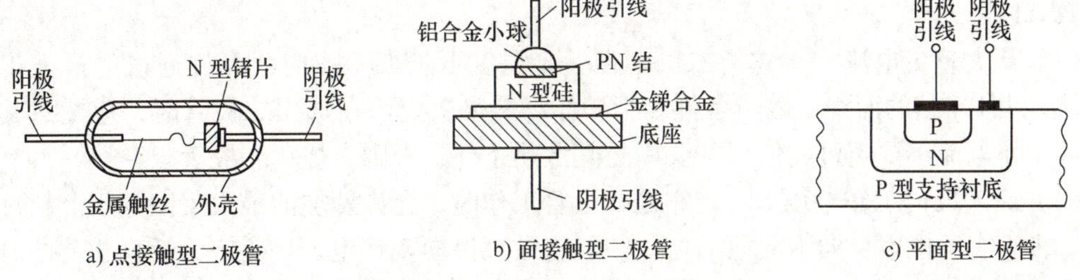

图1-4　二极管的几种常见结构

点接触型二极管的PN结面积很小，不能承受高的反向电压和大的电流，但其结电容也很小，高频性能好，常用做高频检波和开关元件。面接触型二极管的PN结面积大，可承受较大的正向电流，但结电容也大，因此这类器件不宜用于高频电路中，常用于低频整流。平面型二极管主要用在集成工艺中，可根据窗口的大小选择结面积的大小，当结面积大时，可以通过较大的电流，适用于大功率整流；当结面积较小时，PN结电容也较小，适用于在脉冲数字电路中做开关管。

2. 二极管的伏安特性

二极管的主要特性就是单向导电特性。常利用伏安特性曲线来形象地描述二极管的单向导电性。所谓伏安特性曲线，就是指加到二极管两端的电压与流过二极管电流的关系曲线，其伏安特性曲线如图1-5所示。

（1）正向特性　当外加正向电压很小时，电流几乎为零。当正向电压超过一定数值U_{th}后，才有电流流过二极管，因此U_{th}称为死区电压或门坎电压。U_{th}的大小与材料和温度有关，通常硅管约为0.5V，锗管约为0.1V。

当正向电压大于死区电压时，正向电流增大，此时，二极管处于正向导通，呈现出低电阻，正向电压稍有增大，电流就会迅速增加。图1-5中曲线显示，二极管正向导通后其管压降很小（硅管为0.6～0.7V，锗管为0.2～0.3V），相当于开关闭合。

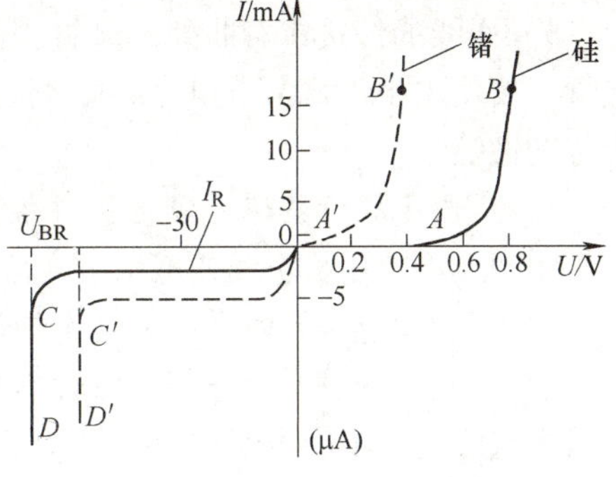

图1-5　二极管的伏安特性曲线

（2）反向特性　当二极管外加反向电压时，只有很小的反向电流流过二极管，称为反向饱和电流。温度升高时，反向饱和电流将随之急剧增大。在同样的温度下，硅管的反向饱和电流比锗管小，硅管是纳安级（nA），锗管是微安级（μA）。如果反向电压继续升高，当超过U_{BR}以后，反向电流将急剧增大，这种现象称为二极管反向击穿，U_{BR}称为反向击穿电压。普通二极管被击穿以后，一般就不再具有单向导电性。

（3）温度对特性的影响　由于半导体的导电特性与温度有关，所以二极管的特性对温度很敏感，温度升高时，二极管的正向特性曲线左移，反向特性曲线下移，变化规律为：在室温附近，温度每升高1℃，正向电压减小2～2.5mV；温度每升高10℃，反向电流约增大一倍，反向击穿电压也下降较多。

3. 二极管的主要参数

二极管的参数定量描述了二极管的性能指标，是选择器件的重要参考依据。二极管的主要参数有以下几个。

（1）最大整流电流 I_F　它指二极管在一定温度下长期工作时，允许通过的最大正向平均电流，由 PN 结的面积、散热条件和半导体材料来决定。在选用二极管时，应注意其通过的实际工作电流不要超过此值，并要满足其散热条件，否则会烧坏二极管。

（2）最大反向工作电压 U_{RM}　它是二极管工作时，允许外加的最大反向电压。超过此值时，二极管有可能因反向击穿而损坏。一般将最大反向工作电压 U_{RM} 定为反向击穿电压 U_{BR} 的一半。

（3）反向电流 I_R　它指二极管未被击穿时的反向电流值。I_R 越小，二极管的单向导电性就越好，受温度影响越小。

（4）最高工作频率 f_M　它主要由 PN 结的结电容大小决定。这个参数反映了二极管高频性能的好坏，结电容越大，二极管的高频单向导电性越差。f_M 就是二极管仍能保持单向导电性的外加电压最高频率。

4. 二极管使用注意事项

半导体二极管在使用时应注意以下事项：

1）在电路中应按注明的极性进行连接。

2）应根据需要正确地选择型号。同一型号的整流二极管方可串联、并联使用。在串联或并联使用时，应视实际情况决定是否需要加入均衡（串联均压、并联均流）装置（或电阻）。

3）引线的焊接或弯曲处，离管壳距离不得小于 10mm。为防止因焊接时过热而损坏二极管，要使用小于 60W 的电烙铁，焊接时间不应超过 2～3s，并在管壳与焊接点之间保证有良好的散热。

4）应避免靠近发热元器件，并保证散热良好。工作在高频或脉冲电路的二极管引线，要尽量短，不能用长引线或把引线弯成圈来达到散热目的。

5）切勿超过半导体手册中规定的最大允许电流和电压值。

6）二极管的替换。硅管与锗管不能互相代用。替换上去的二极管其最高反向工作电压及最大整流电流不应小于被替换管。根据工作特点，还应考虑其他特性，如截止频率、结电容、开关速度等。

【例 1-1】 电路如图 1-6 所示，试分别计算如下两种情况下，输出端 O 的电位。

（1）输入端 A 的电位为 $U_A=3.6V$，B 的电位为 $U_B=3.6V$；

（2）输入端 A 的电位为 $U_A=0V$，B 的电位为 $U_B=3.6V$。

解：（1）当 $U_A=3.6V$，$U_B=3.6V$ 时，VD_1、VD_2 均导通，则

$$U_O \approx 3.6V$$

（2）当 $U_A=0V$，$U_B=3.6V$ 时，因为 A 端的电位比 B 端电位低，所以 VD_1 优先导通，则

$$U_O \approx 0$$

当 VD_1 导通后，VD_2 上承受反向电压而截止。

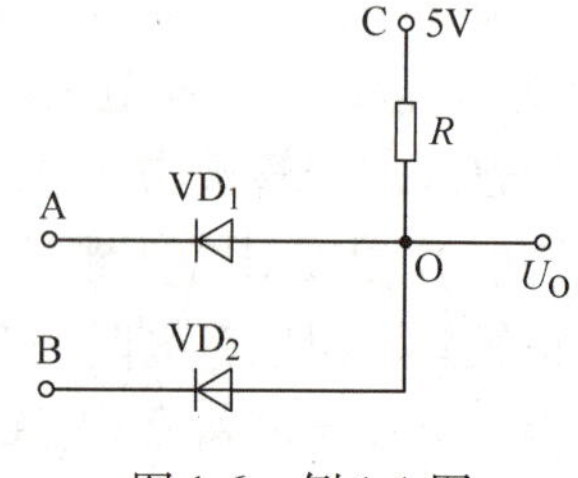

图 1-6　例 1-1 图

当二极管正向导通时，正向压降很小，可以忽略不计，所以可以强制使其阳极电位与阴极电位基本相等，这种作用称为二极管的钳位作用。当二极管加反向电压时，二极管截止，相当于断路，阳极和阴极被隔离，称为二极管的隔离作用。在例1-1（1）中，VD_1、VD_2 均起钳位作用，把输出端O的电位钳制在3.6V；在例1-1（2）中，VD_1 起钳位作用，把输出端O的电位钳制在0V，VD_2 起隔离作用，把输入端B和输出端O隔离开。

【例1-2】 在图1-7a所示电路中，假设VD为理想二极管，交流输入电压 $u_i = 10\sin\omega t$ V，试画出输出电压的波形。

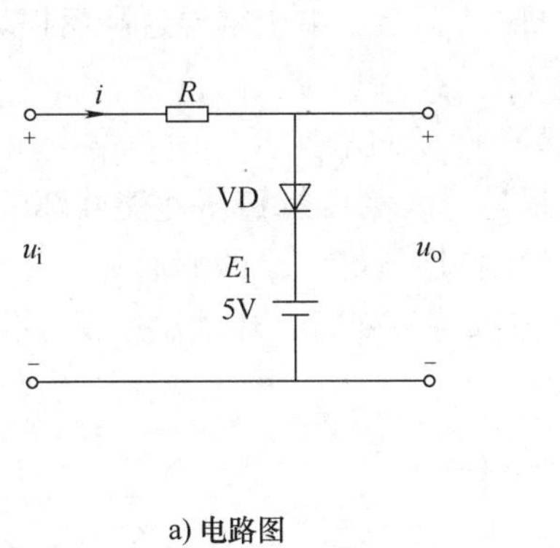

a) 电路图

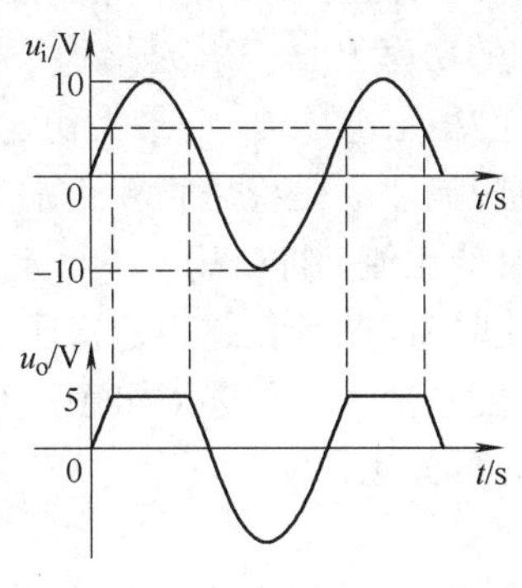

b) 输入与输出波形

图1-7　例1-2图

解： 在图1-7a所示的限幅电路中，交流输入电压 u_i 和直流电压 E_1 都对二极管VD起作用。在假设VD为理想二极管时，有如下过程发生：当输入电压 $u_i > 5$V时，VD导通，$u_o = 5$V；当 $u_i \leqslant 5$V时，VD截止，$u_o = u_i$，输出波形如图1-7b所示。

利用这个简单的电路可以把输出电压 u_o 的幅度限制在5V以下。在电子电路中，为了降低信号的幅度以满足电路工作的需要，或者为了保护某些器件不受大的信号电压作用而损坏，往往利用二极管的导通和截止限制信号的幅度，这就是所谓的限幅。

5. 特殊二极管介绍

（1）稳压二极管　稳压二极管是一种特殊的硅二极管，它在电路中与适当数值的电阻配合后能起稳定电压的作用，简称为稳压管，其电路符号如图1-8a所示。

稳压管的伏安特性曲线与普通二极管的类似，如图1-8b所示，其差异是稳压管的反向特性曲线比较陡。稳压管正常工作于反向击穿区，从反向特性曲线上可以看出，即使反向电流的变化量 ΔI_Z 较大，稳压管两端相应的电压变化量 ΔU_Z 却很小，这就说明稳压管具有稳压特性。如果稳压管的反向电流超过允许值，那么它将会因过热而损坏。所以，与稳压管配合的电阻要适当，才能起稳压作用。

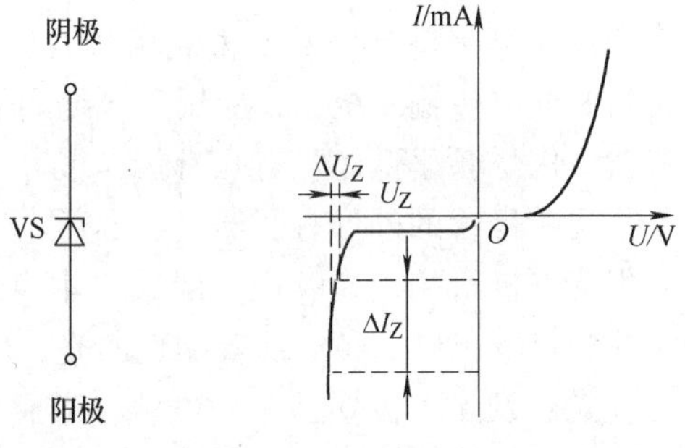

a) 电路符号　　b) 伏安特性曲线

图1-8　稳压管的电路符号与伏安特性曲线

稳压管有如下主要参数：

1）稳定电压 U_Z。U_Z 就是稳压管正常工作时的反向击穿电压，由于制造工艺和其他方面的原因，稳压值也有一定的分散性，同一型号的稳压管稳压值可能略有不同。手册给出的都是在一定条件（工作电流、温度）下的数值，例如2CW18稳压管的稳压值为10～12V。

2）稳定电流I_Z。I_Z是指稳压管工作在稳定电压时的参考电流。当流过稳压管的电流低于I_Z时，稳压效果变坏，甚至根本不稳压。正常工作时，流过稳压管的电流必须大于I_Z。所以I_Z是稳压管正常工作所需的最小电流，故将I_Z记作I_{Zmin}。

3）最大稳定电流I_{Zmax}。I_{Zmax}是指稳压管所允许通过的最大反向电流。流过稳压管的电流一旦超过I_{Zmax}，可能会发生热击穿而损坏。

4）最大耗散功率P_{ZM}。P_{ZM}是指稳压管的PN结不至于由于结温过高而损坏的最大功率。P_{ZM}等于稳压管的稳定电压U_Z与最大稳定电流I_{Zmax}的乘积。

5）动态电阻r_Z。r_Z是稳压管在正常工作区（即反向击穿区）时，端电压的变化量与相应的电流变化量的比值，即$\Delta U_Z/\Delta I_Z$。动态电阻是反映稳压管稳压性能好坏的重要参数，r_Z越小，电流变化时U_Z的变化越小，稳压管的稳压特性越好。r_Z的值通常为几欧到几十欧。

6）电压温度系数α。α表示当稳压管的电流保持不变时，环境温度每变化1℃所引起的稳定电压变化的百分比，即

$$\alpha = \frac{\Delta U}{\Delta T} \times 100\%$$

一般来说，U_Z值小于4V的稳压管，α为负值；U_Z值大于7V的稳压管，α为正值；而U_Z值为6V左右的稳压管，电压温度系数很小。因此，选用6V左右的稳压管可得到较好的温度稳定性。

（2）发光二极管　发光二极管简称为LED，是一种直接将电能转化为光能的器件。通常制成LED的半导体中掺杂浓度很高，当管子被施加正向电压时，多数载流子的扩散运动加强，大量的电子和空穴在空间电荷区复合时释放出的能量大部分转换为光能，从而使LED发光。

LED常采用砷化镓、磷化镓等半导体材料制成，它的发光颜色主要取决于所用的半导体材料，既可以发出红、黄和绿色等可见光，也可以发出看不见的红外光。发光二极管可以制成各种形状，如长方形和圆形。图1-9所示为发光二极管的符号。

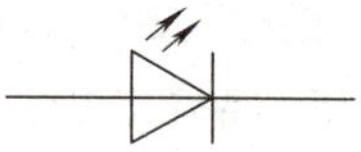

图1-9　发光二极管的符号

LED具有体积小、工作电压低（1.5～3V）、工作电流小（10～30mA）、发光均匀稳定且亮度比较高、响应速度快以及寿命长等优点。它主要用做显示器件，除单个使用外，还可用多个PN结按分段式制成数码管或做成矩阵式显示器，如数字电路中用来显示0～9数字的七段数码管。LED的另一个重要用途是将电信号变为光信号，通过光缆传输，然后用光敏二极管接收，再现电信号，这种光电传输系统，常应用于光纤通信和自动控制系统中。目前还生产出一种闪烁发光二极管，闪烁频率低，只有几赫兹，很容易引起人们的警觉，可广泛用做光报警电路。

发光二极管的外形有圆形、长方形、三角形、正方形、组合形及特殊形等。

发光二极管的发光颜色一般和它本身的颜色相同，但是近年来出现了透明的发光二极管，它也能发出红、黄、绿等颜色的光，但只有通电了才能知道。

注意：发光二极管是一种电流型器件，虽然在它的两端直接接上3V的电压后能够发光，但容易损坏，在实际使用中一定要串接限流电阻，根据型号不同工作电流一般为1～30mA。另外，发光二极管的导通电压一般为1.7V以上，一节1.5V的电池不能点亮发光二极管。发光二极管的正、反向电阻均比普通二极管大得多，一般万用表的$R\times1$挡至$R\times1k$

挡均不能测试到发光二极管的发光情况，而 $R\times10k$ 挡使用 15V 的电池，能把有的发光二极管点亮。

在使用 LED 时，注意必须正向偏置。

将发光二极管和光敏元器件组装在同一密闭的壳体内，彼此间用透明绝缘体隔离，可以构成光耦合器。光耦合器是以光为媒介传输电信号的一种电→光→电转换器件。发光源的引脚为输入端，受光器的引脚为输出端。图 1-10 所示是由发光二极管和光敏晶体管（BGM）构成的光耦合器。

（3）光敏二极管　光敏二极管是一种将光信号转换为电信号的特殊二极管，它的符号如图 1-11 所示。其基本结构也是一个 PN 结，它的管壳上有一个能射入光线的窗口，窗口上镶着玻璃透镜，光线可通过透镜照射到管芯，为增加受光面积，PN 结的面积做得比较大。

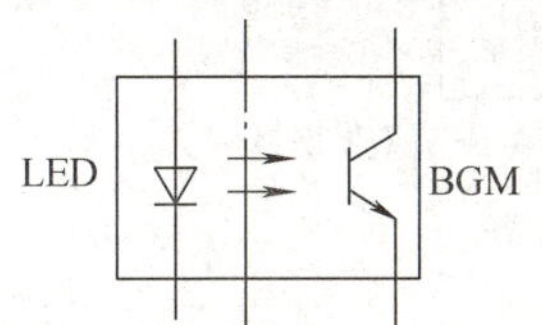

图 1-10　发光二极管-光敏晶体管光耦合器

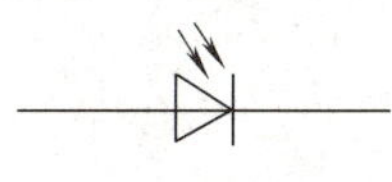

图 1-11　光敏二极管的符号

光敏二极管在电路中一般处于反向偏置状态。在无光照时，与普通二极管一样，反向电流很小，该电流称为暗电流，此时光敏二极管的反向电阻高达几十兆欧。当有光照时，产生电子—空穴对，统称为光生载流子。在反向电压作用下，光生载流子参与导电，形成比无光照时大得多的反向电流，该反向电流称为光电流，此时光敏二极管的反向电阻下降至几千欧至几十千欧。光电流与光照强度成正比。如果外电路接上负载，便可获得随光照强弱而变化的电信号。

光敏二极管一般用作光电检测器件，将光信号转变成电信号，这类器件应用非常广泛。例如，应用于光电测量、光电自动控制、光纤通信的光接收机中等。大面积的光敏二极管可用做能源，即光电池。

1.1.3　晶体管

晶体管是放大电路的最基本器件之一，由于它在工作时半导体中的电子和空穴两种载流子都起作用，因此属于双极型器件，也叫做双极结型晶体管（BJT）。晶体管可以由半导体硅材料制成，称为硅晶体管；也可以由锗材料制成，称为锗晶体管。

1. 晶体管的结构及符号

晶体管是三层半导体引出三个电极而成的器件。根据各层半导体排列次序的不同，有 NPN 型和 PNP 型两种结构形式。

图 1-12a 是 NPN 型晶体管的结构示意图和电路符号。中间层是很薄的 P 型半导体（几微米至几十微米），两边各为 N 型半导体，从三层半导体上各自接出一根引线就成为晶体管的三个电极：发射极 E、基极 B 和集电极 C。对应的每层半导体称为发射区、基区和集电区。晶体管有两个 PN 结：基区、发射区之间的发射结和基区、集电区之间的集电结。两个 PN 结通过掺杂浓度很低且很薄的基区联系着。

图 1-12b 是 PNP 型晶体管的结构示意图和电路符号。注意 PNP 型晶体管发射极的箭头是向内的。

由于晶体管三个区的作用不同，晶体管在制作时，每个区的掺杂与面积均不同。其内部结构特点是：

1）发射区的掺杂浓度高；

2）基区的掺杂浓度低，且做得很薄，一般只有几微米至几十微米；

3）集电结的面积比发射结要大得多。

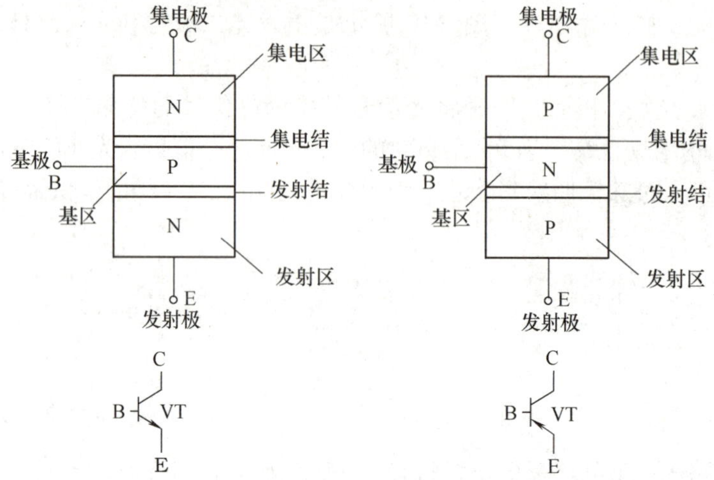

a）NPN 型晶体管的结构示意图和电路符号　　b）PNP 型晶体管的结构示意图和电路符号

图 1-12　晶体管的结构示意图和电路符号

晶体管根据工作频率分为高频管、低频管和开关管；根据工作功率分为大功率管、中功率管和小功率管。常见的晶体管外形如图 1-13 所示。

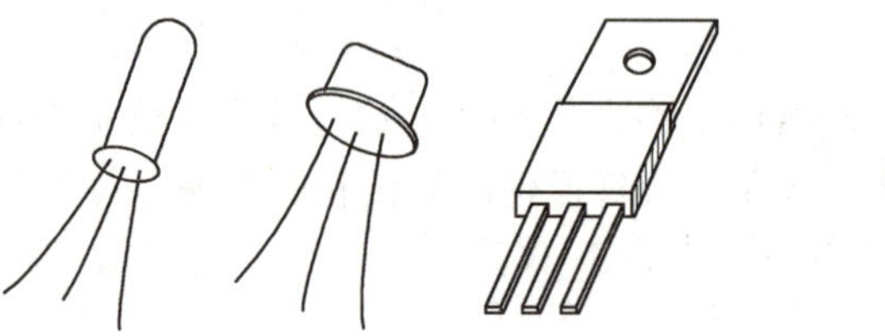

图 1-13　常见的晶体管外形

2. 晶体管中的电流分配和放大作用

晶体管结构上的特点是：含有两个背靠背的 PN 结，发射区掺杂浓度高，基区很薄且掺杂浓度低，集电结面积大等。这些特点是晶体管具有电流放大作用的内部条件。

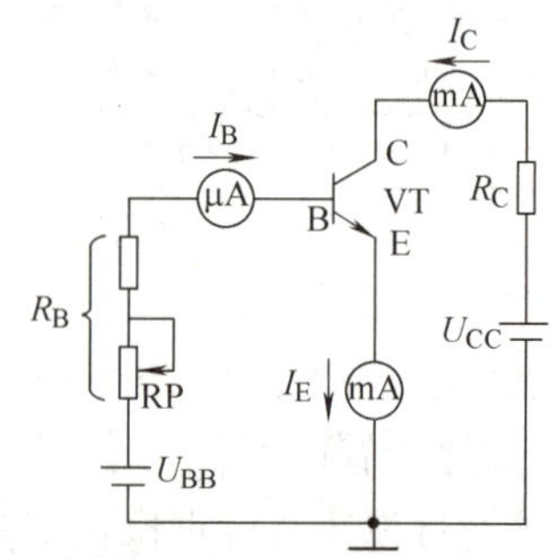

图 1-14　晶体管电流放大的实验电路

为了了解晶体管的放大原理和其中电流的分配，我们先做一个实验，实验电路如图 1-14 所示。图中晶体管发射极是公共端，因此这种接法为晶体管的共发射极接法。如果用的是 PNP 型晶体管，则电源 U_{CC} 和 U_{BB} 的极性与图 1-14 所示（$U_{CC}>U_{BB}$）相反，即保证发射结上加正向电压，集电结上加反向电压，这是晶体管具有电流放大作用的外部条件。

改变电阻 R_B，则基极电流 I_B、集电极电流 I_C 和发射极电流 I_E 都发生变化。电流方向如图 1-14 所示。测量结果列

于表 1-1 中。

表 1-1　晶体管电流测量数据　　　　　　（单位：mA）

I_B	0	0.020	0.04	0.06	0.08	0.10
I_C	<0.001	1.823	1.50	2.30	3.10	3.95
I_E	<0.001	1.843	1.54	2.36	3.18	4.05

由此实验及测量结果可得出如下结论：

1）实验数据中的每一列数据均满足关系：$I_E=I_C+I_B$，此结果符合基尔霍夫电流定律。

2）I_C 和 I_E 的数值比 I_B 大得多。从第三列和第四列的数据可得出 I_C 与 I_B 的比值分别为

$$\frac{I_C}{I_B}=\frac{1.50}{0.04}=37.5 \qquad \frac{I_C}{I_B}=\frac{2.30}{0.06}=38.3$$

这就是晶体管的电流放大作用。电流放大作用还体现在基极电流的少量变化 ΔI_B 引起集电极电流较大的变化 ΔI_C。比较第三列和第四列的数据，可得出

$$\frac{\Delta I_C}{\Delta I_B}=\frac{2.30-1.50}{0.06-0.04}=\frac{0.80}{0.02}=40$$

3）当 $I_B=0$（将基极开路）时，$I_C=I_{CEO}$，表中 $I_{CEO}<1\mu A$（0.001mA）。I_{CEO} 称为穿透电流，指由集电区穿过基区流入发射区的电流。

为了保证管子的正常电流流通，除了管子本身的内部结构条件外，还必须保证管子外部使用条件，那就是发射结正向偏置，集电结反向偏置。由于通过控制基极电流 I_B 的大小，能实现对集电极电流 I_C 的控制，所以常把晶体管称为电流控制器件。

3. 晶体管的特性曲线

晶体管的特性曲线是用来表示该晶体管各极电压和电流之间相互关系的，它反映了晶体管的性能，是分析放大电路的重要依据。最常用的是共发射极接法时的输入特性曲线和输出特性曲线。这些特性曲线可用特性图示仪直观显示出来，也可通过实验电路进行测绘。

（1）输入特性曲线　输入特性曲线是指当集电极与发射极之间电压 u_{CE} 为定值时，输入回路中的晶体管基极电流 i_B 与基-射电压 u_{BE} 之间的关系曲线，用函数关系式可表示为

$$i_B=f(u_{BE})\big|_{u_{CE}=\text{常数}} \tag{1-1}$$

图 1-15a 所示为某 NPN 型硅管的输入特性曲线，比较 $u_{CE}=0V$ 和 $u_{CE}=1V$ 的两条曲线，可见 $u_{CE}=1V$ 曲线比 $u_{CE}=0V$ 的曲线向右移动了一段距离，这是由于 $u_{CE}=1V$ 时，集电结加了反向电压，集电结吸引电子的能力加强，使得从发射区扩散到基区的电子更多地进入集电区，从而对应于相同的 u_{BE}，流向基极的电流 I_B 比 $u_{CE}=0V$ 时减小了，曲线就相应地向右移了。但当 $u_{CE}>1V$ 后，曲线右移距离很小，可以近似认为与 $u_{CE}=1V$ 时的曲线重合，图 1-15a 中只画出两条曲线，在实际使用中，u_{CE} 总是大于 1V 的。

和二极管相似，晶体管的输入特性曲线也存在死区：硅管约为 0.5V，锗管约为 0.1V，只有当 u_{BE} 大于死区电压时，晶体管才导通，输入回路才有 i_B 电流产生。当发射结正偏导通后，硅管的发射结压降 U_{BE} 约为 0.7V，锗管约为 0.3V。因此，锗管的输入特性曲线要比硅管的向左移动一段。和二极管一样，分别以 0.7V 和 0.3V 作为硅晶体管和锗晶体管的发射结导通压降估计值。

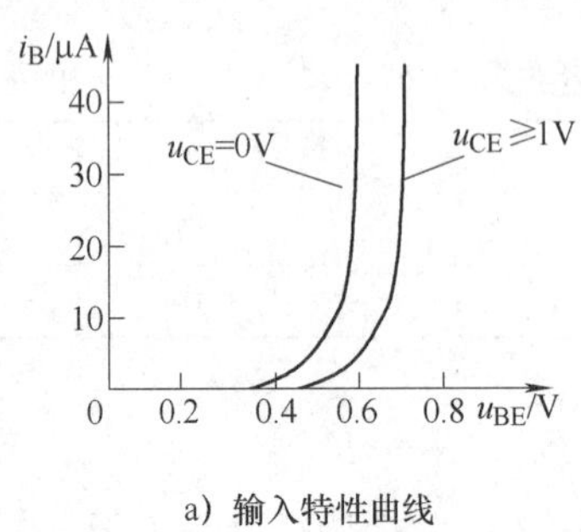

a）输入特性曲线

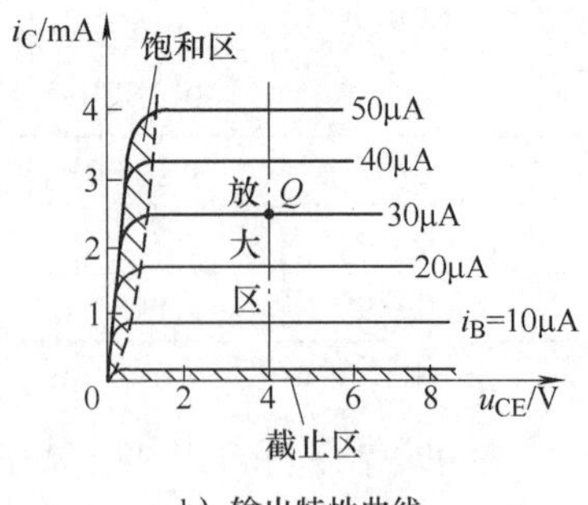

b）输出特性曲线

图 1-15　晶体管的输入、输出特性曲线

（2）输出特性曲线　输出特性曲线是指在基极电流 i_B 一定时，晶体管的集电极输出回路中，集电极与发射极之间的电压 u_{CE}和集电极电流 i_C 之间的关系曲线。用函数关系式可表示为

$$i_C = f(u_{CE}) \mid_{i_B = 常数} \tag{1-2}$$

图 1-15b 所示为晶体管共发射极放大电路的输出特性曲线。由图可见，各条特性曲线的形状基本是相同的。曲线的起始部分很陡，当 u_{CE}略有增加时，i_C 增加得很快，这是由于 u_{CE}很小时，集电结的反向电压很小，对发射区扩散到基区的电子吸引力不够，从而使到达集电区的电子很少，所以 u_{CE}稍有增大，集电结的电场加强，对基区电子的吸引力就增强，从而 i_C 就会迅速增大。当 u_{CE} >1V 左右以后，曲线变得比较平坦。这是由于 u_{CE} >1V 以后，集电结的电场已足够强，足以把除在基区复合掉以外的几乎所有电子都吸引到集电区形成 i_C，而 i_B 一定时，从发射区扩散到基区的电子数是一定的，因此，此时再增加 u_{CE}，加大对电子的吸引力，到达集电区的电子数也只能略有增加或基本上不增加。若改变基极电流 i_B 的值，就可以得到另外一条输出特性曲线。若 Δi_B 为一常数，将得到一组间隔基本均匀且比较平坦的曲线族。按输出特性曲线的不同特点，可将其划分为三个区域：截止区、放大区和饱和区。

1）截止区。习惯上将 i_B =0 以下的区域称为截止区。若要使 $i_B \leqslant 0$，晶体管的发射结就必须在死区以内或反偏，为了使发射结能够可靠截止，通常给晶体管的发射结加反偏电压。所以截止区的特点是发射结与集电结均反偏。

晶体管处于截止区时，i_B =0，对应的集电极电流 $i_C \approx i_E = I_{CEO}$，如 I_{CEO}很小，可以认为截止区晶体管的三个电极电流均为 0，即三个电极间开路，C-E 等效为一个断开的开关。此时晶体管是没有放大能力的。

2）放大区。放大区处于曲线近似水平的部分。此时，晶体管的发射结正偏，集电结反偏。晶体管处于放大区，当 i_B 一定时，i_C 的值基本上不随 u_{CE}而变化；当基极电流发生微小的变化量 Δi_B 时，相应的集电极电流将产生较大的变化量 Δi_C，即 $\Delta i_C = \beta \Delta i_B$（$\beta$ 称为晶体管的电流放大系数）。各曲线间的间隔大小可体现 β 的大小，间隔越大，则 β 值越大。

放大区体现了晶体管基极电流对集电极电流的控制作用，说明晶体管是一种具有电流放大能力的电流控制器件。

3）饱和区。将 $u_{CE} \leqslant u_{BE}$时的区域称为饱和区。此时，发射结和集电结均处于正向偏置。

晶体管处于饱和区时，i_C 由外电路决定，而与 i_B 无关。将此时所对应的 u_{CE} 值称为饱和压降，用 U_{CES} 表示。一般情况下，小功率管的 U_{CES} 小于 0.4V（硅管约为 0.3V，锗管约为 0.1V），大功率管的 U_{CES} 为 1 ~ 3V。在理想条件下，$U_{CES}\approx 0$。C-E 等效为一个闭合的开关。此时晶体管也没有放大能力。

由上分析可知，晶体管在电路中既可以作为放大器件使用（工作在放大区），又可以作为开关使用（工作在饱和区和截止区）。

4. 晶体管的主要参数

晶体管的特性除用特性曲线表示外，还可用一些数据来说明，这些数据就是晶体管的参数。晶体管的参数也是设计电路时选用晶体管的依据。主要参数有下面几个：

(1) 电流放大系数　根据工作状态的不同，在直流和交流两种情况下，分别有直流电流放大系数 $\bar{\beta}$ 和交流电流放大系数 β。

1) 共发射极直流电流放大系数 $\bar{\beta}$（h_{FE}）。在共发射极电路没有交流输入信号的情况（静态）下，I_C-I_{CEO} 与 I_B 的比值称为直流电流放大系数 $\bar{\beta}$，即

$$\bar{\beta}=\frac{I_C-I_{CEO}}{I_B}\approx\frac{I_C}{I_B} \tag{1-3}$$

所以，$\bar{\beta}$ 也可以理解为直流工作情况时，共发射极电路的集电极电流 I_C 与输入直流电流 I_B 的比值。

2) 共发射极交流电流放大系数 β（h_{fe}）。在共发射极电路有交流输入信号的情况（动态）下，输出集电极电流的变化量与输入基极电流的变化量的比值称为交流电流放大系数 β，即

$$\beta=\frac{\Delta I_C}{\Delta I_B} \tag{1-4}$$

β 是衡量晶体管放大能力的重要指标。从输出特性曲线来看，在集电极电流为 1mA 以上相当大的范围内，小功率管的 β 都比较大，而且可以认为是基本恒定，一般在几十到二百之间。β 太小，电流放大作用差；β 太大，管子性能往往不稳定。

$\bar{\beta}$ 和 β 的含义是不同的，由于晶体管特性曲线的非线性，工作点不同，$\bar{\beta}$ 和 β 的数值也不相同。但在输出特性曲线近于平行等距且 I_{CBO} 不大的情况下，$\bar{\beta}$ 和 β 的数值较为接近。在工程上，为了简便，一般都认为 $\bar{\beta}=\beta$，以后不再区分。

(2) 极间反向电流

1) 集电极-基极间的反向饱和电流 I_{CBO}。I_{CBO} 为发射极开路时，集电极和基极间的反向饱和电流，小功率硅管的 I_{CBO} 小于 1μA，锗管的 I_{CBO} 为 10μA 左右。

I_{CBO} 的大小标志集电结质量的好坏，其值越小越好，一般在工作环境温度变化较大的场所都选择硅管。

2) 集电极-发射极间的反向电流 I_{CEO}。I_{CEO} 为基极开路时，由集电区穿过基区流入发射区的穿透电流，它是 I_{CBO} 的 $(1+\beta)$ 倍，即

$$I_{CEO}=(1+\beta)I_{CBO} \tag{1-5}$$

集电极电流 I_C 则为

$$I_C=\beta I_B+I_{CEO} \tag{1-6}$$

由于 I_{CBO} 受温度影响很大，故温度变化对 I_{CEO} 和 I_C 的影响更大，选用管子时，一般希望极间反向电流尽量小些。

一般来说，β 值大的管子，放大倍数大，I_{CEO} 也较大，使放大电路的温度稳定性变差。所以在选管子时，并不是 β 值越大的管子就越好。

（3）极限参数　晶体管正常工作时，管子上的电压和电流是有一定限度的，否则会使晶体管工作不正常，使特性变坏，甚至损坏。因此要规定允许的最高工作电压、流经晶体管的最大工作电流和允许的最大耗散功率等。这些电压、电流和功率值称为晶体管的极限参数。

1）集电极-发射极间的击穿电压 $U_{(BR)CEO}$。$U_{(BR)CEO}$ 是指当基极开路时，集电极与发射极之间的反向击穿电压。当温度上升时，击穿电压 $U_{(BR)CEO}$ 要下降，在实际使用中，必须满足 $u_{CE} < U_{(BR)CEO}$。

2）集电极最大允许电流 I_{CM}。当集电极电流超过某一定值时，晶体管的性能变差，甚至会损坏管子，例如 β 值会随着 I_C 的增加而下降。集电极最大允许电流 I_{CM}，就是表示 β 下降到额定值的 1/3 ~ 2/3 时的 I_C 值，一般规定在正常工作时，流过晶体管的集电极电流 $i_C < I_{CM}$。

3）集电极最大允许耗散功率 P_{CM}。这个参数是表示集电结上允许损耗功率的最大值。晶体管消耗的功率 $P_C = U_{CE}I_C$ 转化为热能损耗于管内，并主要表现为温度升高。所以，当晶体管消耗的功率超过 P_{CM} 值时，其发热量将使管子性能变差，甚至烧坏管子。因此，在使用晶体管时，P_C 必须小于 P_{CM} 才能保证管子正常工作。

需要注意的是，晶体管的输入、输出特性和主要参数都与温度有着密切的关系，具体如图 1-16 所示。

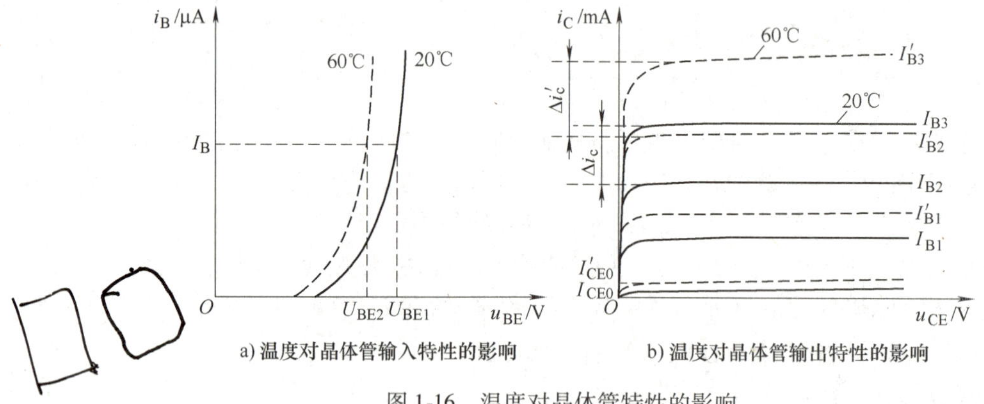

a) 温度对晶体管输入特性的影响　　b) 温度对晶体管输出特性的影响

图 1-16　温度对晶体管特性的影响

由图 1-16 可见，温度升高时，晶体管输入特性曲线将向左移动，使 U_{BE} 下降，I_B 将有所上升；同时，由于反向电流 I_{CBO} 及 I_{CEO} 随温度升高而增大，输出特性曲线将向上移动，并且间距增大，使 β 值随之增大；具体为温度每升高 1℃，U_{BE} 减小 2 ~ 2.5mV，β 值增大 0.5% ~ 1%。I_B 和 β 值的增大均使集电极电流增大，这是使用晶体管必须注意的问题。

5. 晶体管的选择要点

1）为保证晶体管安全工作，应使工作电流 $I_C < I_{CM}$、$P_C < P_{CM}$、$u_{CE} < U_{(BR)CEO}$。当需要使用大功率晶体管时，要满足散热条件。如果在发射结上有反向电压，特别要注意 E、B 间的反向电压不能超过 $U_{(BR)EBO}$。

2）在放大高频信号时，要选用高频管，以减小高频段使 β 值不致下降太多。若用于开

关电路中，则应选用开关管，来保证有足够高的开关速度。

3）因为硅管的反向电流很小，允许的结温也大于锗管，所以在温度变化大的环境中应选用硅管；而要求导通电压低或电源只有 1.5V 时，应选用锗管。

4）为保证放大电路工作稳定，应选用反向电流小的晶体管，而且 β 值不宜太高，否则工作不稳定，具体型号和主要参数可查阅手册。

1.1.4　集成运算放大器

集成电路是 20 世纪 60 年代初发展起来的一种新型器件。它把整个电路中的各个元器件以及元器件之间的连线，采用半导体集成工艺同时制作在一块芯片上，再将芯片封装并引出相应引脚，做成具有特定功能的集成电路。与分立元器件电路相比，集成电路实现了元器件、连线和系统的一体化，外接线少，具有可靠性高、性能优良、重量轻、造价低廉、使用方便等优点。集成电路按其功能分为数字集成电路和模拟集成电路两大类。集成运算放大器是模拟集成电路中发展最早、通用性最强的器件，其内部电路一般分为输入级、输出级、中间级及偏置电路，实际是一个高放大倍数、高输入电阻、低输出电阻的直接耦合放大电路，通常简称为集成运放。

1. 集成运放的外形和电路符号

实际应用中，集成运放主要有圆壳式和双列直插式两种封装外形，如图 1-17a、b 所示。在应用时只需要知道集成运放几个引脚的用途以及其主要参数，不一定需要详细了解它的内部电路结构。不同类型运放的引脚排列规律是相同的，但各引脚的功能不同，使用时可查阅产品手册。画电路图时集成运放的电路符号如图 1-17c 所示。

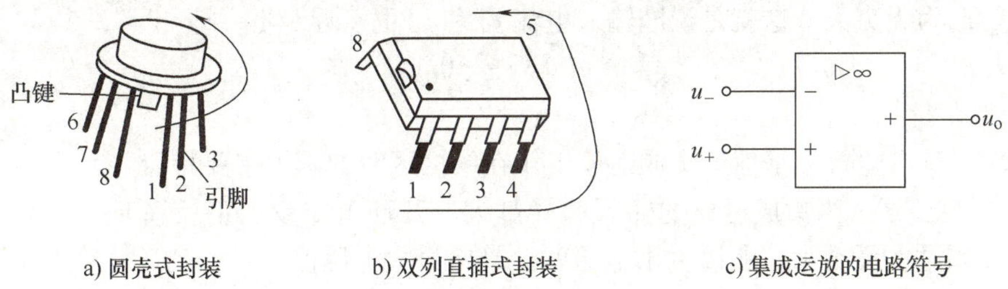

图 1-17　集成运放的外形及电路符号

图 1-17c 中，▷表示信号的传输方向，∞表示放大倍数为理想条件。两个输入端中，－表示反相输入端，电压用 u_- 表示；符号＋表示同相输入端，电压用 u_+ 表示。输出端的＋表示输出电压与 u_+ 极性相同，输出端电压用 u_o 表示。通常只画出输入和输出端，其余各端可不画出。

2. 理想集成运放的电压传输特性

在实际应用中，可以把集成运放看做一个理想运放。所谓理想运放，就是将各项技术指标理想化的集成运放，具有下列特性的运放称为理想运放：

1）输入为零时，输出恒为零；

2）开环差模电压放大倍数 $A_{ud}=\infty$；

3）差模输入电阻 $r_{id}=\infty$；

4）差模输出电阻 $r_o=0$；

5）共模抑制比 $K_{CMR}=\infty$。

表示集成运放输出电压 u_o 与其输入电压 u_{id} 之间的关系曲线称为电压传输特性曲线，可分为线性区和饱和区，如图 1-18 所示，图中 U_{om} 为输出电压的最大值。

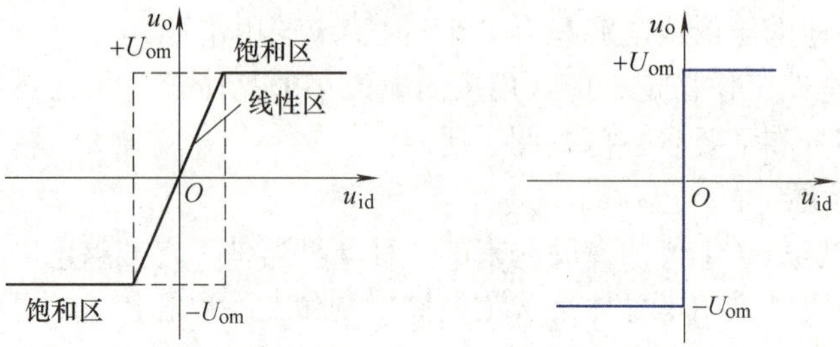

a) 集成运放的电压传输特性曲线　　b) 理想集成运放的电压传输特性曲线

图 1-18　电压传输特性

（1）线性区　当对集成运放引入负反馈（闭环状态）时，它就会工作在传输特性曲线的线性区，在线性工作状态下输出电压为

$$u_o = A_{ud}(u_+ - u_-) \tag{1-7}$$

此时输出电压 u_o 为有限值，而集成运放的 A_{ud} 很大（$10^3 \sim 10^4$ 以上），所以净输入电压 u_{id} 只为几毫伏甚至更小，在理想条件下可认为 u_{id} 接近零，即

$$u_+ = u_- \tag{1-8}$$

称为“虚短”。

同时，r_{id} 为无穷大，这就是说净输入电流 i_+ 和 i_- 也接近于零，即

$$i_+ = i_- = 0 \tag{1-9}$$

称为“虚断”。

“虚短”和“虚断”是理想集成运放工作在线性区时的两个主要特点。

（2）非线性区　当集成运放的输入信号过大、开环工作或加正反馈时，由于理想集成运放的电压增益为无穷大，所以输出电压就会趋向最大电压值。考虑到运放输出管的内部饱和压降的影响，输出电压受到限制，只能达到电源电压的 90% 左右，称这样的输出电压为正、负饱和输出电压，即

当 $u_+ > u_-$ 时，$u_o = +U_{om}$　　(1-10)

当 $u_+ < u_-$ 时，$u_o = -U_{om}$　　(1-11)

在非线性区内，“虚短”现象不复存在。但因为 $r_{id} = \infty$，所以 $i_+ = i_- = 0$，即“虚断”现象仍然存在。

1.1.5　场效应晶体管

我们知道，晶体管有两种极性的载流子（即自由电子和空穴）参与导电，因此称为双极型晶体管。而场效应晶体管（FET）仅有一种载流子——多数载流子（要么是自由电子，要么是空穴）参与导电，所以又称为单极型晶体管。

晶体管是利用基极电流来控制集电极电流的，是电流控制器件。在正常工作时，发射结正偏，当有电压信号输入时，一定会产生输入电流，导致晶体管的输入电阻较小，降低了管子获得输入信号的能力，而且在某些测量仪中将导致较大的误差，这是我们所不希望的。而场效应晶体管是一种电压控制器件，它只用信号源电压的电场效应，来控制管子的输出电

流，输入电流几乎为零，因此具有输入电阻高（$10^8 \sim 10^9\Omega$）的特点，同时场效应晶体管受温度和辐射的影响也较小，又易于集成，因此场效应晶体管已广泛应用于各种电子电路中，也成为当今集成电路发展的重要方向。

根据结构的不同，场效应晶体管可以分为结型、绝缘栅型两大类。下面以绝缘栅场效应晶体管为例加以介绍。

目前应用最为广泛的绝缘栅场效应晶体管是金属-氧化物-半导体绝缘栅场效应晶体管，简称MOS管或MOSFET。MOSFET是利用半导体表面的电场效应工作的，也称表面场效应器件。由于它的栅极处于绝缘状态，所以输入电阻可大为提高，最高可达$10^{15}\Omega$。

MOSFET有N沟道和P沟道两类，其中每一类又可以分为增强型和耗尽型两种，下面以N沟道增强型MOSFET为例，来说明它的结构和工作原理。

1. 增强型NMOS管的结构与电路符号

N沟道增强型MOS场效应晶体管简称增强型NMOS管，它的结构如图1-19a所示。

它以一块掺杂浓度较低，电阻率较高的P型硅半导体薄片作为衬底，利用扩散的方法在P型硅中形成两个高掺杂的N^+区。然后在P型硅表面生长一层很薄的二氧化硅绝缘层，并在二氧化硅的表面及N^+型区的表面上分别安装三个铝电极——栅极G、源极S和漏极D，就形成了N沟道MOS管。由于栅极与源极、漏极均无电接触，故称为绝缘栅。其电路符号如图1-19b所示，箭头方向表示电流由P（衬底）指向N（沟道），符号中的断线表示当$u_{GS}=0$时，导电沟道不存在。同样，利用与增强型NMOS管对称的结构可以得到增强型PMOS管，其电路符号如图1-19c所示。

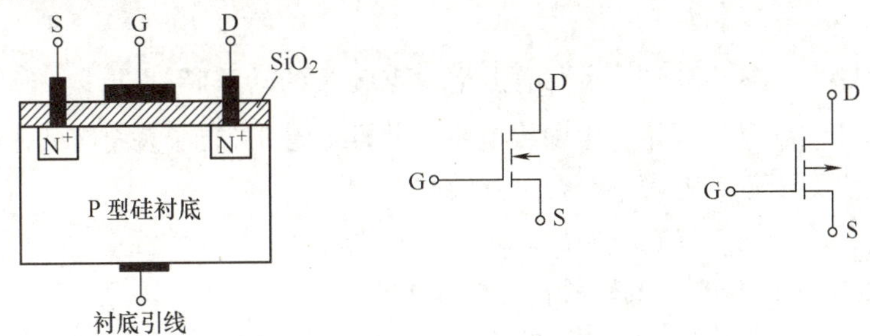

a) 增强型NMOS管的结构　b) 增强型NMOS管的电路符号　c) 增强型PMOS管的电路符号

图1-19　增强型MOS管的结构与电路符号

2. 增强型NMOS管的工作原理

如图1-20a所示，当给增强型NMOS管加漏源电压u_{DS}时，栅源电压u_{GS}为零，增强型NMOS管相当于在源区（N^+型）、衬底（P型）和漏区（N^+型）之间形成了两个背靠背的PN结，所以流过管子的只是一个很小的PN结反向电流，漏极电流几乎为零。

在栅、源极之间加上正的栅源电压u_{GS}后，如图1-20b所示。由于栅极电位高，因此在栅极与衬底之间产生了一个垂直于半导体表面的由栅极指向P型衬底的电场。在这个电场的作用下，P型衬底中的空穴向下移动，自由电子向衬底表面移动。结果在P型衬底的上表面，自由电子的数目超过了空穴的数目。出现了一个N型的区域，称之为反型层，它将两个N^+区沟通连接在一起，形成了N型的导电沟道，这时在外加u_{DS}的作用下，就会产生漏极电流i_D。当NMOS管形成反型层时的u_{GS}叫做开启电压$U_{GS(th)}$。由于G、D方向比G、S方向的电位差小，因此靠近漏极处的导电沟道较窄。当 u_{GS} 继续增加，反型层随之不断加宽。因此，若在上述增强型 NMOS 管已形成导电沟道的基础上，再在栅、源极之间加上要放大的微弱的信号源电压，则反型层的宽窄就会随着信号源电压的大小而变化，i_D 也将随输入信号源电压而变化，从而实现了用信号源电压去控制漏极电流 i_D 的目的。

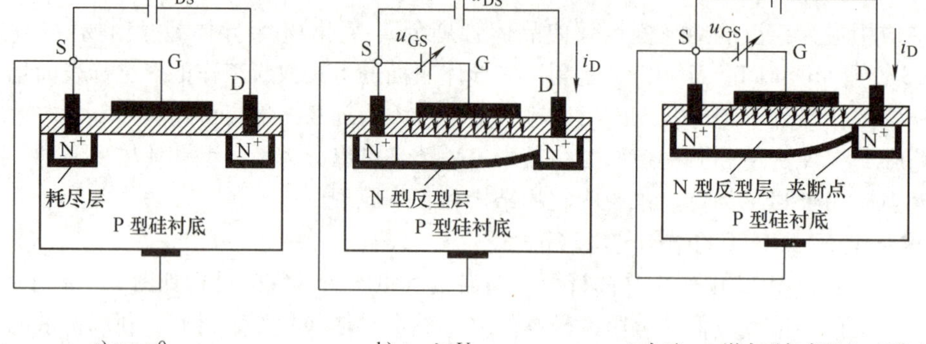

图 1-20　增强型 NMOS 管的电压控制作用

当导电沟道形成以后，若增加 u_{DS}，一开始漏极电流 i_D 随 u_{DS} 的增加而增加。但当 u_{DS} 增至一定数值时，G、D 方向的电压逐渐下降到小于开启电压，使导电沟道靠近漏极处会被夹断，如图 1-20c 所示。此时若继续增加 u_{DS}，夹断点将向源极扩展，其沟道电阻也随之增加，所以漏极电流 i_D 几乎不再随 u_{DS} 而变化。

3. 特性曲线

（1）转移特性曲线　图 1-21a 所示为增强型 NMOS 管的转移特性曲线。当 $u_{GS} < U_{GS(th)}$ 时，$i_D = 0$；当 $u_{GS} > U_{GS(th)}$ 时，开始产生漏极电流，并且随着 u_{GS} 的增大而增大，因此称之为增强型 NMOS 管。漏极电流 i_D 的大小符合下列公式：

$$i_D = K(u_{GS} - U_{GS(th)})^2 \quad (u_{GS} \geqslant U_{GS(th)}) \tag{1-12}$$

式中，K 为一个常数，可以从管子的转移特性曲线中求出。

（2）输出特性曲线　增强型 NMOS 管的输出特性曲线如图 1-21b 所示。这个管子的开启电压 $U_{GS(th)}$ 为 3V，所以当 $u_{GS} > 3V$ 时，才开始产生电流。它的输出特性也分为可变电阻区、放大区、截止区和击穿区。

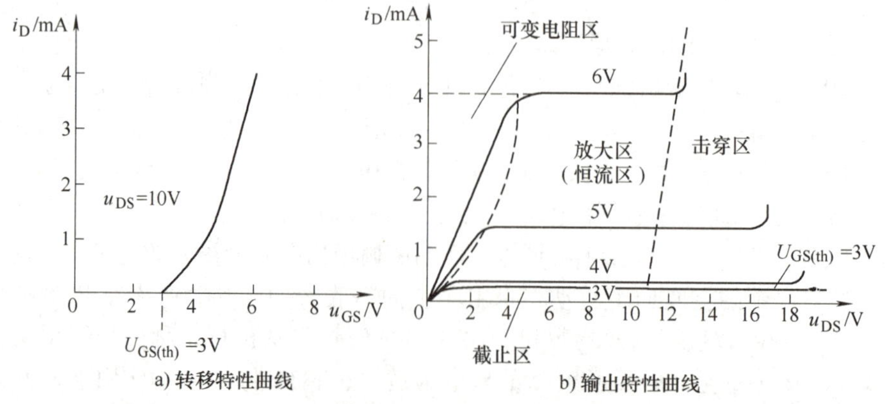

图 1-21　增强型 NMOS 管的特性曲线

对于增强型 PMOS 管来说，工作原理和增强型 NMOS 管相似，只不过所加电压的极性、形成的反型层类型、产生电流 i_D 的方向、$U_{GS(th)}$ 的极性均与增强型 NMOS 管相反，它的工作原理读者可自行分析。

4. MOSFET 的主要参数

（1）直流参数

1）开启电压 $U_{GS(th)}$。当 u_{DS} 为一定值时，使增强型场效应晶体管开始有电流（一般为 $i_D=10\mu A$）时的 u_{GS} 称为开启电压 $U_{GS(th)}$。

2）直流输入电阻 R_{GS}，指在漏、源极之间短路的条件下，栅、源极之间所加电压 U_{GS} 与产生的栅极电流 I_G 之比。由于栅极是绝缘的，因此 MOS 管的直流输入电阻很高，一般大于 $10^{10}\Omega$，最大可达 $10^{16}\Omega$。

（2）交流参数　场效应晶体管的交流参数主要是低频跨导 g_m，定义为当 u_{DS} 为某一固定数值时，漏极电流的变化量 ΔI_D 与其对应的栅源电压的变化量 ΔU_{GS} 之比，即

$$g_m=\left.\frac{\Delta I_D}{\Delta U_{GS}}\right|_{u_{DS}=常数} \tag{1-13}$$

这个参数表示 u_{GS} 对 i_D 的控制能力，其单位是 μS（μA/V）或 mS（mA/V）。g_m 是衡量场效应晶体管放大能力的重要参数，相当于晶体管的 β 值。跨导 g_m 的大小一般在 0.1mS 至十几 mS 之间，其大小是随 u_{GS} 变化而变化的，表现在输出特性曲线上，对于等间隔的 ΔU_{GS}，对应的输出特性曲线族是不均匀的。

（3）极限参数　和晶体管极限参数的概念类似，场效应晶体管的极限参数主要有漏源击穿电压 $U_{(BR)DS}$、栅源击穿电压 $U_{(BR)GS}$ 和最大漏极耗散功率 P_{DM} 等。

5. 场效应晶体管使用注意事项

场效应晶体管具有输入电阻高、噪声系数小、便于集成等优点，但它的不足之处是使用、保管不当容易造成损坏。使用时应注意以下事项：

1）在使用场效应晶体管时，应注意漏源电压、漏源电流、栅源电压、耗散功率等参数不应超过最大允许值。

2）场效应晶体管在使用中要特别注意对栅极的保护。对于 MOS 管，因为栅极处于绝缘状态，其上的感应电荷很不容易放掉，当积累到一定程度时可产生很高的电压，容易将管子内部的 SiO_2 膜击穿，所以在使用这种类型的场效应晶体管时应注意以下几个问题：

①运输和储藏中必须将引脚短路或采用金属屏蔽包装，以防外来感应电动势将栅极击穿。

②要求测试仪器、工作台有良好的接地。

③焊接用的电烙铁外壳要接地，或者利用电烙铁断电后的余热焊接。焊接绝缘栅场效应晶体管的顺序是：先焊源极和栅极，后焊漏极。

④要采取防静电措施。

3）场效应晶体管的漏极和源极互换时，其伏安特性没有明显的变化，但有些产品出厂时已经将源极和衬底连在一起，此时其漏极和源极就不能互换。

4）场效应晶体管属于电压控制器件，有极高的输入阻抗，为保持管子的高输入阻抗特性，焊接后应对电路板进行清洗。

5）在安装场效应晶体管时，要尽量避开发热元器件，对于功率型场效应晶体管，要有

良好的散热条件，必要时应加装散热器，以保证其能在高负荷条件下可靠地工作。

1.1.6　复合晶体管

复合晶体管是指将两只或两只以上的晶体管按一定的方式连接成达林顿管，使其等效为一只电流放大系数β较大的晶体管。

图1-22所示是由两个晶体管VT_1和VT_2连接成的NPN型和PNP型两大类复合晶体管。等效晶体管VT的管型总是和VT_1为同类管型，以图1-22a为例，其电流放大系数为

$$\beta=\frac{i_c}{i_b}=\frac{i_{c1}+i_{c2}}{i_b}\approx\beta_1+(1+\beta_1)\beta_2\approx\beta_1\beta_2$$

图1-22a、b所示复合晶体管的输入电阻为

$$r_{be}=\frac{u_{be}}{i_b}=r_{be1}+(1+\beta_1)r_{be2}\approx r_{be1}+\beta_1 r_{be2}$$

由上式可见，复合晶体管的等效电流放大系数是两管电流放大系统的乘积，其中VT_1只需小功率管即可。如果i_c相当大，VT_2要采用大功率晶体管。因此当需要同样的输出电流时，复合晶体管所需的输入电流明显减小，这样可以大大减轻推动级小功率晶体管的负担。

a) NPN型与NPN型复合成NPN型　　b) PNP型与PNP型复合成PNP型

c) NPN型与PNP型复合成NPN型

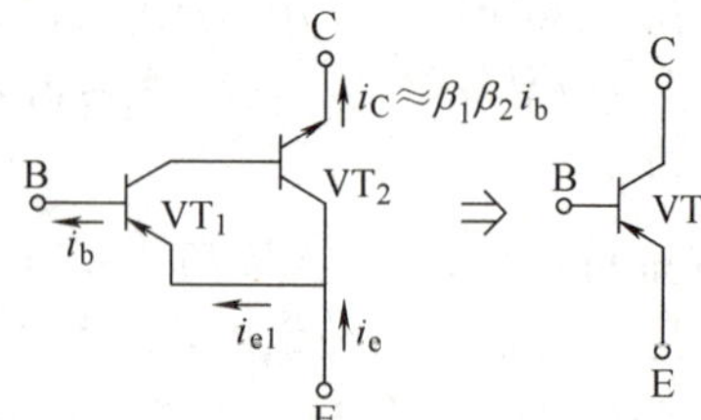

d) PNP型与NPN型复合成PNP型

图1-22　复合晶体管

模块2　相关技能训练

1.2　常用电子仪器仪表的使用练习

1. 训练目的

学习模拟电子技术训练中常用的电子仪器仪表——双踪示波器、函数信号发生器、直流稳压电源、交流毫伏表、频率计等的主要技术指标、性能及正确使用方法。

2. 设备与元器件

双踪示波器、函数信号发生器、频率计、交流毫伏表、直流数字电压表、两个 0～18V 可调直流稳压电源。

3. 电路原理

模拟电子技术训练时各常用电子仪器仪表在电路中的连接布局一般示意图如图 1-23 所示。

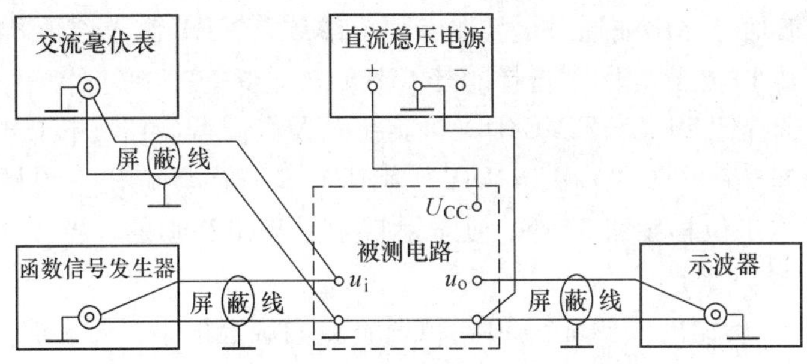

图 1-23　常用电子仪器仪表布局示意图

（1）双踪示波器的使用方法　示波器虽然分成好几类，各类又有许多种型号，但是一般的示波器除频带宽度、输入灵敏度等不完全相同外，使用方法基本都是相同的。现以 GOS-620 型双踪示波器为例介绍示波器的使用方法。GOS-620 型双踪示波器面板布局图如图 1-24 所示。

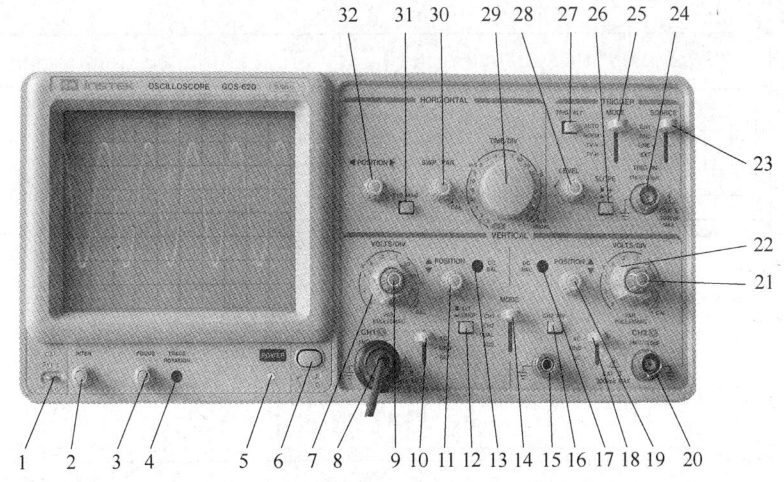

图 1-24　GOS-620 型双踪示波器面板布局图

1—机内校准方波信号端子　2—轨迹及光点亮度控制钮　3—轨迹聚焦调整钮　4—水平轨迹与刻度线成平行的调整钮　5—电源指示灯　6—电源开关　7—垂直衰减选择钮　8—CH1 输入通道　9—灵敏度微调旋钮　10—输入信号耦合选择按键　11—垂直位移旋钮　12—交替与切割方式显示选择键　13、17—调整垂直直流平衡点端　14—模式选择钮　15—示波器接地端子　16—CH2 信号反向按键　18—输入信号耦合选择按键　19—垂直位移旋钮　20—CH2 输入通道　21—灵敏度微调旋钮　22—垂直衰减选择钮　23—触发信号选择钮　24—触发模式选择开关　25—外触发输入端子　26—触发斜率选择键　27—触发源交替设定键　28—触发准位调整钮　29—扫描时间选择钮　30—扫描时间的可变控制旋钮　31—水平放大键　32—水平位置旋钮

1）示波器的调试。示波器接通电源开关6，电源指示器5亮，预热一段时间后，荧光显示屏上应显示一条扫描光迹线，通过调节轨迹及光点亮度控制钮2、轨迹聚焦调整钮3、使水平轨迹与刻度线成平行的调整钮4、垂直位移旋钮11（或19）、水平位移旋钮32使其清晰地显示于显示屏的水平中性线位置。

2）机内校准方波信号测试。用机内校准方波信号端子1［GOS-620型双踪示波器机内校准方波：$f=(1\pm2\%)$kHz，电压峰-峰值$2\times(1\pm30\%)$V］对示波器进行性能自检。

将机内校准方波信号输出端通过示波器专用电缆线与CH1输入通道8或CH2输入通道20（通过模式选择钮14选择，图中选择的是CH1）相连接。

调节扫描时间选择钮29（“TIME/DIV”旋钮）及其微调旋钮（扫描时间的可变控制旋钮）30、垂直衰减选择钮7（“VOLTS/DIV”旋钮）及其微调旋钮（灵敏度微调旋钮）9、垂直位移旋钮11、水平位移旋钮32等，使显示屏上呈现出清晰的、便于观察的两个或几个周期的方波信号。

将“TIME/DIV”旋钮的微调旋钮30沿顺时针方向旋至最紧，可读取计算校准方波的周期。

将“VOLTS/DIV”旋钮的微调旋钮9沿顺时针方向旋至最紧，可读取计算校准方波的峰-峰值。

（2）函数信号发生器的使用方法　函数信号发生器有许多种型号，但是使用方法基本相同。现以YB1634型函数信号发生器为例介绍函数信号发生器的使用方法。YB1634型函数信号发生器的面板布置如图1-25所示。

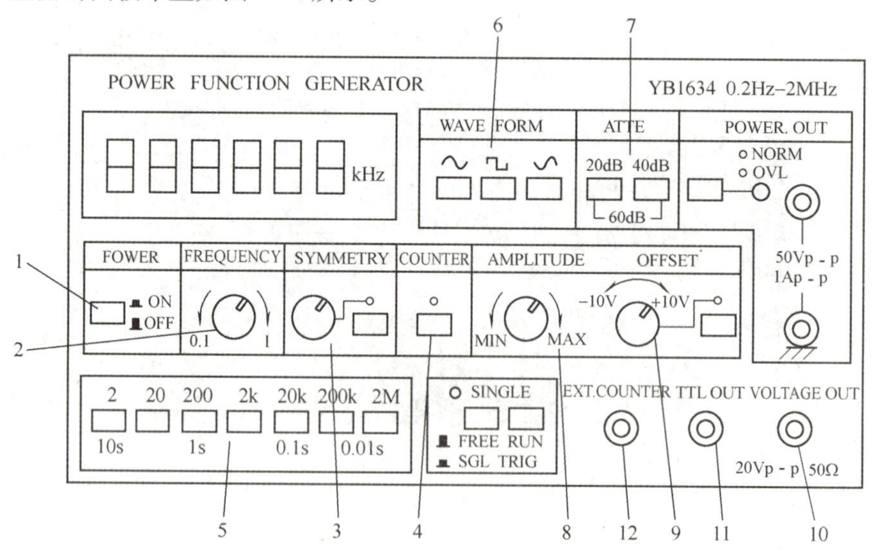

图1-25　YB1634型函数信号发生器的面板布置图

1—电源开关　2—频率调节旋钮　3—对称性开关旋钮　4—“内/外”测频选择开关
5—频率范围选择开关　6—波形选择开关　7—电压输出衰减开关　8—幅度旋钮
9—电平控制开关　10—电压输出插座　11—TTL方波输出插座　12—外测频率输入端

YB1634型函数信号发生器可以产生正弦波、方波、三角波等信号，可作为10MHz频率计使用，也可用于测量外接信号的频率，具有过载短路保护和指示。

电源开关1弹出即为“关”位置，按下此开关，可接通电源。对称性开关旋钮3为常

态（未按入）时，对称指示灯不亮；对称性开关旋钮3按入时对称指示灯亮，调节对称性开关旋钮可改变波形的对称性。“内/外”测频选择开关4（按下为外测）按下时，显示窗口显示外测频率。波形选择开关6分别按正弦波、方波、三角波根据需要选择。根据需要将频率范围选择开关5置某一挡，旋转频率调节旋钮2获得所需的频率值。旋转幅度旋钮8，获得所需的幅值。电平控制开关9按入，顺时针旋转，示波器波形向上移动，逆时针旋转，示波器波形向下移动，最大变化量为±10V以上。按下电压输出衰减开关7，波形将被衰减。产生波形从电压输出插座10取出。11为TTL方波输出插座，12为外测频率输入端，最高频率为10MHz。选择频率开关根据需要按下其中某一挡，从LED显示屏可读取所测频率值。

4. 训练内容与步骤

（1）两个0~18V可调直流稳压电源与直流数字电压表的配合使用

1）用直流数字电压表调试出12V直流稳压电源。

2）将两个0~18V可调直流稳压电源串联，公共端接地，连接成为一个0~±15V可调直流稳压电源。

3）将两个0~18V可调直流稳压电源串联，且令第二个0~18V可调直流稳压电源的负极端接地，连接成为一个0~24V可调直流稳压电源。

（2）函数信号发生器、频率计、交流毫伏表的配合使用　将波形选择开关置于正弦波挡，调整函数信号发生器的幅度旋钮8、频率调节旋钮2，并通过交流毫伏表、频率计的测试，得到一个有效值为$U=500\text{mV}$，频率为$f=1\text{kHz}$的正弦波信号。

（3）双踪示波器、函数信号发生器、频率计、交流毫伏表的配合使用

1）示波器接通电源，预热一段时间后，调出扫描光迹线，将机内校准方波信号输出端通过示波器专用电缆线与任一信号输入通道相连接，通过调节“TIME/DIV”旋钮及其微调旋钮、“VOLTS/DIV”旋钮及其微调旋钮、垂直位移旋钮、水平位移旋钮等，使显示屏上呈现出清晰的、便于观察的两个或几个周期的方波信号。

2）读取计算校准方波的周期，并换算为频率，记入表1-2。

3）读取计算校准方波的峰-峰值，记入表1-2。

表 1-2

	标 定 值	测 试 值
峰-峰值 U_{p-p}/V	0.5	
频率 f/kHz	1	

4）调节函数信号发生器波形选择开关，分别得到正弦波、三角波和方波，通过示波器进行波形显示。用函数信号发生器输出频率f分别为100Hz、1kHz、10kHz（利用频率计调试），对应的有效值分别为100mV、300mV、1V（利用交流毫伏表测试获得）的正弦交流信号，通过双踪示波器进行周期、频率、峰-峰值、有效值的读取或计算，完成表1-3。

表 1-3

规定信号频率	示波器测量值		信号电压有效值（交流毫伏表测量值）	示波器测量值	
	周期/ms	频率/Hz		峰-峰值/V	有效值/V
100Hz			100mV		
1kHz			300mV		
10kHz			1V		

5. 训练总结

1）列表整理测量结果，并把实测数据与理论计算值比较，分析产生误差的原因。

2）总结函数信号发生器、频率计、交流毫伏表、示波器的使用注意事项。

3）总结交流毫伏表读数技巧以及示波器峰-峰值与周期的读取方法。

模块 3　任务实现

1.3　电子元器件的识别与测试

电子元器件是组成电子产品的基础，了解常用电子元器件的种类、结构、性能，掌握元器件的识别和检测方法是衡量学生掌握电子技术基本技能的一个重要项目，也是学生参加工作所必须掌握的技能。通过本次任务，要求学生基本掌握常用电子元器件的识别和测试方法。

1.3.1　电阻的识别与测试

阻值和允许误差在电阻上常用的标志方法有下列三种：

（1）直接标志法　将电阻的阻值和允许误差等级直接用数字印在电阻上。对小于1000Ω的阻值只标出数值，不标单位；对于阻值较大的电阻（单位为kΩ、MΩ）只标注k、M。允许误差等级标Ⅰ级或Ⅱ级，Ⅲ级不标明，如图1-26a。

（2）文字符号法　将需要标志的主要参数与技术指标用文字和数字符号有规律地标志在电阻上。如图1-26b所示的电阻，分别表示电阻值为3.3Ω、允许误差为±5%及电阻值为8.2kΩ、允许误差为±10%。

另外还有许多习惯标志方法，例如0.68Ω电阻标志为Ω68、5.1MΩ电阻标志为5M1、3.3×10^{12}Ω电阻标志为3T3等。

（3）色环标志法　对体积很小的电阻和一些合成电阻，其阻值和允许误差常用色环来标志，如图1-27所示。首先熟练掌握颜色与所代表数字的对应关系，即棕1、红2、橙3、黄4、绿5、蓝6、紫7、灰8、白9、黑0。色环标志法有4环和5环两种。四环电阻的一端有四道色环，第1道环和第2道环分别表示电阻的第1位和第2位有效数字，第3道环表示10的乘方数（10^n，n为颜色所表示的数字），第4道环表示允许误差（若无第4道色环，则误差为±20%）。色环电阻的单位一律为Ω。表1-4列出了色环标志法中各色环代表的意义。

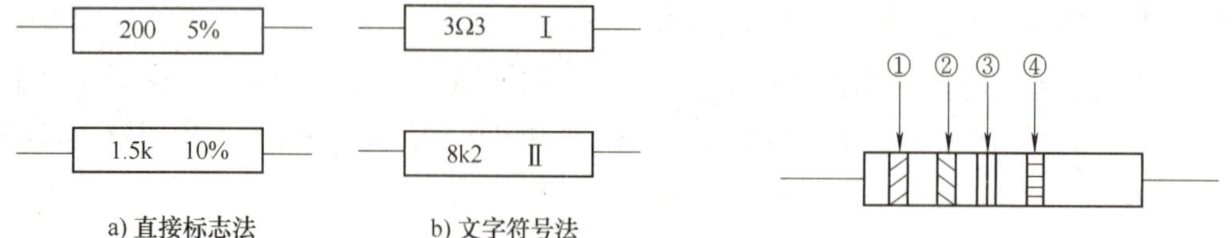

a) 直接标志法　　b) 文字符号法

图1-26　直接标志法和文字符号法　　图1-27　色环标志法

表1-4　色环标志法中各色环代表的意义

色环颜色	黑	棕	红	橙	黄	绿	蓝	紫	灰	白	金	银	无色
有效数字	0	1	2	3	4	5	6	7	8	9			
倍率(乘数)	10^0	10^1	10^2	10^3	10^4	10^5	10^6	10^7	10^8	10^9	10^{-1}	10^{-2}	
误差/%		±1	±2			±0.5	±0.25	±0.1			±5	±10	±20

例如，某电阻有4道色环，分别为黄、紫、红、金，则其色环的意义为：

①环—黄色 ②环—紫色 ③环—红色 ④环—金色

↓ ↓ ↓ ↓

4 7 10^2 ±5%

其阻值为4700(1±5%)Ω。

精密电阻一般用5道色环标志，它用前3道色环表示3位有效数字，第4道色环表示10^n（n为颜色所代表的数字），第5道色环表示阻值的允许误差。

如某电阻的5道色环为橙橙红红棕，则其阻值为$332\times10^2\times(1\pm1\%)$Ω。

在色环电阻的识别中，找出第1道色环是很重要的，可用下面的方法识别：在4环标志中，第4道色环一般是金色或银色，由此可推出第1道色环。在5环标志中，第1道色环与电阻的引脚距离最短，由此可识别出第1道色环。

采用色环标志的电阻，颜色醒目，标志清晰，不易褪色，从不同的角度都能看清阻值和允许误差。目前在国际上都广泛采用色环标志法。

对于电阻的测量可直接用万用表的欧姆挡（选择合适的量程）。

按以上内容进行电阻标称阻值的辨识以及实际阻值的测量，完成表1-5。

表1-5 电阻阻值的识别与检测

序列号	电阻标注色环颜色（按色环顺序）	标称阻值及误差（由色环写出）	测量阻值（万用表）
1			
2			
3			
4			

1.3.2 电容的识别与测试

电容器（简称电容）是一种能存储电能的元件，其特点是通交流、隔直流、阻低频、通高频，在电路中常用做耦合、旁路、滤波、谐振等。

1. 电容的识别

（1）电容的标称容量、允许误差标志方法

1）直接标志法。在产品的表面上直接标志出产品的主要参数和技术指标的方法，例如在电容上标志：33μF±5%、32V。

2）文字符号法。将需要标志的主要参数与技术指标用文字、数字符号有规律地组合标志在产品的表面上。采用文字符号法时，将容量的整数部分写在容量单位符号前面，小数部分放在单位符号后面。例如，3.3pF标志为3p3，1000pF标志为1n，6800pF标志为6n8。

3）数字表示法。体积较小的电容常用数字标志法。一般用3位整数，第1位、第2位为有效数字，第3位表示有效数字后面零的个数，单位为皮法（pF），但是当第3位数是9时表示10^{-1}。例如，“243”表示容量为24000pF，而“339”表示容量为33×10^{-1}pF（3.3pF）。

4）色环标志法。电容的色环标志法原则上与电阻类似，其单位为皮法（pF）。

（2）额定耐压　额定耐压指在规定温度范围下，电容正常工作时能承受的最大直流电压。固定式电容的耐压系列值有 1.6V、4V、6.3V、10V、16V、25V、32V*、40V、50V、63V、100V、125V*、160V、250V、300V*、400V、450V*、500V、1000V 等（带*号者只限于电解电容使用）。耐压值一般直接标在电容上，但有些电解电容在正极根部用色点来表示耐压等级，如 6.3V 用棕色，10V 用红色，16V 用灰色。电容在使用时不允许超过这个耐压值，若超过此值，电容就可能损坏或被击穿，甚至爆裂。

（3）绝缘电阻　绝缘电阻指加到电容上的直流电压和漏电流的比值，又称漏电阻。漏电阻越低，漏电流越大，介质耗能越大，电容的性能就差，寿命也越短。

2. 电容的测试

（1）电解电容的测试　对电解电容的性能测量，最主要的是容量和漏电流的测量。对正、负极标志脱落的电解电容，还应进行极性判别。

用万用表测量电解电容的漏电流时，可用万用表电阻挡测电阻的方法来估测。万用表的黑表笔应接电容的“+”极，红表笔接电容的“-”极，此时表针迅速向右摆动，然后慢慢退回，待指针不动时其指示的电阻值越大表示电容的漏电流越小；若指针根本不向右摆，说明电容内部已断路或电解质已干涸而失去容量。

用上述方法还可以鉴别电容的正、负极。对失掉正、负极标志的电解电容，或先假定某极为“+”，让其与万用表的黑表笔相接，另一个电极与万用表的红表笔相接，同时观察并记住表针向右摆动的幅度；将电容放电后，把两只表笔对调重新进行上述测量。若某次测量中，表针最后停留在摆动幅度较小的位置，则说明该次对其正、负极的假设是对的。

（2）中、小容量电容的测试　这类电容的特点是无正、负极之分，绝缘电阻很大，因而其漏电流很小。若用万用表的电阻挡直接测量其绝缘电阻，则表针摆动幅度极小不易观察，用此法主要是检查电容的断路情况。

对于 0.01μF 以上的电容，必须根据容量的大小，分别选择万用表的合适量程，才能正确加以判断。如测 300μF 以上的电容可选择 $R\times10$k 或 $R\times1$k 挡；测 0.47～10μF 的电容可用 $R\times1$k 挡；测 0.01～0.47μF 的电容可用 $R\times10$k 挡等。具体方法是：用两表笔分别接触电容的两根引线（注意双手不能同时接触电容器的两极），若表针不动，将表针对调再测，仍不动说明电容断路。

对于 0.01μF 以下的电容，不能用万用表的欧姆挡判断其是否断路，此时只能用其他仪表（如 Q 表）进行判别。

（3）可变电容的测试　对于可变电容，主要是测其是否发生碰片（短接）现象。选择万用表的 $R\times1$ 挡，将表笔分别接在可变电容器的动片和定片的连接片上。旋转电容动片至某一位置时，若发现有直通（即表针指零）现象，则说明可变电容的动片和定片之间有碰片现象，应予以排除后再使用。

进行电容类型、极性识别以及漏电阻的检测，完成表 1-6。

表 1-6　电解电容容值识别及漏电阻的检测

序列号	标称容值	万用表挡位	实测漏电阻
1			
2			

1.3.3　二极管的识别与测试

1. 二极管的识别

普通二极管的外形如图1-28所示，从图上可以看出右侧画黑线的一端为二极管的负极，另一端为正极。

图1-28　普通二极管的外形

识别发光二极管正负极的方法：仔细观察发光二极管，可以发现其内部的两个电极一大一小。一般来说，较小的电极是发光二极管的正极，较大的电极是它的负极。若是新买来的，引脚较长的一端是正极。

2. 二极管的测试

（1）用指针式万用表测试二极管的方法　将指针式万用表拨到欧姆挡（一般用$R\times100$或$R\times1k$挡），用两个表笔分别接触二极管的两个电极，测出一个阻值，然后将两表笔对换，再测出一个阻值，若两次测量阻值相差很大，则说明二极管是好的，且阻值小的那一次黑表笔所接一端为二极管的正极，红表笔所接一端为负极。若两次测得均为高阻，则说明管子内部断路；若两次均呈较低电阻，则管子内部短路，这些都说明二极管已坏。通过上面测试可确定管子质量的好坏。

正向电阻越小越好，反向电阻越大越好。二极管正、反向电阻值相差越悬殊，说明二极管的单向导电特性越好。若正向测量，表针指示10kΩ以下，反向测量表针指示值也较小（远远小于500kΩ），则说明二极管反向漏电流大，不宜使用。

这里需要注意的是，指针式万用表拨到欧姆挡时黑表笔接的是表内电池正极，红表笔接的是表内电池负极。

（2）用数字万用表测试二极管的方法　将数字万用表拨到二极管挡，用两支表笔分别接触二极管的两个电极，若显示值在1V以下，说明管子处于正向导通状态，显示器显示出二极管正向压降的mV值，红表笔接的是二极管的正极，黑表笔接的是二极管的负极，如图1-29a所示；若显示溢出符号“1”，说明管子处于反向截止状态，黑表笔接的是二极管的正极，红表笔接的是二极管的负极，如图1-29b所示；若显示为0，说明管子已被击穿，如图1-29c所示。这里需要注意的是，数字万用表拨到二极管挡时，红表笔接的是表内电源正极，黑表笔接的是表内电源负极。

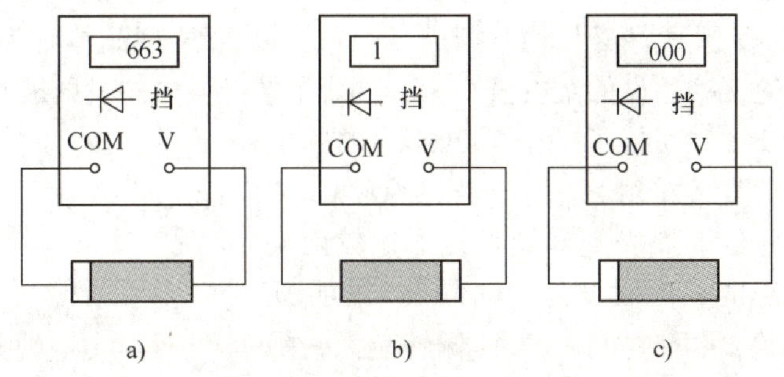

图1-29　用数字万用表测试二极管

发光二极管的测试就是通电看能不能发光，若不能就是极性接错或是发光二极管损坏。用万用表测试发光二极管时注意：一般万用表的 $R\times1$ 挡至 $R\times1k$ 挡均不能测试发光二极管的发光情况，而 $R\times10k$ 挡由于使用 15V 的电池，能把有的发光二极管点亮。

进行二极管极性与性能判断，完成表 1-7。

表 1-7　二极管极性与性能判断

序列号	型号标注	万用表挡位	正向电阻	反向电阻	质量判别（优/劣）
1					
2					

1.3.4　晶体管的识别与测试

1. 晶体管的识别

将晶体管有字的一面对着自己，则引脚排列如图 1-30 所示。

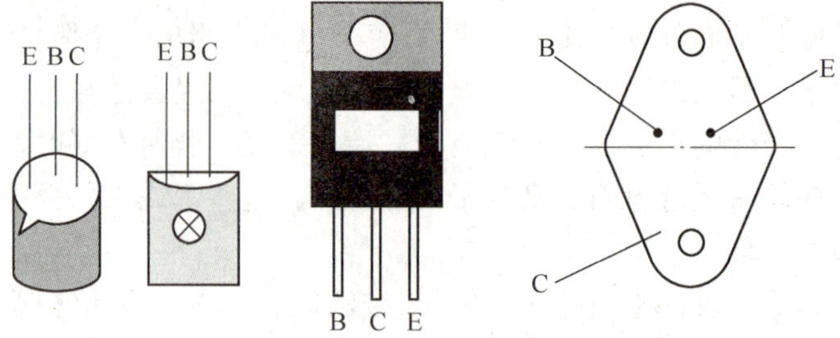

图 1-30　晶体管引脚识别示意图

2. 晶体管的测试

（1）用万用表判断晶体管的管型和基极　首先找出基极（B 极）：先假设晶体管的某极为基极，将黑表笔接在假设的基极上，再将红表笔依次接到其余两个电极上，若两次测得的电阻都很大（为几千欧到十几千欧）或者都很小（为几百欧到几千欧），则对调表笔再重复上述测量，若测得的两个电阻值都很大或很小，则可以确定假设的基极是正确的。若无一个电极符合上述测量结果，则说明此晶体管已坏。

当基极确定后，将黑表笔接基极，红表笔分别插其他两极，若测得的电阻值都很小，则该晶体管为 NPN 型，反之则为 PNP 型。

（2）判别集电极 C 和发射极 E　若根据上面的测量已确定了晶体管基极（B 极），且为 NPN（PNP）型，再使用万用表 $R\times1k$ 挡进行测量。以 NPN 型晶体管为例，测量电路如图 1-31 所示。把黑表笔接到假设的集电极 C 上，红表笔接到假设的发射极 E 上，并用手捏住 B 和 C 极，相当于在 B、C 间接了一个 100kΩ 左右的电阻（注意 B、C 不能直接接触），读出表头所示 C、E 间的电阻值，然后将红、黑表笔对调重测。比较两次测得的电阻值，以小的一次假设为正确假设。据此还可判断电流放大系数 β 值的大小，表针偏转越大，阻值越小，放大能力越强，即 β 越大，此法虽无法知道 β 值是多少，但是可以比较两个晶体管 β 值的大小。

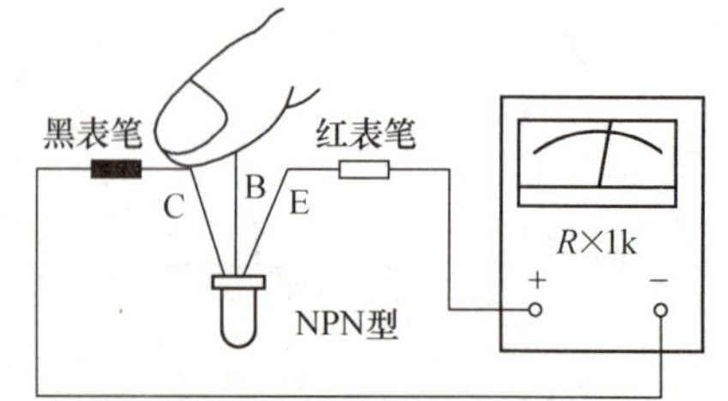

图 1-31　用指针式万用表判别晶体管

也可以直接用万用表的晶体管测试端测量β值并区分E和C。

（3）测穿透电流I_{CEO}　I_{CEO}为基极开路时，C、E间的反向穿透电流，可通过测C、E间电阻来判断。对于NPN型，万用表置$R\times1k$挡，黑表笔接于C极，红表笔接于E极，测得的阻值越大，说明I_{CEO}越小；若阻值越小，则说明I_{CEO}越大；若表针指示不稳，且逐渐变小，则说明管子温度稳定性差；如果测得的阻值接近于零，则表明管子已击穿。

进行晶体管类型与性能检测，完成表1-8。

表1-8　晶体管类型与性能检测

序列号	标注类型（NPN或PNP）	B、E间电阻	E、B间电阻	B、C间电阻	C、B间电阻	质量判别（优/劣）
1						
2						

习　　题

1-1　填空题

（1）物质按导电能力的强弱可分为______、______和______三大类。

（2）PN结具有______性能，即加______电压时PN结导通，加______电压时PN结截止。

（3）二极管工作在正常状态时，其外加正向电压超过死区电压以后，正向电流会______，这时二极管处于______状态；若施加反向电压，则反向电流会______，这时二极管处于______状态，这说明二极管具有______作用。

（4）二极管导通后，硅管的管压降约为______，锗管约为______。

（5）当加到二极管上的反向电压增大到一定数值时，反向电流会突然增大，此现象称为______现象。

（6）发光二极管把______能转变为______能，正常工作于______状态；光敏二极管把______能转变为______能，正常工作于______状态。

（7）晶体管从内部结构可分为______型和______型。

（8）若要使晶体管工作在放大状态，应使其发射结处于______偏置，而集电结处于______偏置。

（9）晶体管在电路中若用于信号的放大，应使其工作在______状态；若用作开关，应使其工作在______和______状态，并且是一个______触点的控制开关。

（10）晶体管通过基极电流控制输出电流，所以属于______控制器件，其输入电阻______；而场效应晶体管只用信号源电压的电场效应，来控制输出电流，所以属于______控制器件，其输入电阻______。

（11）温度升高时，晶体管的电流放大系数β将______，穿透电流I_{CEO}将______，基-射电压U_{BE}将______。

（12）已知放大电路中处于正常放大状态的某晶体管的三个电极的对地电位分别为$V_E=6V$，$V_B=5.3V$，$V_C=0V$，则该管为______。

（13）在晶体管放大电路中，测得$I_C=3mA$，$I_E=3.03mA$，则$I_B=$______，$\beta=$______。

（14）MOS场效应晶体管是______-______-______绝缘栅场效应晶体管的简称。

（15）在某放大电路中，晶体管三个电极的电流如图1-32所示。已知$I_1=-1.2mA$，$I_2=-0.03mA$，$I_3=1.23mA$。由此可知：

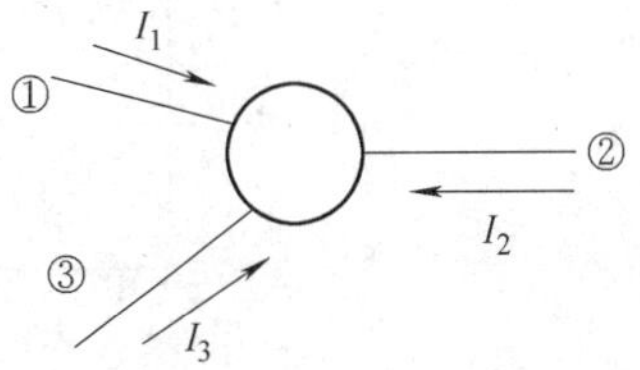

图1-32　习题1-1（15）图

1）电极①是__________极，电极②是__________极，电极③是__________极。

2）此晶体管的电流放大系数β约为__________。

3）此晶体管的类型是__________型。

1-2 判断题

（1）当温度升高时，二极管的反向饱和电流将减小。（ ）

（2）P型半导体中空穴占多数，因此它带正电荷。（ ）

（3）稳压二极管的正常工作区是截止区。（ ）

（4）指针式万用表的两表笔分别接触一个整流二极管的两端，当测得的电阻值较小时，红表笔所接触的是阳极。（ ）

（5）NPN型和PNP型晶体管的区别是结构不同，且工作原理也不同。（ ）

（6）晶体管有电流放大作用，因此它具有能量放大作用。（ ）

（7）与晶体管相比，场效应晶体管中电流只经过一个相同导电类型的半导体区域，所以场效应晶体管也称为单极型晶体管。（ ）

（8）场效应晶体管和晶体管相比，栅极相当于基极，漏极相当于发射极，源极相当于集电极。（ ）

（9）晶体管具有两个PN结，二极管具有一个PN结，因此可以把两个二极管反向连接起来当做一只晶体管使用。（ ）

（10）场效应晶体管与晶体管一样，具有放大及开关作用。（ ）

1-3 用指针式万用表的不同欧姆挡测量二极管的正向电阻时，会观察到测得的阻值不相同，其根本原因是什么？

1-4 晶体管具有放大作用的内部条件和外部条件各是什么？

1-5 工作在放大区的某晶体管，当I_B从20μA增大到40μA时，I_C从1mA变为2mA，那么它的β约为多少？

1-6 为什么说晶体管放大作用的本质是电流控制作用？如何用晶体管的电流分配关系来说明它的控制作用？

1-7 设二极管VD的正向压降可忽略不计，反向击穿电压为25V，反向电流为0.1mA，分别求图1-33所示各电路的电流。

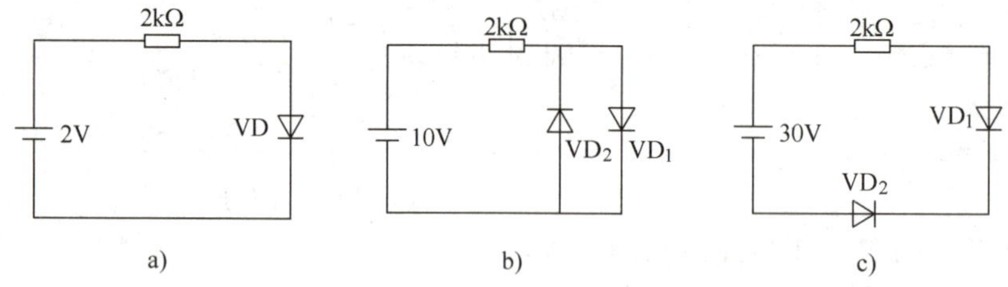

图1-33 习题1-7图

1-8 二极管电路如图1-34所示，试判断各二极管是导通还是截止，并计算输出电压u_o（设二极管为理想二极管）。

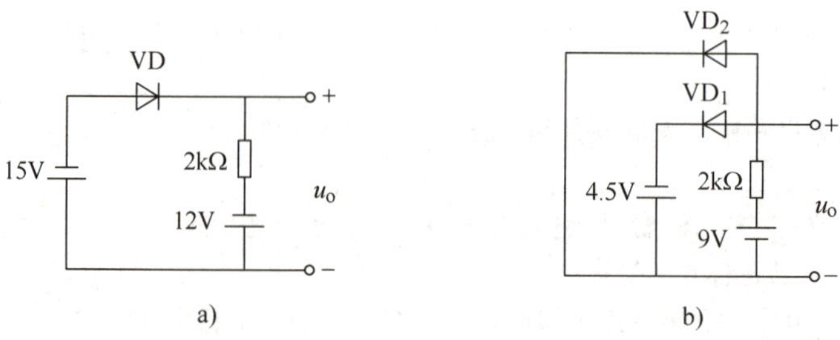

图1-34 习题1-8图

1-9　在图1-35所示电路中，设VS_1和VS_2的稳定电压分别为5V和10V，正向压降均为0.7V，试求各电路的输出电压。

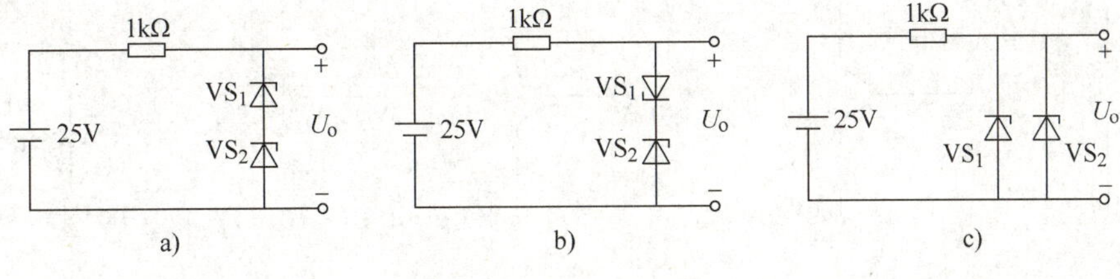

图1-35　习题1-9图

1-10　设图1-36所示二极管为理想二极管，分析图示电路中各二极管的工作状态，并求各电路的输出电压u_o。

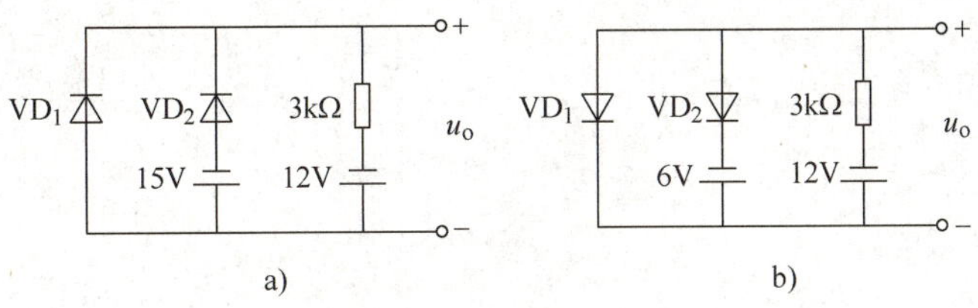

图1-36　习题1-10图

1-11　在图1-37中，试求下列几种情况下输出端F的电位V_F及各元器件（R、VD_A、VD_B）中流过的电流（设二极管为理想二极管）：

1）$V_A = V_B = 0V$；

2）$V_A = 0$，$V_B = 3V$；

3）$V_A = V_B = 3V$。

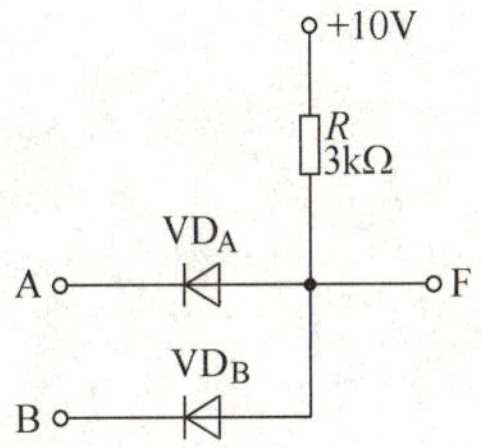

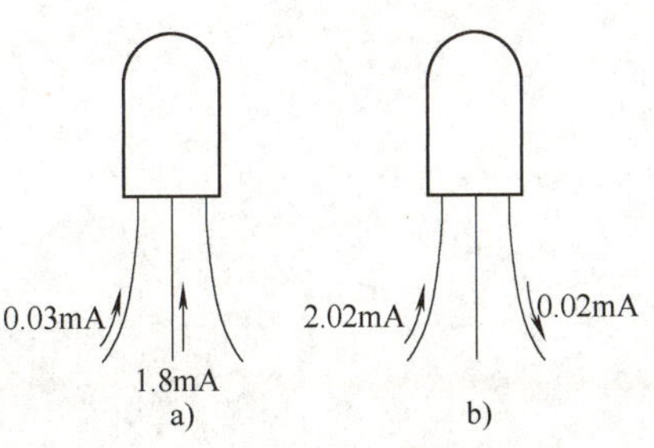

图1-37　习题1-11图

1-12　图1-38所示各电路中，$E = 5V$，$u_i = 10\sin\omega t V$，VD为理想二极管，试画出各电路输出电压u_o的波形。

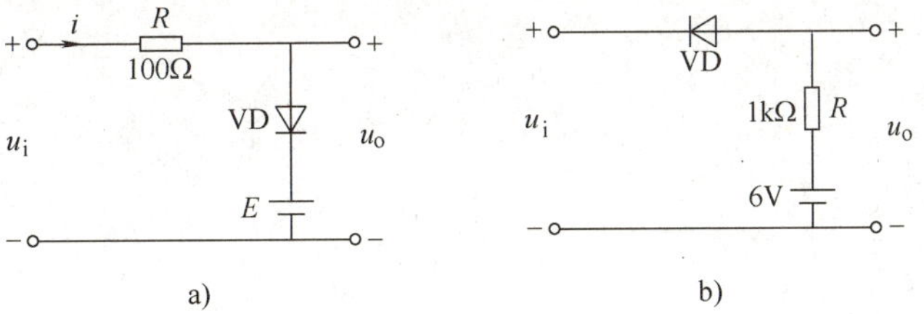

图1-38　习题1-12图

1-13　测得放大电路中两晶体管某两个电极的电流如图1-39所示。

1）求另一个电极的电流的大小，并标出其方向；

2）判断是NPN型管还是PNP型管；

3）标出E、B、C三个电极；

4）估算β值。

0.03mA
1.8mA
a)
2.02mA
0.02mA
b)

图1-39　习题1-13图

1-14　测量某晶体管，当$I_B = 20\mu A$时，$I_C = 2mA$；当$I_B = 60\mu A$时，$I_C = 5.4mA$。求其电流放大系数β，并求当$I_B = 40\mu A$时，I_C为多少？

1-15　测得电路板中晶体管各极的电位如图1-40所示，判断各晶体管分别工作在截止区、饱和区还是放大区？

1-16　在图1-41所示电路中，设二极管的正向压降为0.7V，求二极管中的电流 I_D 及A点的电位 V_A。

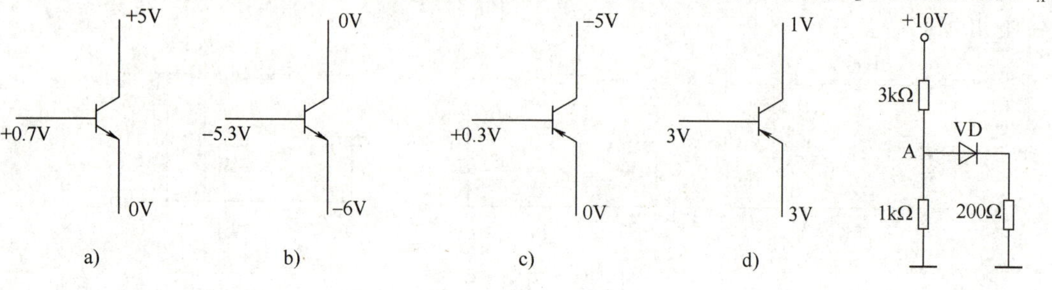

图1-40　习题1-15图

图1-41　习题1-16图

任务 2 音频放大器前置放大电路的制作(一)——认识晶体管及场效应晶体管放大电路

模块 1 必备知识

在电子技术中，“放大”是最常见的词汇。说起放大，自然会想到扩音机。图 2-1 是扩音机的工作过程原理框图，声源发出的声波通过送话器（话筒）转换为微弱的电信号，经过扩音机放大（电压放大和功率放大）后，输出功率足够大的电信号，驱动扬声器重放声音。在大家熟悉的电子产品中，如收音机、电视机、DVD 机和移动手机等，都少不了各种类型的放大电路。这种具有放大作用的电路或设备又称为放大器。

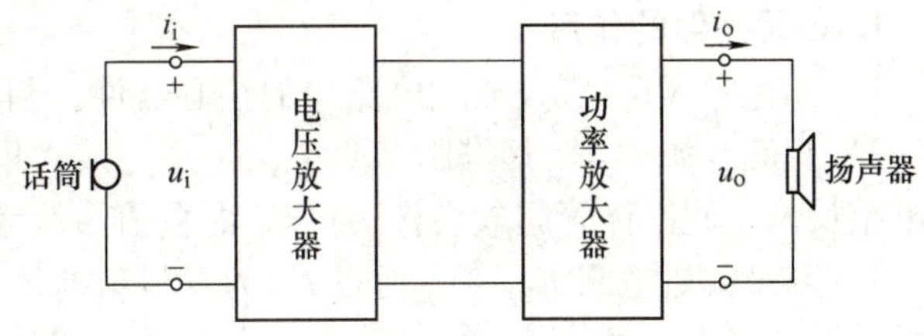

图 2-1 扩音机的工作过程原理框图

放大电路具有把外界送给它的弱小电信号不失真地放大至所需数值并送给负载的能力。放大电路输出的能量多于输入的能量，差值部分是由直流电源提供的。因此，放大电路实际上是一个受输入信号控制的能量转换器。构成放大电路的核心器件是晶体管或场效应晶体管等有源器件。本任务将先介绍各种晶体管放大电路的结构、工作原理及其分析与测试方法，然后介绍场效应晶体管放大电路。

2.1 放大电路及其分析方法

本节首先介绍晶体管组成的放大电路，晶体管的三个电极均可作为输入信号和输出信号的公共端，所以就有共发射极、共基极和共集电极三种连接方式（或称三种组态），如图 2-2 所示。由任务 1 的知识可知，要使晶体管有放大作用，必须保证发射结正向偏置，集电结反向偏置。

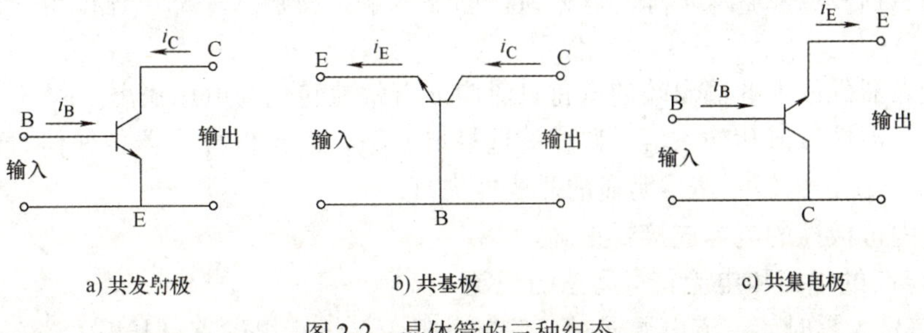

图 2-2 晶体管的三种组态

2.1.1 共发射极放大电路

图 2-3 是最简单最基本的单管共发射极放大电路示意图，输入端接交流信号源，输入电压为 u_i；输出端接负载电阻 R_L，输出电压为 u_o。

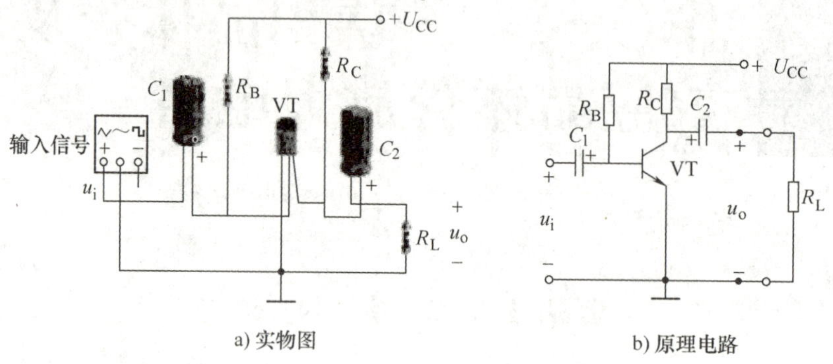

a) 实物图　　b) 原理电路

图 2-3 单管共发射极放大电路

电路图中，符号"⊥"表示电路的参考零电位，又称公共参考端，它是电路中各点电压的公共端点。这样电路中各点的电位，实际上就是该点与公共端点之间的电压。"⊥"的符号俗称"接地"，但实际上并不一定直接接大地。

1. 各元器件的作用

1）晶体管 VT。它是放大电路中的核心器件，利用它的电流放大能力来实现信号放大。

2）直流电源 U_{CC}。其作用有两个，一是为放大电路提供能源；二是保证发射结正偏和集电结反偏，使晶体管起放大作用。U_{CC}的数值一般为几伏 ~ 十几伏。

3）基极偏置电阻 R_B。U_{CC}通过 R_B 为发射结提供正偏电压，并使晶体管获得合适的静态基极偏置电流 I_{BQ}。R_B 值一般为几十千欧 ~ 几百千欧。

4）集电极电阻 R_C。U_{CC}通过 R_C 为集电结提供反偏电压，并将晶体管的电流放大作用转换成电压放大作用。R_C 值一般为几千欧 ~ 十几千欧。

5）耦合电容 C_1 和 C_2。其作用是"隔直通交"，一方面隔离放大电路与信号源和负载之间的直流通路；另一方面使交流信号从信号源经放大电路后，将放大了的信号传给负载。本课程主要讨论低频放大，信号频率通常小于几十万赫兹，同时保证 C_1 和 C_2 的容量足够大，此时它们对交流信号呈现的容抗很小。C_1 和 C_2 通常为几微法 ~ 几十微法。

2. 放大电路的组成特点

1）直流电源的极性必须与放大器件的类型配合（如图 2-3 中，若晶体管为 PNP 型，则直流电源极性相反）；直流电阻的设置要与电源相配合，以确保放大器件工作于放大区。

2）外输入信号应能有效地加到放大器件的输入端，使输入端的电流或电压随输入信号成比例变化。

3）经放大器件放大的输出端的变化电流应能有效地转化为电压输出。

4）电路元器件数值和输入信号幅度的选择要合适，以确保放大器件任何时候都工作于放大区，并且不使输出信号产生明显的非线性失真。

5）电路中带极性的电容连接要正确。

3. 放大电路的电压和电流符号写法的规定

在输入信号为零时，直流电源通过各偏置电阻为晶体管提供直流基极电流和直流集电极

电流，并在晶体管的三个极间形成一定的直流电压。由于耦合电容的隔直流作用，直流电压无法到达放大电路的输入端和输出端。当输入交流信号通过耦合电容 C_1 加在晶体管的发射结上时，发射结上的电压变成交、直流的叠加。所以放大电路中信号的情况比较复杂，为了便于区别放大电路中电流或电压的直流分量、交流分量和总变化量，对它们的符号写法作如下规定：

1）直流分量。用大写字母和大写下标表示（有的还在下标上加写 Q），如 I_B（或 I_{BQ}）表示基极的直流电流。

2）交流分量。用小写字母和小写下标表示，如 i_b 表示基极交流电流瞬时值。

3）总变化量。是直流分量与交量分量之和，交流叠加在直流上，用小写字母和大写下标表示，如 $i_B = I_B + i_b$。

4）交流有效值。用大写字母和小写下标表示。如 I_b 表示基极的正弦交流电流有效值。

晶体管中的三种波形及其表示符号如图 2-4 所示（以基极电流 i_B 为例）。

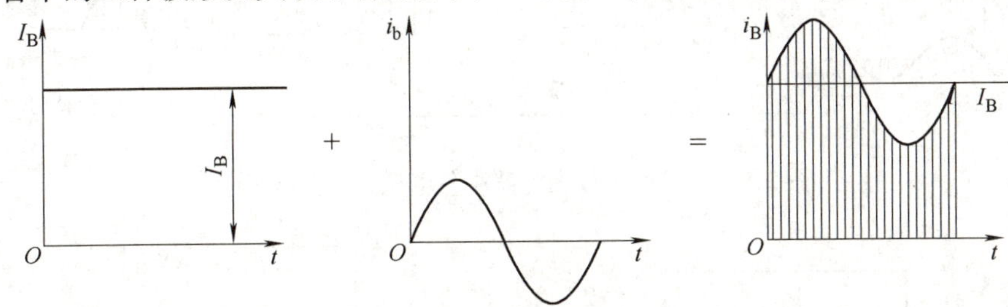

图 2-4　晶体管中的三种波形及其表示符号

4. 工作原理

共发射极放大电路中，弱小的交流输入信号通过耦合电容 C_1 送到晶体管的基极和发射极，这时输入信号 u_i 叠加在 U_{BE}上，相当于基-射电压 u_{BE}发生了变化。

即
$$u_{BE} = U_{BE} + u_{be} = U_{BE} + u_i$$

u_{BE}的变化使晶体管的基极电流 i_B 发生变化，于是有

$$i_B = I_B + i_b \qquad \text{（其中 } i_b \text{ 是输入信号 } u_i \text{ 引起的）}$$

基极电流的变化使集电极电流 i_C 发生相应的变化，即

$$i_C = I_C + i_c$$

集电极电流流过电阻 R_C，则 R_C 上电压也就发生了变化，则

$$u_{CE} = U_{CC} - i_C R_C = U_{CC} - (I_C + i_c) R_C = U_{CE} - i_c R_C$$

所以集-射电压 u_{CE}的变化与 i_C 变化情况正相反。u_{CE} 通过耦合电容 C_2 隔离了直流成分 U_{CE}，输出的只是放大信号的交流成分 $u_o = u_{ce} = -i_c R_C$，故 u_o 与 u_i 相位相反，在共发射极放大电路中称其为“倒相”。共发射极放大电路的放大原理的传递过程为 $u_i \to u_{be} \to i_b \to i_c \to u_{ce} \to u_o$，其电压、电流波形变化如图 2-5 所示。

通过上述分析可知：放大电路中各点的电压或电流都是在静态直流信号上附加了小的交流信号。根据叠加定理可将放大电路分解为直流通路和交流通路。在直流电源作用下直流电流流经的路径为直流通路，用于研究静态工作点。对于直流通路，电容因具有隔直作用视为开路，信号源视为短路，但应保留其内阻。在输入信号作用下交流信号流经的路径为交流通

路，用于研究动态参数。对于交流通路，容量大的电容（如耦合电容）视为短路；无内阻的直流电源（如 $+U_{CC}$）视为短路。图 2-3 所示放大电路的直流通路和交流通路如图 2-6a、b 所示。

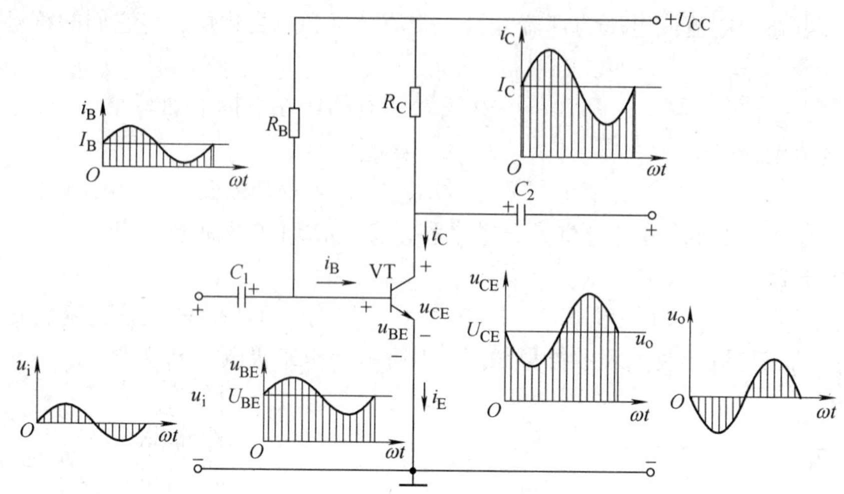

图 2-5　共发射极放大电路中各电压、电流波形

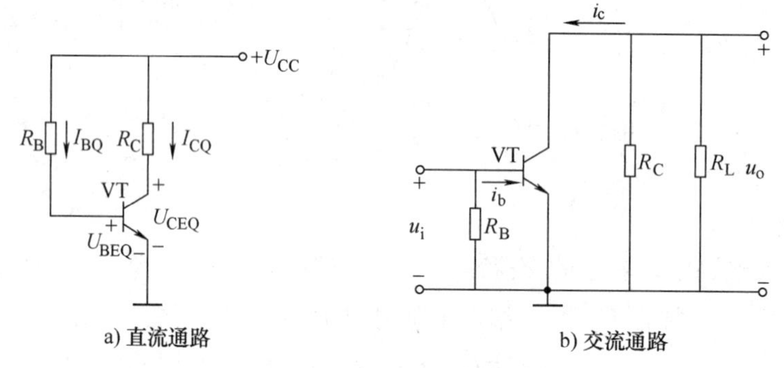

图 2-6　共发射极放大电路的直流通路和交流通路

5. 电路分析

放大电路可分为静态和动态两种情况来分析。静态是当放大电路没有输入信号时的工作状态；动态则是有输入信号时的工作状态。静态分析是要确定放大电路的静态值（直流值）I_B、I_C、U_{BE}和 U_{CE}，放大电路的质量与其静态值的关系很大。动态分析是要确定放大电路的电压放大倍数 A_u、输入电阻 R_i 和输出电阻 R_o 等。

（1）静态分析

1）静态工作点的概念。静态是指放大电路中的交流输入信号 $u_i=0$ 时的状态。静态情况下，电流、电压参数在晶体管输入、输出特性曲线族上所确定的点叫做静态工作点，用 Q 表示，一般包括 I_{BQ}、U_{BEQ}、I_{CQ}、U_{CEQ}。如图 2-7 所示。

2）直流负载线。在图 2-6a 所示直流通路的输出回路中，I_C 和 U_{CE}的关系满足下面方程

$$U_{CE}=U_{CC}-I_CR_C$$

式中，当 U_{CC}和 R_C 为定值时，上式是一个反映 U_{CE}和 I_C 关系的直线方程，此方程表示一条

斜率为 $-1/R_C$ 的直线，即 $\tan\alpha = -1/R_C$，称其为直流负载线。在晶体管的输出特性曲线上作直流负载线的方法是找到该直线上的2个特殊点：

①短路电流点 M: $U_{CE}=0$，则 $I_C = \dfrac{U_{CC}}{R_C}$。

②开路电压点 N: $I_C=0$，则 $U_{CE}=U_{CC}$。

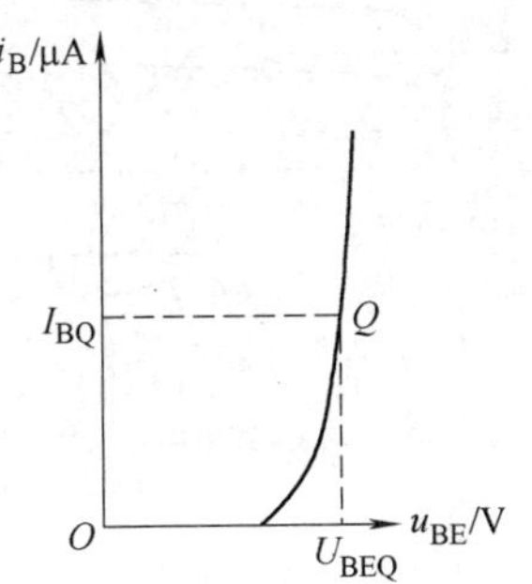

a) 输入特性曲线上的静态工作点

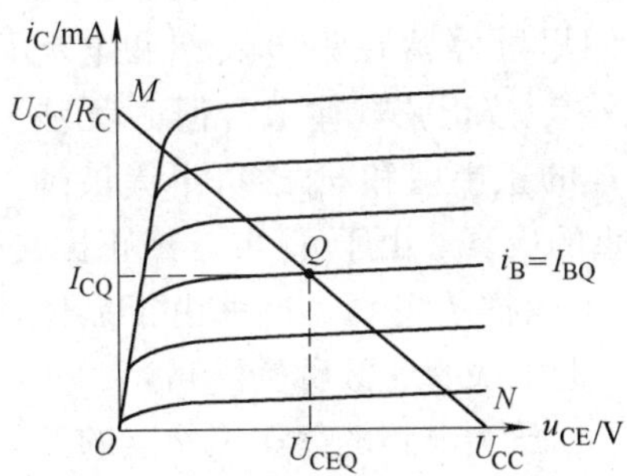

b) 直流负载线和静态工作点

图2-7　放大电路的静态工作点

分别在图2-7b的 i_C 和 u_{CE} 轴上描出 M、N 这两点，连接 MN 成直线，即为直流负载线。

3）静态工作点求法。静态值既然是直流，可以直接从电路的直流通路求得。由图2-6a可得

$$I_{BQ} = \frac{U_{CC} - U_{BEQ}}{R_B} \approx \frac{U_{CC}}{R_B} \tag{2-1}$$

$$I_{CQ} = \beta I_{BQ} \tag{2-2}$$

$$U_{CEQ} = U_{CC} - I_{CQ}R_C \tag{2-3}$$

图中各量的下标Q表示它们是静态值。U_{BEQ} 的估算值，对硅管取0.7V；对锗管取0.3V。当 $U_{CC} > 10U_{BEQ}$ 时可略去。

使用式（2-2）的条件是晶体管工作在放大区。如果算得 U_{CEQ} 值小于1V，则说明晶体管已处于或接近饱和状态，I_{CQ} 将不再与 I_{BQ} 成 β 倍关系，此时，I_{CQ} 被 R_C 限流，称为饱和电流 I_{CS}，此时的集-射电压称为饱和电压 U_{CES}（U_{CES} 的值很小，对硅管取0.3V，对锗管取0.1V）。则有

$$I_{CS} = \frac{U_{CC} - U_{CES}}{R_C} \approx \frac{U_{CC}}{R_C} \tag{2-4}$$

由上式可知，I_{CS} 基本上只与 U_{CC} 及 R_C 有关，与 β 及 I_{BQ} 无关（I_{BQ} 足够大时）。如果按式（2-2）算出的 $I_{CQ} > I_{CS}$，则表明晶体管已进入饱和状态。

4）静态工作点对波形失真的影响。通常对放大电路有一个基本要求，就是输出信号尽可能不失真。所谓失真，是指输出信号的波形与输入信号的波形各点不成比例。引起失真最主要的原因是静态工作点位置选择不当，由于晶体管是非线性器件，当工作点进入输出特性曲线的截止区和饱和区时，放大电路的工作范围超出了晶体管特性曲线上的线性范围，就会使输出信号产生严重失真，这种失真称为非线性失真。

在图2-8a中，由于静态工作点的位置太低，当输入正弦电压时，在它的负半周，晶体

管进入截止区工作，造成 i_c 的负半周和 u_{ce} 的正半周被削平。这是由于晶体管的截止而引起的，故称为截止失真。

在图 2-8b 中，由于静态工作点的位置太高，在输入电压的正半周，晶体管进入饱和区工作，这时 i_b 不失真，但 i_c 在正半周的大部分时间里都停留在集电极饱和电流 I_{CS} 附近，虽然 i_b 按正弦规律上升但 i_c 无法增大，造成 i_c 的正半周和 u_{ce} 的负半周被削平，产生严重的失真。由于 u_{ce} 与 i_c 成正比，所以 u_{ce} 也产生同样的失真。这种由于晶体管的饱和而引起的失真，故称为饱和失真。

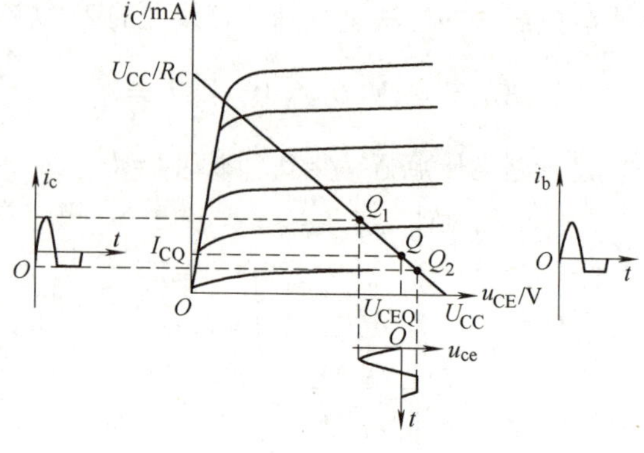

a) 截止失真

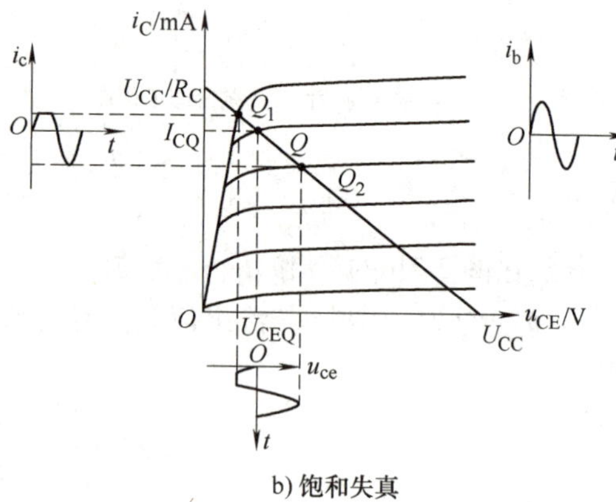

b) 饱和失真

图 2-8　静态工作点对波形失真的影响

由此可见，放大电路的静态工作点的设置是否合适，是放大电路能否正常工作的重要条件。一般情况下，静态工作点应选在负载线的中点附近。

【例 2-1】　在图 2-3 中，已知 $U_{CC}=12V$，$R_C=3k\Omega$，$R_B=300k\Omega$，晶体管的 $\beta=50$，试求

（1）放大电路的静态值，并说明晶体管处于何种状态？

（2）如果偏置电阻 R_B 由 300kΩ 减至 120kΩ，晶体管的工作状态有何变化？

解：（1）放大电路的静态值为

$$I_{BQ}\approx\frac{U_{CC}}{R_B}=\frac{12V}{300k\Omega}=0.04mA=40\mu A$$

$$I_{CQ}=\beta I_{BQ}=50\times0.04mA=2mA$$

$$U_{CEQ}=U_{CC}-I_{CQ}R_C=12V-2mA\times3k\Omega=6V$$

$$I_{CS}=\frac{U_{CC}}{R_C}=\frac{12V}{3k\Omega}=4mA$$

$$I_{CQ}<I_{CS}$$

故晶体管处于放大状态。

（2）若 R_B 减至 120kΩ，则有

$$I_{BQ}\approx\frac{U_{CC}}{R_B}=\frac{12V}{120k\Omega}=0.1mA=100\mu A$$

$$I_{CQ}=\beta I_{BQ}=5mA>I_{CS}$$

表明此时晶体管已进入饱和状态，集电极电流为 I_{CS}。

（2）动态分析　动态分析是在静态值确定后分析信号的传输情况，考虑的只是电流和电压的交流分量。因此，对放大电路的动态分析要用到其交流通路，并采用放大电路的微变等效电路分析法。

1）晶体管的微变等效电路。放大电路的微变等效电路，其核心是晶体管的微变等效。由于晶体管的输入、输出特性曲线都是非线性的，所以晶体管放大电路实际上是一个非线性的电路。微变等效电路分析法是解决放大器件非线性问题的一种常用的方法。其实质是在输入信号较小时，晶体管工作在特性曲线的一个很小区域内，可以将晶体管的输入、输出特性近似地看成直线，即用线性等效电路来代替晶体管，从而将求解非线性电路的问题变成求解线性电路的问题。这种利用线性电路的原理来分析放大电路工作情况的方法就是微变等效电路分析法。

图2-9所示为晶体管的输入、输出特性曲线的局部变化图，设晶体管的工作点仅在 Q 附近的微小区域范围内变化。

由于工作点变化范围很微小，如图2-9a所示。这段输入特性曲线基本上可以看做直线，即 Δi_b 与 Δu_{be} 呈线性关系，则晶体管的B、E之间可以用一个线性的等效电阻 r_{be} 来代替。r_{be} 称为晶体管的输入电阻，是从晶体管的输入端（基极和发射极）看进去的等效电阻，r_{be} 由输入特性曲线静态工作点附近的斜率决定。即

$$r_{be}=\frac{\Delta u_{BE}}{\Delta i_B}$$

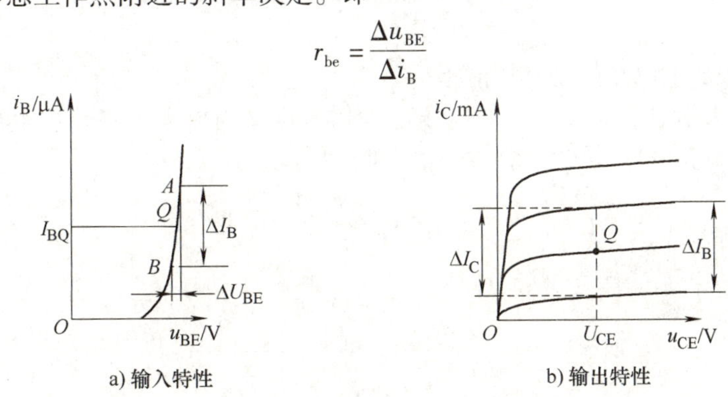

a) 输入特性　　b) 输出特性

图2-9　晶体管特性曲线的局部线性化

工作点不同，r_{be} 的值也不同，低频小功率晶体管的输入电阻常用下式估算：

$$r_{be}=300\Omega+(1+\beta)\frac{26\text{mV}}{I_{EQ}} \tag{2-5}$$

式中，I_{EQ} 是发射极电流，单位为mA；r_{be} 一般为几百欧到几千欧。

晶体管的输出特性曲线在线性工作区是一组近似等距离的平行直线，如图2-9b所示。当 u_{ce} 在较大范围内变化时，i_c 几乎不变，此时晶体管具有恒流特性。这样晶体管C、E间可等效为一个理想受控电流源，其输出电流为 $i_c=\beta i_b$。

综上所述，可画出共发射极放大电路中晶体管的微变等效电路，如图2-10所示。

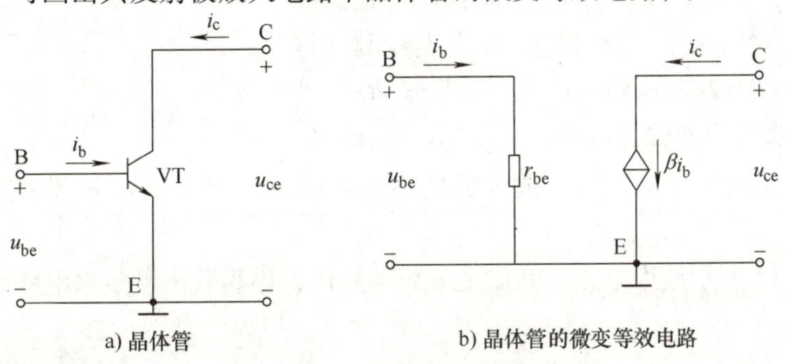

a) 晶体管　　b) 晶体管的微变等效电路

图2-10　晶体管等效电路模型

2）共发射极放大电路的微变等效电路。由晶体管的微变等效电路和放大电路的交流通路可得出放大电路的微变等效电路。将图 2-6b 所示放大电路的交流通路中的晶体管用微变等效电路替代，可得放大电路的微变等效电路如图 2-11 所示。

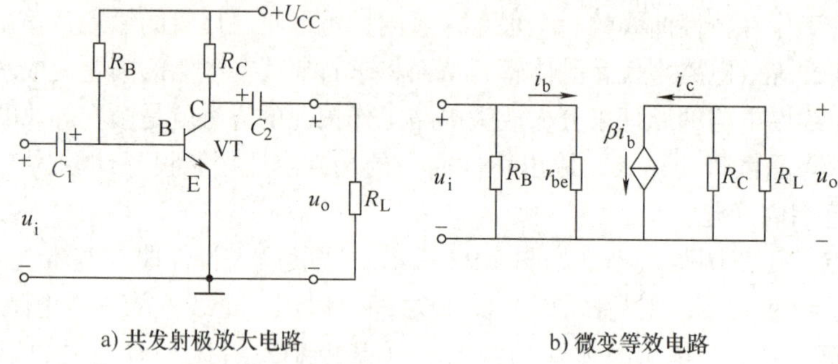

a) 共发射极放大电路　　b) 微变等效电路

图 2-11　共发射极放大电路的微变等效电路

3）共发射极放大电路的动态性能指标。

①求电压放大倍数。放大电路的电压放大倍数定义为放大电路输出电压与输入电压之比，是衡量放大电路电压放大能力的指标。即

$$A_u = \frac{U_o}{U_i} \tag{2-6}$$

对于图 2-11b 所示的微变等效电路有

$$A_u = -\frac{I_c(R_C//R_L)}{I_b r_{be}} = -\frac{\beta(R_C//R_L)}{r_{be}} = -\frac{\beta R_L'}{r_{be}} \tag{2-7}$$

式中负号表示输出电压与输入电压的相位相反。

当放大器不接负载 R_L 时，电压放大倍数为

$$A_u = -\beta\frac{R_C}{r_{be}} \tag{2-8}$$

式（2-7）中 $R_L' = R_C//R_L$，故接上负载后放大倍数会下降。

②求输入电阻 R_i。放大电路对信号源来说，是一个负载，如图 2-12 所示，这个负载电阻也就是放大器的输入电阻 R_i，即

$$R_i = \frac{U_i}{I_i} \tag{2-9}$$

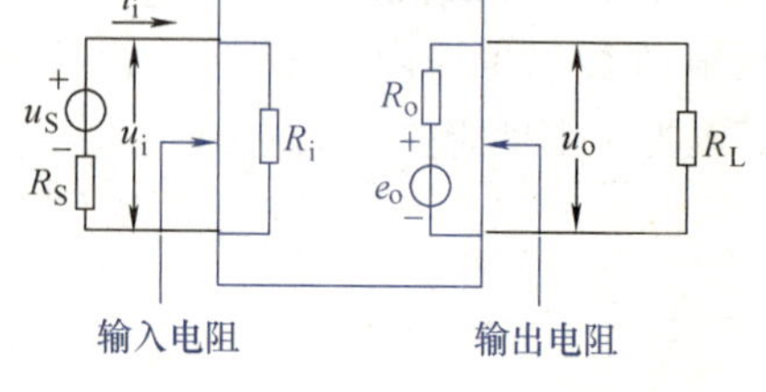

图 2-12　输入电阻与输出电阻

由式（2-9）可见 R_i 越大，输入回路所取用的信号电流 I_i 越小。对电压信号源来说，R_i 是与信号源内阻 R_S 串联的，如图 2-12 所示。R_i 大就意味着 R_S 上的电压降小，则放大器的输入端电压 U_i 占信号源的电压 U_S 的比例大。因此要设法提高放大器的输入电阻 R_i，尤其当信号源内阻较高时更应如此。

观察图 2-11b 所示放大电路及其微变等效电路图，不难看出此放大电路的输入电阻为

$$R_i = R_B//r_{be} \tag{2-10}$$

通常 $R_B >> r_{be}$，故 $R_i \approx r_{be}$，可见共发射极放大电路的输入电阻 R_i 不大。

③求输出电阻 R_o。对负载来说，放大器相当于一个信号源。图 2-13 中的等效信号源电压 E_o 为放大器输出端开路（不接 R_L）时的输出电压，等效信号源的内阻 R_o 称为输出电阻。放大电路的输出电阻是将信号源置零（令 $u_s=0$，但保留内阻 R_S）和负载开路，从放大器输出端看进去的一个电阻，由图 2-11 可得

$$R_o \approx R_C \tag{2-11}$$

用实验方法求放大器的输出电阻，如图 2-13 所示。保持输入电压不变，先测出放大电路输出开路（S 打开）时的输出电压 E_o，再接上负载电阻 R_L，并测出此时放大电路的输出电压 U_o。

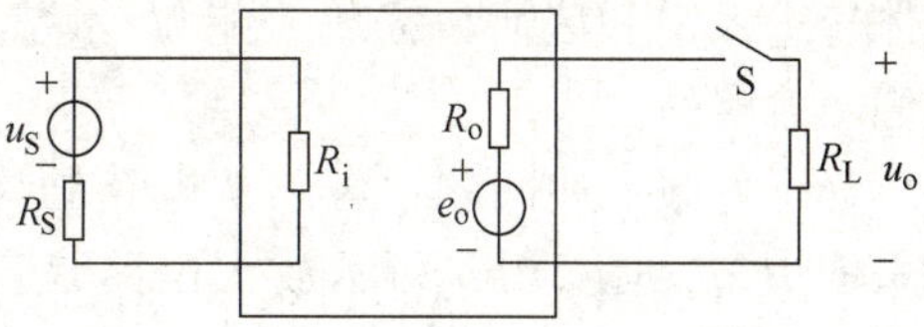

由图可得　$U_o = E_o \dfrac{R_L}{R_L + R_o}$

所以输出电阻为

$$R_o = \left(\frac{E_o}{U_o} - 1\right) R_L \tag{2-12}$$

图 2-13　测量输出电阻的电路

如果放大电路的输出电阻较大（相当于信号源的内阻较大），当负载变化时，输出电压的变化也较大，也就是放大电路带负载的能力较差。因此，要使放大电路的带负载能力增强，就要使放大电路输出级的输出电阻低一些。

【例 2-2】　在图 2-14 所示的单管共发射极放大电路中，已知晶体管的 $\beta = 50$。

（1）试求晶体管的 r_{be}；

（2）分别求不带负载和带负载两种情况下电压放大倍数 A_u；

（3）输入电阻 R_i；

（4）输出电阻 R_o。

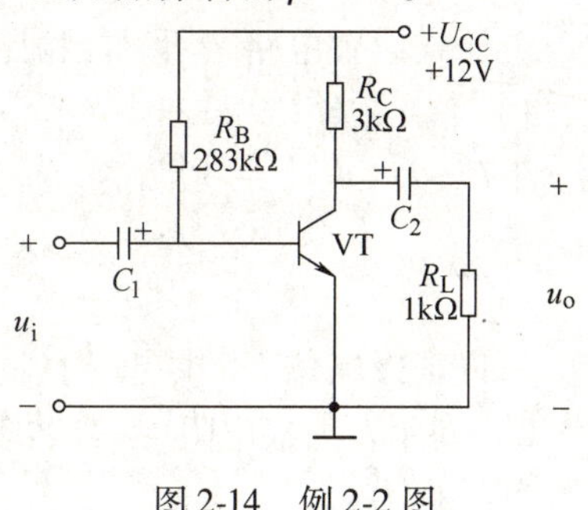

图 2-14　例 2-2 图

解：（1）由直流通路可得

$$I_{BQ} = \frac{U_{CC} - U_{BEQ}}{R_B} = \frac{12\text{V} - 0.7\text{V}}{283\text{k}\Omega} = 0.04\text{mA}$$

$$I_{EQ} \approx I_{CQ} = \beta I_{BQ} = 50 \times 0.04\text{mA} = 2\text{mA}$$

则晶体管的输入电阻为

$$r_{be} = 300\Omega + (1+\beta)\frac{26\text{mV}}{I_{EQ}} = 300\Omega + \frac{26\text{mV}}{I_{BQ}} = \left(300 + \frac{26}{0.04}\right)\Omega = 950\Omega = 0.95\text{k}\Omega$$

（2）放大电路不带负载时的放大倍数为　$A_u = -\dfrac{\beta R_C}{r_{be}} = -50 \times \dfrac{3}{0.95} \approx -158$

放大电路带负载时：

$$R'_L = R_C // R_L = \frac{R_C R_L}{R_C + R_L} = \frac{3 \times 1}{3+1}\text{k}\Omega = 0.75\text{k}\Omega$$

$$A_u = -\frac{\beta R'_L}{r_{be}} = -50 \times \frac{0.75}{0.95} \approx -40$$

（3）输入电阻为　$R_i = R_B // r_{be} \approx r_{be} = 0.95\text{k}\Omega$

（4）输出电阻为　$R_o \approx R_C = 3\text{k}\Omega$

2.1.2　分压式偏置放大电路

前面介绍的共发射极放大电路结构简单，电压和电流放大作用都比较大，其缺点是静态

工作点不稳定，电路本身没有自动稳定静态工作点的能力。

造成静态工作点不稳定的原因很多，如电源电压波动、电路参数变化、晶体管老化等，但主要原因是晶体管特性参数（U_{BE}、β、I_{CBO}）随温度变化造成的静态工作点偏移。由前面的知识可知：晶体管的 I_{CBO} 和 β 均随环境温度的升高而增大，U_{BE} 则随温度的升高而减小，这些都会使放大电路中的集电极电流 I_C 随温度升高而增加。于是当温度升高时，晶体管的输入特性曲线左移，输出特性曲线上移且间距加大，如图 1-16 所示，严重时，将使晶体管进入饱和区而失去放大能力，这是我们不希望的。

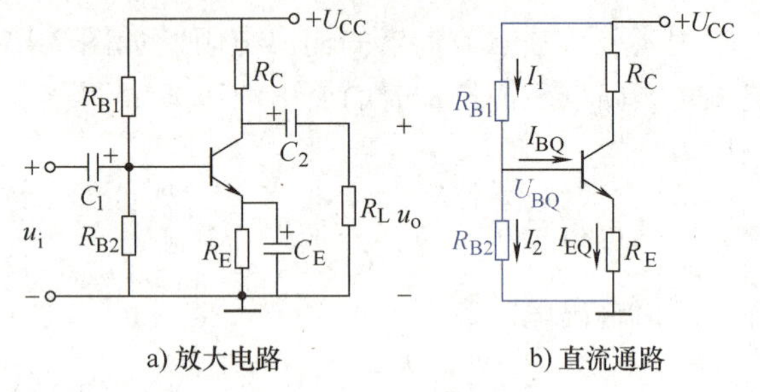

图 2-15　分压式偏置放大电路

为了克服上述问题，可以从电路结构上采取措施，图 2-15a 所示放大电路是最常用的工作点稳定电路，图 2-15b 为其直流通路。在该放大电路中，直流电源 U_{CC} 经过两个电阻 R_{B1} 和 R_{B2} 分压之后接到晶体管的基极，故称为分压式工作点稳定电路或分压式偏置电路。晶体管的发射极通过一个电阻 R_E 接地，在 R_E 的两端并联一个大电容 C_E，称为旁路电容。

1. 静态工作点的稳定

分压式偏置电路之所以能稳定静态工作点，是因为此电路有以下特点：

1）利用电阻 R_{B1} 和 R_{B2} 分压来稳定基极电位。设流过电阻 R_{B1} 和 R_{B2} 的电流分别为 I_1 和 I_2，且 $I_1 = I_2 + I_{BQ}$，一般 I_{BQ} 很小，$I_1 >> I_{BQ}$，近似认为 $I_1 \approx I_2$，这样，基极电位为

$$U_{BQ} \approx \frac{R_{B2}}{R_{B1}+R_{B2}}U_{CC} \tag{2-13}$$

所以基极电位 U_{BQ} 由电压 U_{CC} 经 R_{B1} 和 R_{B2} 分压所决定，不随温度而变。

2）利用发射极电阻 R_E 来实现工作点的稳定。

其过程为

$$t\uparrow \rightarrow I_{CQ}\uparrow \rightarrow U_{EQ}\uparrow \rightarrow U_{BEQ}\downarrow$$

$$I_{CQ}\downarrow \leftarrow I_{BQ}\downarrow \leftarrow$$

通常 $U_{BQ} >> U_{BEQ}$，所以发射极电流为

$$I_{EQ} = \frac{U_{BQ}-U_{BEQ}}{R_E} \approx \frac{U_{BQ}}{R_E}$$

由此可见，稳定 Q 点的关键在于利用发射极电阻 R_E 两端的电压来反映集电极电流的变化情况，并控制 I_{CQ} 的变化，最后达到稳定静态工作点的目的。

2. 电路参数的选择

为了保证 U_{BEQ} 不受温度的影响，希望电流 I_1 大，即电阻 R_{B1} 和 R_{B2} 小，但 R_{B1} 和 R_{B2} 比较小时，这两个电阻上消耗的功率将增大，而且放大电路的输入电阻将降低，则对信号源的分流作用变大了。实际工作中通常选取适中的 R_{B1} 和 R_{B2} 的值。U_{BQ} 也不能太大，因为 U_{BQ} 大则 U_{EQ} 必然大，导致 U_{CEQ} 减小，这减小放大电路的动态工作范围。通常选择：

$$I_1=(5\sim10)I_{BQ}(\text{硅管})\qquad U_{BQ}=(3\sim5)\text{V}(\text{硅管}) \tag{2-14}$$

$$I_1=(10\sim20)I_{BQ}(\text{锗管})\qquad U_{BQ}=(1\sim3)\text{V}(\text{锗管}) \tag{2-15}$$

3. 静态工作点的计算

当满足 $I_1 >> I_{BQ}$、$U_{BQ} >> U_{BEQ}$ 两个条件时，由直流通路可求得

$$U_{BQ}\approx\frac{R_{B2}}{R_{B1}+R_{B2}}U_{CC}$$

$$I_{CQ}\approx I_{EQ}=\frac{U_{BQ}-U_{BEQ}}{R_E}\approx\frac{U_{BQ}}{R_E} \tag{2-16}$$

$$U_{CEQ}=U_{CC}-I_{CQ}R_C-I_{EQ}R_E\approx U_{CC}-I_{CQ}(R_C+R_E) \tag{2-17}$$

$$I_{BQ}=\frac{I_{CQ}}{\beta} \tag{2-18}$$

4. 电压放大倍数、输入电阻、输出电阻的计算

在图2-15a 所示分压式偏置电路中，如果耦合电容 C_1、C_2 和发射极旁路电容 C_E 足够大，可以认为其对交流短路，则可画出该电路的交流通路如图2-16a 所示。由图2-16a 可知，对交流信号而言，晶体管的发射极仍然是输入信号和输出信号的公共端，故分压式偏置电路本质上也是一个共发射极放大电路。根据交流通路可画出其微变等效电路如图2-16b 所示。

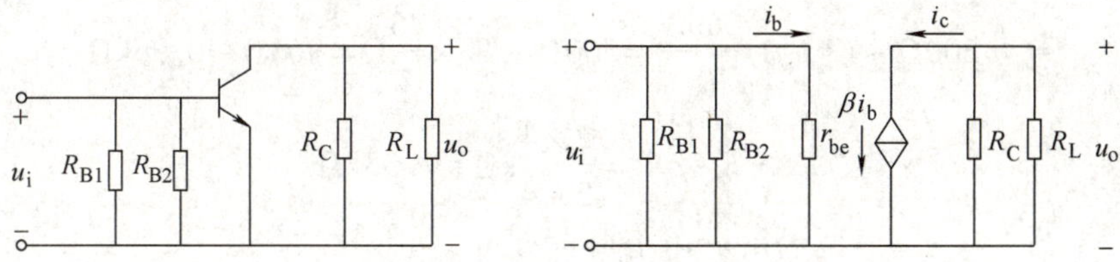

图2-16　分压式偏置放大电路的交流通路和微变等效电路

由图2-16b 所示的微变等效电路可得

$$A_u=-\frac{I_c(R_C/\!/R_L)}{I_b r_{be}}=-\frac{\beta(R_C/\!/R_L)}{r_{be}}=-\frac{\beta R_L'}{r_{be}}$$

$$R_i=R_{B1}/\!/R_{B2}/\!/r_{be}\approx r_{be}$$

$$R_o=R_C$$

若不接旁路电容 C_E，则共发射极放大电路的微变等效电路如图2-17 所示。

由输入回路可得

$$u_i=i_b r_{be}+i_e R_E=i_b[r_{be}+(1+\beta)R_E]$$

$$U_i=I_b[r_{be}+(1+\beta)R_E]$$

由输出回路可得

$$U_o=-\beta I_b R_L'$$

则电压放大倍数为

$$A_u=\frac{U_o}{U_i}=-\frac{\beta R_L'}{r_{be}+(1+\beta)R_E} \tag{2-19}$$

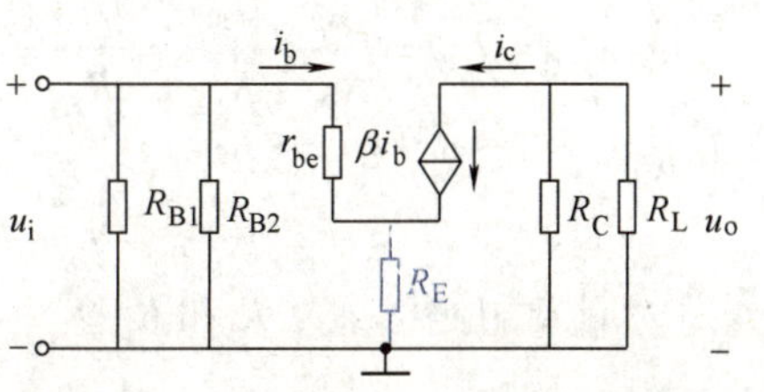

图2-17　不接旁路电容的微变等效电路

输入电阻为

$$R_i = R_{B1} /\!/ R_{B2} /\!/ [r_{be} + (1+\beta)R_E] \tag{2-20}$$

输出电阻为

$$R_o = R_C \tag{2-21}$$

【例 2-3】 分压式偏置放大电路如图 2-15a 所示，已知晶体管 $\beta=50$，$U_{CC}=12V$，$R_{B1}=20k\Omega$，$R_{B2}=10k\Omega$，$R_L=4k\Omega$，$R_C=2k\Omega$，$R_E=2k\Omega$，C_E 足够大。试求：

（1）静态工作点 I_{CQ} 和 U_{CEQ}；

（2）电压放大倍数 A_u；

（3）输入电阻 R_i 和输出电阻 R_o。

解：（1）估算静态工作点 I_{CQ} 和 U_{CEQ}。

$$U_{BQ} \approx \frac{R_{B2}}{R_{B1}+R_{B2}}U_{CC} = \frac{10}{10+20}\times 12V = 4V$$

$$I_{CQ} \approx I_{EQ} = \frac{U_{BQ}-U_{BEQ}}{R_E} \approx \frac{U_{BQ}}{R_E} = \frac{4}{2}mA = 2mA$$

$$U_{CEQ} \approx U_{CC} - I_{CQ}(R_C+R_E) = 12V - 2\times(2+2)V = 4V$$

（2）估算电压放大倍数 A_u。

$$r_{be} = 300\Omega + (1+\beta)\frac{26mV}{I_{EQ}} = 300\Omega + 51\times\frac{26}{2}\Omega = 963\Omega \approx 0.96k\Omega$$

$$R_L' = R_C /\!/ R_L = \frac{2\times 4}{2+4}k\Omega \approx 1.33k\Omega$$

$$A_u = \frac{U_o}{U_i} = -\beta\frac{R_L'}{r_{be}} = -50\times\frac{1.33}{0.96} \approx -69$$

（3）估算输入电阻 R_i 和输出电阻 R_o。

$$R_i = R_{B1} /\!/ R_{B2} /\!/ r_{be} \approx r_{be} = 0.96k\Omega$$

$$R_o = R_C = 2k\Omega$$

【例 2-4】 在图 2-18 所示的分压式工作点稳定电路中，已知晶体管的 $\beta=50$。求：

（1）估算电路的静态工作点；

（2）计算电路的 A_u、R_i 和 R_o。

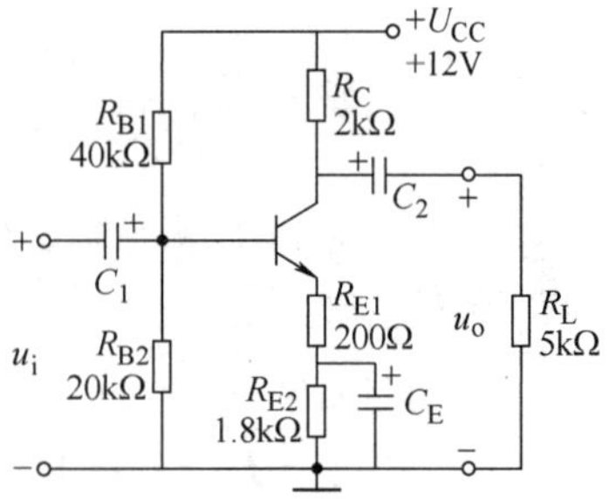

解：（1）估算静态工作点 Q。

$$U_{BQ} \approx \frac{R_{B1}}{R_{B1}+R_{B2}}U_{CC} = \frac{20}{40+20}\times 12V = 4V$$

$$I_{CQ} \approx I_{EQ} = \frac{U_{BQ}-U_{BEQ}}{R_{E1}+R_{E2}} \approx \frac{U_{BQ}}{R_E} = \frac{4}{2}mA = 2mA$$

式中 $R_E = R_{E1} + R_{E2}$

图 2-18　例 2-4 图

$$U_{CEQ} \approx U_{CC} - I_{CQ}(R_C+R_E) = 12V - 2\times(2+2)V = 4V$$

（2）计算电路的 A_u、R_i 和 R_o。

由于

$$A_u = \frac{U_o}{U_i} = -\frac{\beta R_L'}{r_{be}+(1+\beta)R_{E1}}$$

上式中晶体管输入电阻为

$$r_{be}=300\Omega+(1+\beta)\frac{26mV}{I_{EQ}}=300\Omega+51\times\frac{26}{2}\Omega=963\Omega\approx0.96k\Omega$$

等效负载电阻为

$$R_L'=R_C/\!/R_L=\frac{2\times5}{2+5}k\Omega\approx1.43k\Omega$$

则放大倍数为

$$A_u=-\frac{50\times1.43}{0.96+51\times0.2}\approx-6.41$$

输入和输出电阻为

$$R_i=R_{B1}/\!/R_{B2}/\!/[r_{be}+(1+\beta)R_{E1}]=(20/\!/40/\!/11.16)k\Omega\approx6.07k\Omega$$

$$R_o=R_C=2k\Omega$$

2.1.3　共集电极放大电路

1. 共集电极放大电路的组成

共集电极放大电路如图2-19a所示。由于U_{CC}点为交流地电位，所以可以看成它是由基极和集电极输入信号，从发射极和集电极输出信号，从图2-19b所示的交流通路上可以看到，集电极是输入回路与输出回路的公共端，故称为共集电极电路；又由于是从发射极输出，故又称为射极输出器。

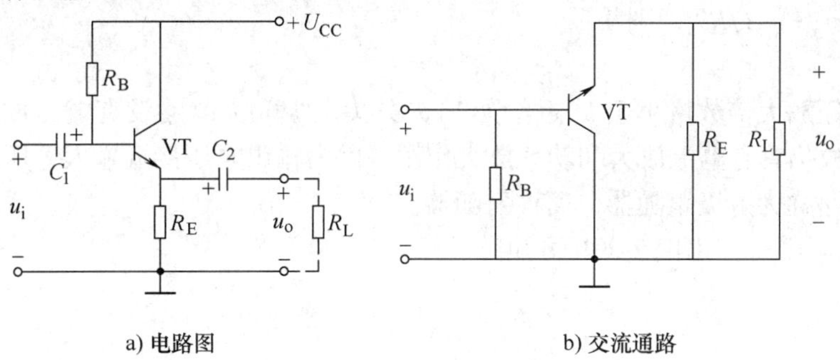

a) 电路图　　b) 交流通路

图2-19　共集电极放大电路

2. 共集电极放大电路的特点

1) 静态工作点稳定。图2-20所示为共集电极放大电路的直流通路和微变等效电路。由图2-20a所示的直流通路可列出：

$$U_{CC}=I_{BQ}R_B+U_{BEQ}+(1+\beta)I_{BQ}R_E \quad (2-22)$$

于是得

$$I_{BQ}=\frac{U_{CC}-U_{BEQ}}{R_B+(1+\beta)R_E} \quad (2-23)$$

$$I_{EQ}\approx I_{CQ}=\beta I_{BQ} \quad (2-24)$$

$$U_{CEQ}\approx U_{CC}-I_{EQ}R_E \quad (2-25)$$

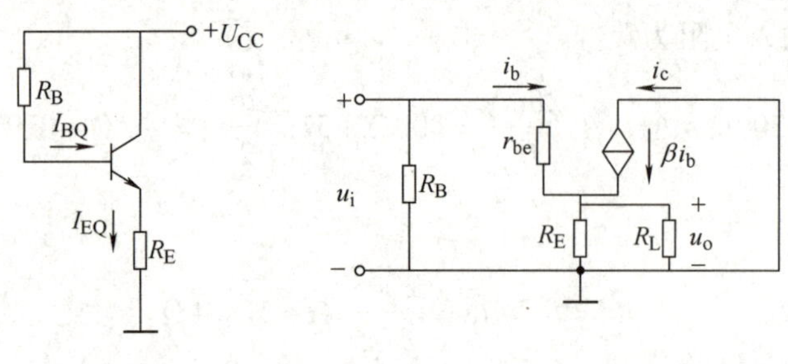

图 2-20　共集电极放大电路的直流通路和微变等效电路

发射极电阻 R_E 具有稳定静态工作点的作用，例如温度升高时，有

$$t\uparrow \rightarrow I_{CQ}\uparrow \rightarrow U_E\uparrow \rightarrow U_{BEQ}\downarrow$$
$$I_{CQ}\downarrow \leftarrow I_{BQ}\downarrow \leftarrow$$

2）电压放大倍数略小于 1(近似为 1)。由图 2-20b 所示的微变等效电路可列出：

$$U_o = (1+\beta)I_b R_L'$$

式中，$R_L' = R_E /\!/ R_L$。

$$U_i = I_b[r_{be} + (1+\beta)R_L']$$

得
$$A_u = \frac{U_o}{U_i} = \frac{(1+\beta)R_L'}{r_{be}+(1+\beta)R_L'} < 1 \tag{2-26}$$

通常 $r_{be} \ll (1+\beta)R'_L$，则

$$A_u \approx 1$$

可见，电压放大倍数略小于 1(近似为 1)，共集电极放大电路没有电压放大作用，但 $I_e = (1+\beta)I_b$，故仍具有电流放大和功率放大作用。因为输出电压接近输入电压，两者相位又相同，故此电路称为射极跟随器，简称射随器。

3）输入电阻很高。由图 2-20b 可知

$$\begin{aligned} R_i' &= r_{be} + (1+\beta)R_L' \\ R_i &= R_B /\!/ R_i' = R_B /\!/ [r_{be} + (1+\beta)R_L'] \end{aligned} \tag{2-27}$$

上式中，通常 R_B 和 $(1+\beta)R_L'$ 阻值较大(几十千欧至几百千欧)，同时也比 r_{be} 大得多，因此，射极输出器的输入电阻高，可达几十千欧到几百千欧。

4）输出电阻很小：

$$R_o = R_E /\!/ \frac{r_{be}}{1+\beta} \tag{2-28}$$

在大多数情况下，有

$$R_E \gg \frac{r_{be}}{1+\beta}$$

所以

$$R_o \approx \frac{r_{be}}{1+\beta} \tag{2-29}$$

由式(2-29)可知，射极输出器具有很小的输出电阻，一般由几欧至几百欧，比共发射极放大电路的输出电阻低得多。由于 $U_o \approx U_i$，当 U_i 一定时，输出电压 U_o 基本上保持不变，这说明射极输出器具有恒压输出的特性。

虽然射极输出器电压放大倍数略小于1，但由于它具有输入电阻高、输出电阻低的突出特点，从而得到了广泛应用。

在多级放大电路中，可以把共集电极放大电路作为输入级，与内阻较大的信号源相匹配，用来获得较多的信号源电压，然后，再将共集电极放大电路的输出信号送给下级的共发射极放大电路作为输入，这样可以避免在信号源内阻上不必要的损耗。

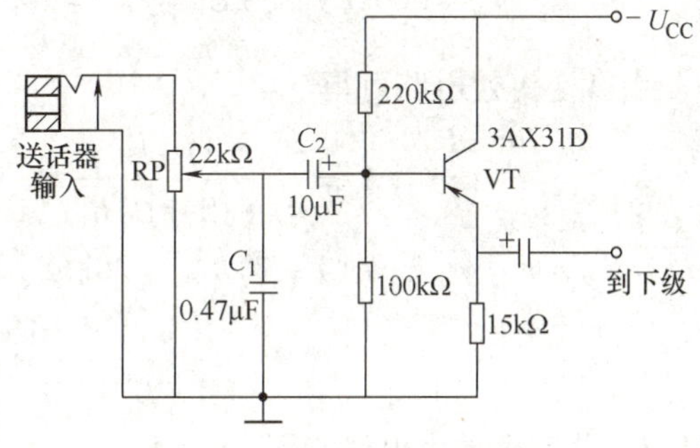

图2-21　扩音机的输入级电路

图2-21是扩音机的输入级电路，作为信号源的送话器，其内阻较高。我们利用共集电极放大电路作为放大器的输入级，可以从送话器处得到幅度较大的输入信号电压，使送话器的输入信号得到有效放大。图中电位器RP可以用来调节输入信号的强度，控制音量的大小。

用射极输出器作为输出级，可使放大电路具有较低的输出电阻和较强的带负载能力。

用射极输出器作为中间级，可以隔离前后级之间的影响，并利用输入电阻高和输出电阻低的特点，在电路中起阻抗变换的作用。

【例2-5】　在图2-22a所示电路中，已知 $U_{CC}=12V$，$\beta=100$，$R_{B1}=R_{B2}=20k\Omega$，$R_E=R_L=3k\Omega$。

(1) 计算静态工作点；

(2) 计算电压放大倍数 A_u、输入电阻 R_i 和输出电路 R_o。

解： 图2-22b、c所示为该放大电路的直流通路和微变等效电路。

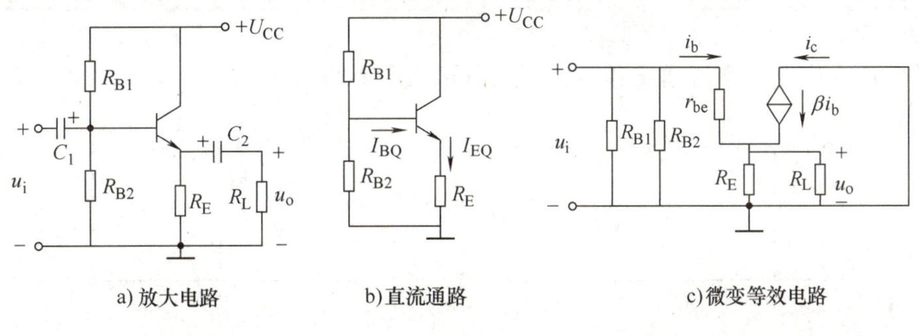

图2-22　例2-5图

(1) 计算静态工作点。

由直流通路可得

$$U_{BQ} \approx \frac{R_{B2}}{R_{B1}+R_{B2}}U_{CC} = \frac{20}{20+20} \times 12V = 6V$$

$$I_{CQ} \approx I_{EQ} = \frac{U_{BQ} - U_{BEQ}}{R_E} \approx \frac{U_{BQ}}{R_E} = \frac{6}{3}\text{mA} = 2\text{mA}$$

$$U_{CEQ} = U_{CC} - I_{EQ}R_E = 12\text{V} - 2\text{mV} \times 3\text{k}\Omega = 6\text{V}$$

（2）计算电压放大倍数 A_u、输入电阻 R_i 和输出电路 R_o。

$$r_{be} = 300\Omega + (1+\beta)\frac{26\text{mV}}{I_{EQ}} = 300\Omega + 101 \times \frac{26}{2}\Omega = 1613\Omega = 1.613\text{k}\Omega$$

由微变等效电路可得

$$A_u = \frac{(1+\beta)R_L'}{r_{be} + (1+\beta)R_L'} = \frac{101 \times (3/\!/3)}{1.613 + 101 \times (3/\!/3)} \approx 0.99$$

$$R_i = R_{B1} /\!/ R_{B2} /\!/ [r_{be} + (1+\beta)R_L'] = 20\text{k}\Omega /\!/ 20\text{k}\Omega /\!/ [1.613\text{k}\Omega + 101 \times (3/\!/3)\text{k}\Omega] \approx 9.4\text{k}\Omega$$

$$R_o \approx \frac{r_{be}}{1+\beta} = \frac{1.613}{101}\text{k}\Omega \approx 0.016\text{k}\Omega = 16\Omega$$

2.1.4 共基极放大电路

1. 电路的组成

共基极放大电路如图 2-23a 所示。输入信号加载到晶体管的发射极与基极两端，输出信号由晶体管的集电极与基极两端获得。因为基极是输入、输出的共同端，所以称为共基极放大电路。R_{B1}、R_{B2} 和 R_E 构成静态工作点稳定的偏置电路，图 2-23b 所示为共基极放大电路的直流通路。

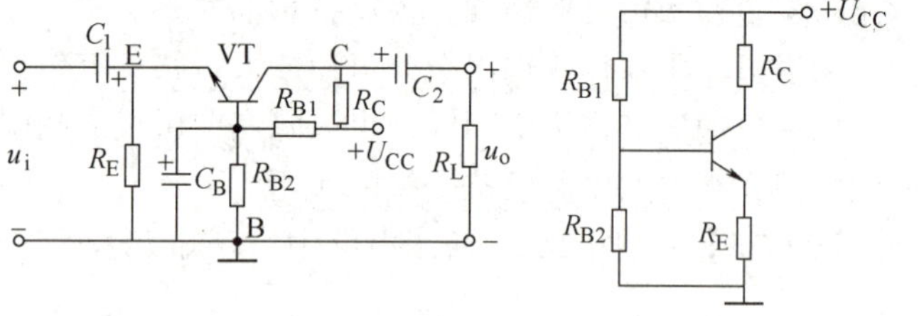

a) 共基极放大电路　　b) 直流通路

图 2-23　共基极放大电路和直流通路

2. 电路的特点

由图 2-23b 可知，共基极放大电路的直流通路与共发射极分压式偏置电路的直流通路完全相同，因而静态工作点的估算方法也完全一样。

共基极放大电路的交流通路和微变等效电路如图 2-24a、b 所示。

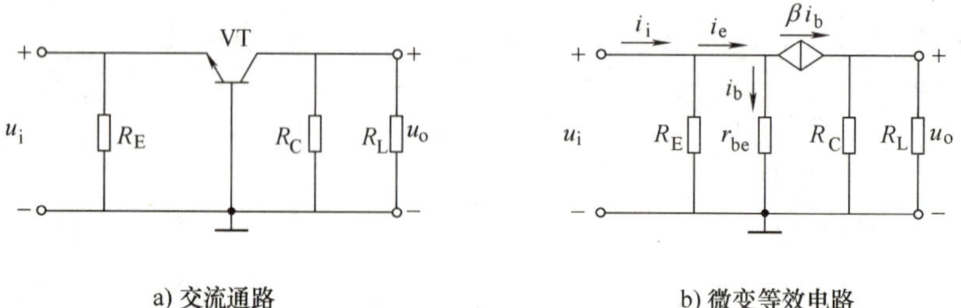

a) 交流通路　　b) 微变等效电路

图 2-24　共基极放大电路的交流通路和微变等效电路

由图 2-24 可知，共基极放大电路和共发射极放大电路的输入信号均加在基极和发射极之间，只是符号相反，输出信号均从集电极取出，因而共基极电路的电压放大倍数为

$$A_u = \beta \frac{R_L'}{r_{be}} \tag{2-30}$$

式中，$R_L' = R_C // R_L$。共基极电路电压放大倍数与共发射极电压放大倍数大小相等，符号相反。

输入电阻的估算式为

$$R_i = R_E // \frac{r_{be}}{1+\beta} \tag{2-31}$$

输出电阻为

$$R_o = R_C \tag{2-32}$$

共基极放大电路的输入电流为 i_e，输出电流为 i_c，由于 I_c 略小于 I_e，所以共基极放大电路无电流放大作用，但仍有电压及功率放大作用。

共基极放大电路的输入阻抗很小，会使输入信号严重衰减，不适合作为电压放大器。但它的频宽很大，因此通常用做宽频或高频放大器。在某些场合，共基极放大电路也可以作为"电流缓冲器"使用。

3. 三种组态的基本放大电路的比较

共发射极、共集电极和共基极放大电路是晶体管的三种基本放大电路，它们各有特点，分别适用于不同的工作场合，现列于表2-1中，以便分析比较。表中的数据是在标准基本电路的形式中得出的，如果电路的参数和电路形式发生变化，表中的数据也要进行相应的调整。

表2-1　晶体管三种基本放大电路的性能比较

	共发射极	共基极	共集电极
A_u	大 (几十～几百以上) $\frac{\beta R_L'}{r_{be}}(R_L' = R_C // R_L)$	(同共发射极)	小 小于1接近于1 $\frac{(1+\beta)R_L'}{r_{be}+(1+\beta)R_L'} \approx 1 (R_L' = R_E // R_L)$
u_i与u_o相位关系	$-180°$(u_o与u_i反相)	0(u_o与u_i同相)	0(u_o与u_i同相)
A_i	较大(β)	小于接近于1	较大($1+\beta$)
R_i	中 (几百欧～几千欧) $R_B // r_{be}(R_B = R_{B1} // R_{B2})$	小 (几欧～几十欧) $R_E // \frac{r_{be}}{1+\beta}$	大 (几十千欧以上) $R_B // [r_{be}+(1+\beta)R_L']$
R_o	大 (几百欧～几千欧) R_C	大 (几百欧～几千欧) R_C	小 (几欧～几十欧) $R_E // \frac{r_{be}}{1+\beta}$
应用	中间级	高频、宽频带电路及恒流源电路	输入级、输出级或缓冲级

共发射极电路的电压、电流和功率放大倍数均较大，输入、输出电阻适中，在低频电子技术中应用最为广泛。共集电极电路的输入电阻大，而输出电阻很小，可以应用于多级放大

器的输入级、输出级和缓冲级。共基极电路的电压放大倍数与共射极电路相同，高频特性好，常用作宽带放大器。

2.1.5 多级放大电路

一般情况下放大器的输入信号都较微弱，有时可低到毫伏或微伏级，为了在输出端获得必要的电压幅值或足够的功率驱动负载工作，在实际应用中，常将若干个单级放大电路串联起来，组成多级放大电路对微弱信号进行连续放大。图 2-25 所示为多级放大电路的组成框图，其中的输入级和中间级主要用做电压放大，可将微弱的输入电压放大到足够的幅度。后面的末前级和输出级用做功率放大，以输出负载所需要的功率。

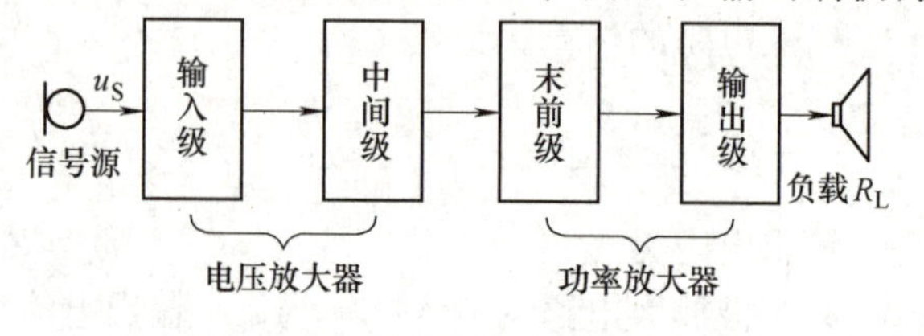

图 2-25 多级放大电路的组成框图

1. 级间耦合方式及特点

多级放大电路前后两级间的连接方式叫耦合。常用的级间耦合有阻容耦合、直接耦合、变压器耦合和光电耦合四种方式。

(1) 阻容耦合 阻容耦合前后级之间通过前级输出电阻、耦合电容和后级的输入电阻完成信号传递任务。图 2-26a 为两级阻容耦合放大电路。由于电容器的“通交隔直”作用，因此前一级的输出信号可以通过耦合电容传送到后级的输入端，而各级的直流工作状态相互之间无影响，各级放大电路的静态工作点可以单独考虑。此外，它还具有体积小、重量轻的优点。这些优点使它在放大高频交流信号的分立元器件多级放大电路中得到广泛的应用。但由于电容的存在，使电路具有局限性：不适宜传送缓慢变化的信号，更不能传送恒定的直流信号，也不适于在集成电路中采用。

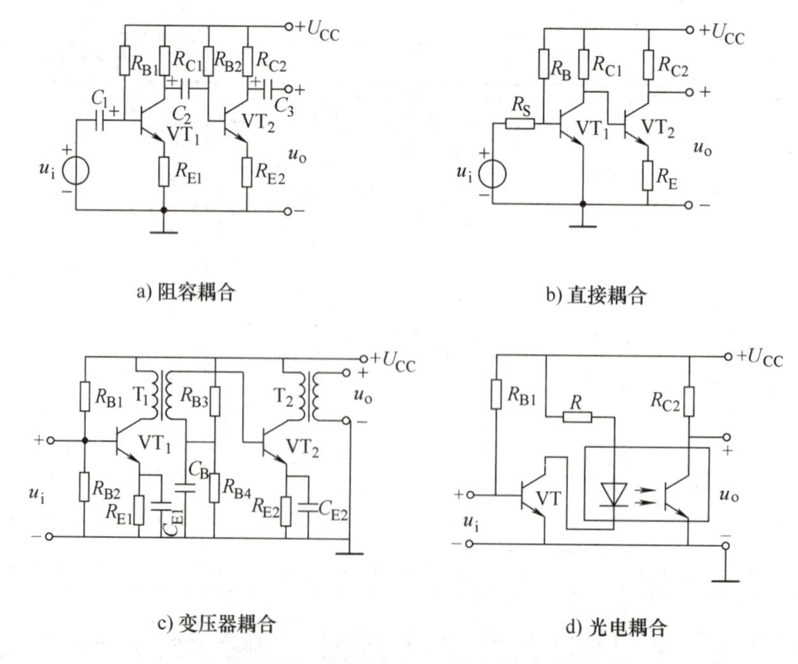

图 2-26 多级放大电路的级间耦合

（2）直接耦合　为了避免耦合电容对缓慢信号造成衰减，可以把前一级的输出端直接接到下一级的输入端，如图2-26b所示。我们把这种连接方式称为直接耦合。直接耦合放大电路不仅能放大交流信号，也能放大直流或缓慢变化的信号。但直接耦合使各级的直流通路互相沟通，各级的静态工作点互相影响。温度造成的直流工作点漂移会被逐级放大，因此温漂较大。直接耦合电路是集成电路内部电路常用的耦合方式。

（3）变压器耦合　图2-26c所示多级放大器，通过变压器一、二次绕组之间"隔直流耦合交流"实现级间耦合，并使前后级的静态工作点相互独立。变压器 T_1 将第一级的输出信号电压变换成第二级的输入信号电压，变压器 T_2 将第二级的输出信号电压变换成负载所要求的电压。

变压器耦合的最大优点是能够进行阻抗、电压和电流的变换，这在功率放大器中经常用到。变压器耦合的缺点是体积和重量都较大，高频性能差，价格高，不能传送变化缓慢的交流或直流信号。

（4）光电耦合　图2-26d所示放大器，前级与后级的耦合元器件是光耦合器件，它是将发光器件(发光二极管)与光敏器件(光敏晶体管)相互绝缘地组合在一起。这种以光信号为媒介来实现电信号的转换和传递的耦合方式称为光电耦合。

当前级输出的电信号通过发光二极管转换为光信号，光敏晶体管受光照射后导通，输出相应的电信号，送到后级放大电路的输入端，实现了电信号的传递。光电耦合既可传送交流信号，又可传送直流信号；既可实现前后级的电隔离，又便于集成化。

2. 多级放大电路的分析

（1）静态分析　在阻容耦合和变压器耦合两种方式中，由于前后级的静态工作点相对独立，因此可分别用基本放大电路静态工作点的计算方法求解出每一级的静态工作点。而直接耦合和光电耦合两种方式中，前后级之间存在直流通路，导致前后级静态工作点相互影响，分析计算较为复杂，这里不再阐述。

（2）动态分析　多级放大电路的动态指标与基本放大电路相同，主要有电压放大倍数、输入电阻和输出电阻。

1）电压放大倍数。在多级放大电路中，前一级的输出信号可看成后一级的输入信号，而后一级的输入电阻又是前一级的负载电阻。因为多级放大电路是多级串联逐级连续放大，可以证明，总的电压放大倍数是各级放大倍数的乘积，即

$$A_u = A_{u1}A_{u2}\cdots A_{un} \tag{2-33}$$

式中，$A_{u1}=\dfrac{U_{o1}}{U_{i1}}$，是第一级电压放大倍数；$A_{un}=\dfrac{U_{on}}{U_{in}}$，是第 n 级电压放大倍数。

2）输入电阻。多级放大电路的输入电阻等于第一级的输入电阻，即

$$R_i = R_{i1} \tag{2-34}$$

3）输出电阻。多级放大电路的输出电阻等于最后一级的输出电阻，即

$$R_o = R_{on} \tag{2-35}$$

（3）放大电路的频率特性　在阻容耦合放大电路中，由于存在级间耦合电容、发射极旁路电容及晶体管的结电容等，它们的容抗将随频率的变化而变化，对于不同频率的信号，输

出电压会发生变化，因而电压放大倍数也会发生变化。把放大电路对不同频率的正弦信号的放大效果称为放大电路的频率响应，也称放大电路的频率特性。其中电压放大倍数的大小与频率的关系称为幅频特性；相位移的大小与频率之间的关系称为相频特性。

图 2-27a、b 是两个通频带相同的单级放大电路的幅频特性，每级的下限频率f_L 和上限频率f_H 都相同。它们组成的两级放大电路的幅频特性如图 2-27c 所示。

由图可见，多级放大电路虽然提高了中频区的放大倍数，但通频带变窄了，且放大器级数越多，通频带就越窄。为了满足多级放大器通频带的要求，必须把每个单级放大器的通频带选得更宽一些。

(4) 放大倍数(增益)的分贝表示法　多级放大器的放大倍数为每一级放大倍数的乘积，通过前面分析，级数越多所得放大倍数就越大，有时计算和表示都很不方便，在工程上，电压、电流放大倍数常用分贝(dB)表示，折算公式是

$$A_u(\mathrm{dB}) = 20\lg\frac{U_o}{U_i}(\mathrm{dB}) \tag{2-36}$$

$$A_i(\mathrm{dB}) = 20\lg\frac{I_o}{I_i}(\mathrm{dB}) \tag{2-37}$$

必须指出，当输出量大于输入量时，式(2-36)和式(2-37)为正值，当输出量小于输入量时称为衰减，式(2-36)和式(2-37)为负值；当输出量等于输入量时为 0dB。

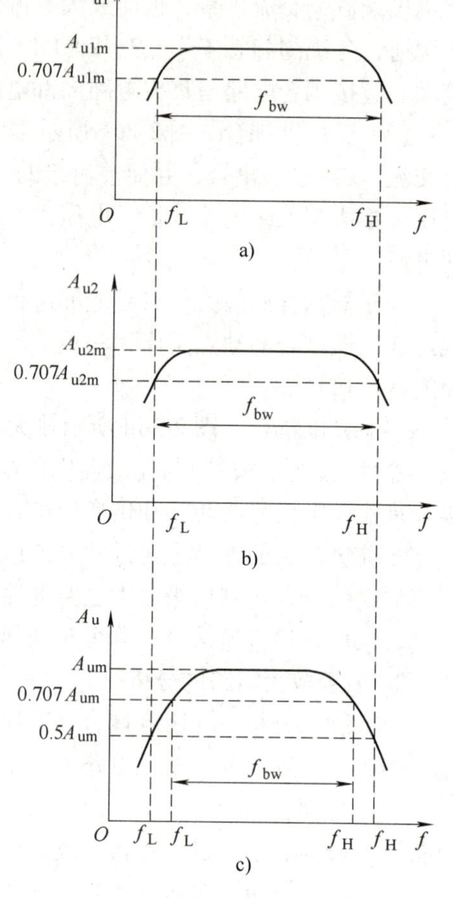

图 2-27　两级放大电路的通频带

放大倍数采用分贝表示的好处是可将多级放大电路的乘、除关系转化成加、减关系，给计算使用带来很多方便。

【例 2-6】 电路如图 2-28 所示，已知 $U_{CC}=6V$，$R_{B1}=430k\Omega$，$R_{C1}=2k\Omega$，$R_{B2}=270k\Omega$，$R_{C2}=1.5k\Omega$，$r_{be2}=1.2k\Omega$，$\beta_1=\beta_2=50$，$C_1=C_2=C_3=10\mu F$，$r_{be1}=1.6k\Omega$，求：(1) 电压放大倍数；(2) 输入电阻、输出电阻。

解：(1) 电压放大倍数

$$R_{i2}=R_{B2}/\!/r_{be2}=270k\Omega/\!/1.2k\Omega\approx1.2k\Omega$$

$$R'_{L1}=R_{C1}/\!/R_{i2}=2k\Omega/\!/1.2k\Omega=0.75k\Omega$$

$$A_{u1}=-\frac{\beta R'_{L1}}{r_{be1}}=-\frac{50\times0.75k\Omega}{1.6k\Omega}\approx-23.4$$

$$A_{u2}=-\frac{\beta R_{C2}}{r_{be2}}=-\frac{50\times1.5k\Omega}{1.2k\Omega}=-62.5$$

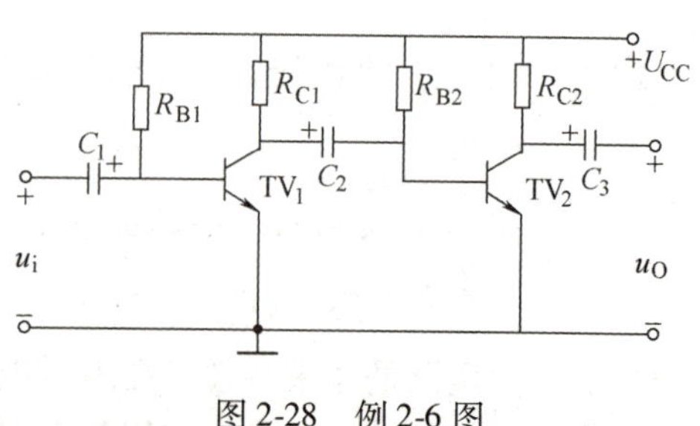

图 2-28　例 2-6 图

$$A_u = A_{u1}A_{u2} = (-23.4)\times(-62.5) = 1462.5$$

(2) 输入电阻、输出电阻

$$R_i = R_{i1} = R_{B1} /\!/ r_{be1} \approx r_{be1} = 1.6\text{k}\Omega$$

$$R_o = R_{C2} = 1.5\text{k}\Omega$$

用分贝表示法表示为

$$A_u(\text{dB}) = 20\lg A_u = 20\lg(A_{u1}\cdot A_{u1}) = 20\lg A_{u1} + 20\lg A_{u2}$$
$$= A_{u1}(\text{dB}) + A_{u1}(\text{dB})$$
$$A_{u1}(\text{dB}) = 20\lg 23.4\text{dB} = 27.4\text{dB}$$
$$A_{u2}(\text{dB}) = 20\lg 62.5\text{dB} = 35.9\text{dB}$$
$$A_u(\text{dB}) = 27.4\text{dB} + 35.9\text{dB} = 63.3\text{dB}$$

2.1.6 负反馈放大电路

反馈在电子电路中应用十分广泛，特别是负反馈可以改善放大电路的性能。实际中常见的放大电路都离不开负反馈，前面介绍的静态工作点稳定电路，就应用了负反馈技术。负反馈不仅能够稳定静态工作点，还能稳定放大倍数，改善放大电路的其他性能。下面从反馈的概念入手，详细介绍负反馈的类型及其判别。

1. 反馈的概念

放大电路中的反馈，就是将放大电路输出量(电压或电流)的一部分或全部，通过一定的电路形式(反馈网络)回送到放大电路输入端，用来影响放大电路输入量的过程。

判断放大电路中有无反馈，主要是看放大电路中有无连接输入回路与输出回路的支路，如有则存在反馈，否则则没有反馈。通常把引入反馈的放大电路称为反馈放大电路，也叫闭环放大电路，而把未引入反馈的放大电路称为开环放大电路。如图2-29所示的运算放大电路中，图2-29a为开环放大电路，图2-29b为闭环放大电路。

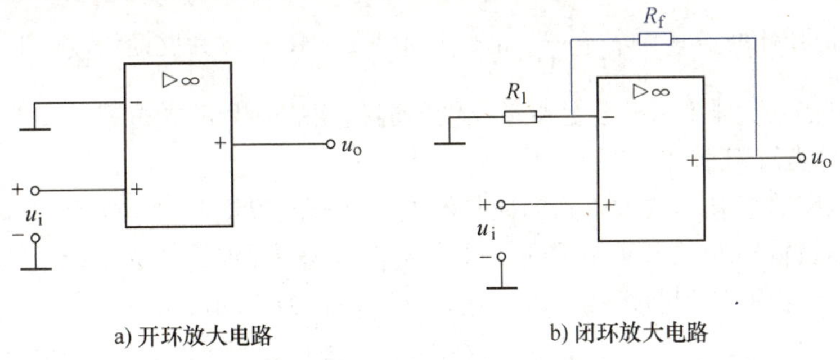

a) 开环放大电路　　b) 闭环放大电路

图2-29 运算放大电路

反馈放大电路也可以用框图表示，如图2-30所示。它由基本放大电路A与反馈网络F组成。在基本放大电路中，信号X_i从输入端向输出端正向传输；在反馈网络中，反馈信号X_f由输出端反送到输入端，并在输入端与输入信号比较(叠加)。

X可以表示电压，也可以表示电流。如图2-30所示，X_i、X_o、X_f、X_i'分别表示输入信号、输出信号、反馈信号和净输入信号；符号Σ表示信号相叠加，输入信号X_i和反馈信号X_f在此叠加，产生放大电路的净输入信号X_i'。

放大电路中的反馈，按反馈的极性可分为正反馈和负反馈。在图2-30所示的框图中，

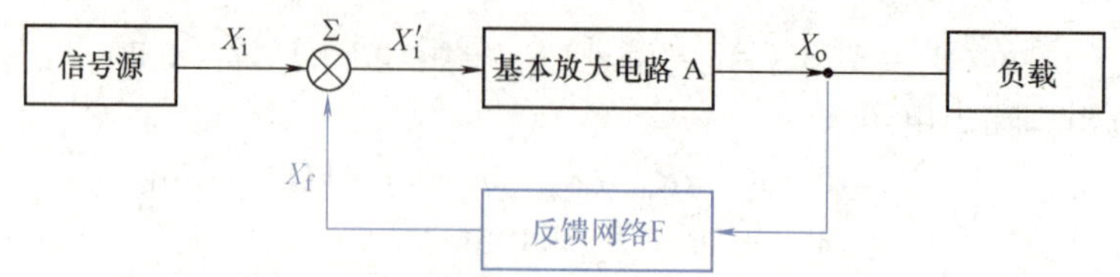

图 2-30　反馈放大电路的一般框图

如果反馈信号 X_f 与输入信号 X_i 比较后使净输入信号 X_i'增加，这种反馈称为正反馈；相反，如果反馈信号 X_f 与输入信号 X_i 比较后使净输入信号 X_i'减小，这种反馈称为负反馈。放大电路中主要应用的是负反馈。

负反馈放大电路的一般关系式有如下几项：

（1）输入端各量关系
$$X_i' = X_i - X_f \tag{2-38}$$

（2）开环放大倍数
$$A = \frac{X_o}{X_i'} \tag{2-39}$$

（3）反馈系数
$$F = \frac{X_f}{X_o} \tag{2-40}$$

（4）闭环放大倍数
$$A_f = \frac{X_o}{X_i} \tag{2-41}$$

将以上四式进行运算，得
$$A_f = \frac{X_o}{X_i} = \frac{X_o}{X_i' + X_f} = \frac{X_o}{X_i' + AFX_i'} = \frac{A}{1 + AF} \tag{2-42}$$

式(2-42)称为负反馈放大电路的闭环放大倍数，或称为闭环增益。它表示加了负反馈后的闭环增益 A_f 是开环增益 A 的$\frac{1}{|1+AF|}$倍，其中$|1+AF|$称为反馈深度。$|1+AF|$越大，反馈越深，A_f 就越小，$|1+AF|$是衡量反馈强弱程度的一个重要指标。

2. 反馈的分类及判别

根据反馈电路跨接基本放大电路的极数不同，可以把反馈分为本级反馈和极间反馈。如果反馈信号从本级输出端取出又作用到本级输入端，这种反馈称之为本级反馈；如果反馈信号从后级输出端取出回送到前级输入端，这种反馈称之为级间反馈。

（1）直流反馈和交流反馈　在放大电路中，一般都存在着直流分量和交流分量，如果反馈信号只含有直流成分，则称为直流反馈；如果反馈信号只含有交流成分，则称为交流反馈。直流负反馈可用来稳定静态工作点，交流负反馈可用来改善放大电路的动态性能。在很多情况下，反馈信号中兼有两种成分，如果交、直流两种反馈兼而有之，则称为交直流反馈。

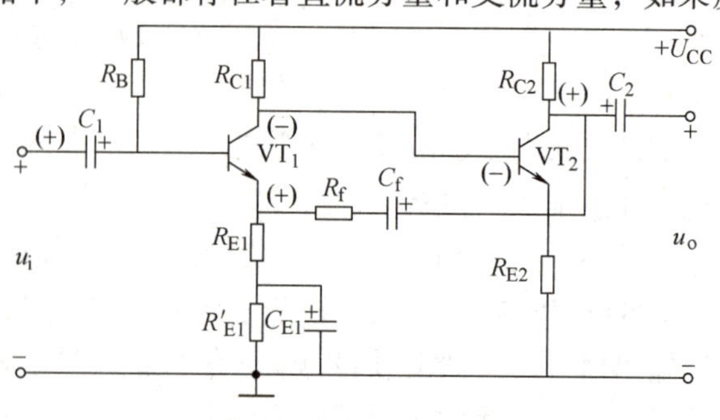

图 2-31　交直流反馈的判别

在图 2-31 所示电路中，R_{E1}、R'_{E1} 和 R_{E2} 分别构成第一级和第二级放大电路的

本级反馈，R_f 与 C_f 构成级间反馈。从包含的交、直流成分来看，R_{E1}、R_{E2} 构成交直流两种性质的反馈；因为 C_{E1} 交流短路，R'_{E1} 仅构成直流反馈；因为 C_f 直流开路，R_f、C_f 仅构成交流反馈。

(2) 反馈极性 通常采用瞬时极性法判断反馈的极性，步骤如下：

1) 将反馈支路与放大电路输入的连接断开，先假设放大电路输入端信号对地的瞬时极性为正，说明该点瞬时电位的变化是升高，在图中用(+)表示。反之，瞬时电位降低，在图中用(−)表示。

2) 沿闭环系统，逐级标出有关点的瞬时极性是升高还是降低，最后得到反馈信号的瞬时极性。

3) 最后将反馈连上，在输入回路比较反馈信号与原输入信号的瞬时极性，看净输入是增加还是减小，从而决定是正反馈还是负反馈。净输入减小是负反馈，净输入增加是正反馈。

在图2-32电路中，反馈元器件 R_f 接在输出端(集电极)与输入端(基极)之间，所以该电路存在反馈。设输入信号 u_i 对地瞬时极性为(+)，因 u_i 加在晶体管的基极，所以集电极输出信号 u_o 瞬时极性为(−)，经 R_f 得到的反馈信号与输出信号瞬时极性相同，也为(−)。反馈信号与原输入信号同加在输入端，净输入为 $i_b = i_i - i_f$，反馈使净输入减小，所以是负反馈。

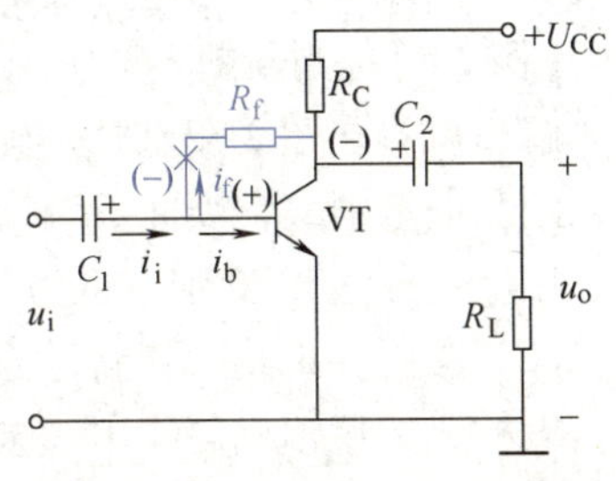

图2-32 反馈极性的判断

【例2-7】 试判断图2-33所示电路的反馈极性。

解：(1) 在图2-33a所示电路中，先断开反馈支路，给反相输入端加(+)瞬时信号，集成运算放大后为(−)信号(反相作用)，经反馈电阻 R_f 引回到同相输入端为(−)，把反馈连上，可以看出，反馈信号使净输入信号 $u'_i = u_i - u_f$ 加强，因此 R_f 引入了正反馈。

(2) 在图2-33b所示电路中，判别过程的瞬时极性如图所示，即 u_i 经两级放大后，通过极间反馈元器件 R_f、C_f 引回到 VT_1 基极的瞬时极性为(−)，可以看出，反馈信号使净输入信号 $i_b = i_i - i_f$ 减小，因此 R_f、C_f 引入了负反馈。

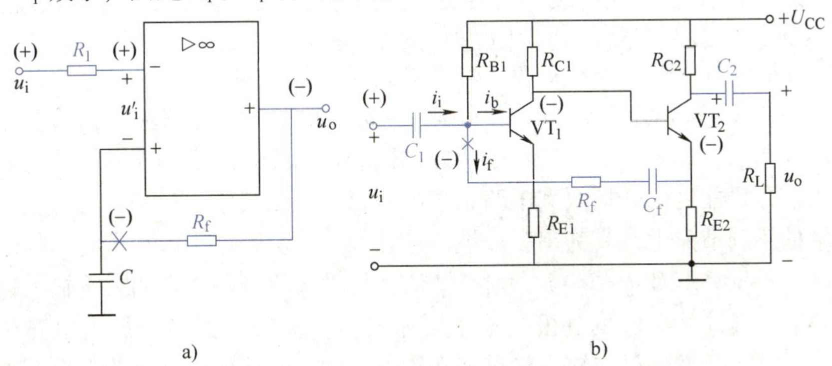

图2-33 例2-7题图

通过上面例题的判定，结合瞬时极性法，可以总结出如下判别反馈极性的方法：

1) 如果反馈信号和输入信号加到输入级的同一个电极上，则二者极性相同为正反馈，极性相反为负反馈；如果反馈信号和输入信号加到输入级的两个不同电极上，则二者极性相同为负反馈，极性相反为正反馈。

2）集成运放判别本级反馈的极性时，若反馈信号接回到同相输入端，则为正反馈；若反馈信号接回到反相输入端，则为负反馈。

（3）电压反馈和电流反馈　按照反馈信号从输出端的取样对象不同，反馈可分为电压反馈和电流反馈。

若反馈信号与输出电压成正比，即反馈量取自输出电压时的反馈称为电压反馈；反馈信号与输出电流成正比，即反馈量取自输出电流时的反馈称为电流反馈。具体判别方法如下：

1）短路法。将负反馈放大电路的负载电阻 R_L 短路（或者令输出电压 u_o 为零），若反馈信号消失，则为电压反馈；若反馈信号仍然存在，则为电流反馈。

2）除公共地线外，若反馈线与输出线接在同一点上，则为电压反馈；若反馈线与输出线接在不同点上，则为电流反馈。

【例 2-8】 判断图 2-33 所示电路是电压反馈还是电流反馈。

解：（1）在图 2-33a 所示电路中，将输出电压短路，可见，输出端接地，反馈支路也接地，则反馈量消失，因此 R_f 引入了电压反馈。另外，R_f 构成的反馈线与输出线接在同一点上，用上述方法 2）判别，也为电压反馈。

（2）在图 2-33b 中，将输出电压短路，则反馈信号仍然存在，故为电流反馈。另外，R_f、C_f 构成的反馈线与输出线未接在同一点上，用上述方法 2）判别，也为电流反馈。

值得注意的是：电压反馈和电流反馈的区别，只有在负载变化时才有意义。

（4）串联反馈和并联反馈　按照反馈信号与输入信号在放大电路输入端的连接方式的不同，可分为串联反馈和并联反馈。若反馈信号为电压量，且在输入端，反馈信号和输入信号以电压形式相合成，则为串联反馈；若反馈信号为电流量，且在输入端，反馈信号和输入信号以电流的形式相合成，则为并联反馈。具体判断方法如下：

1）将输入回路的反馈节点对地短路，若输入信号仍能送到开环放大电路中去，则为串联反馈；否则为并联反馈。

2）当反馈信号与输入信号在输入端同一节点引入时，为并联反馈；若反馈信号与输入信号不在输入端同一节点引入时，则为串联反馈。

【例 2-9】 判断图 2-33 所示电路是串联反馈还是并联反馈。

解：（1）在图 2-33a 所示电路中，因 $u_i' = u_i - u_f$，则反馈信号与输入信号是串联的。将输入回路的反馈节点对地短路后，相当于运放的同相输入端接地，由于输入信号加到反相输入端，故输入信号仍能送到开环放大电路中去，所以为串联反馈。另外，反馈信号与输入信号加在输入端的不同节点上，其为串联反馈。

（2）在图 2-33b 中，因 $i_b = i_i - i_f$，则反馈信号与输入信号是并联的。将输入回路的反馈节点对地短路后，晶体管 VT_1 的基极接地，故输入信号无法送到开环放大电路中去，所以为并联反馈。另外，反馈信号与输入信号加在输入端的同一节点上，其为并联反馈。

3. 负反馈的四种组态

综合以上分析，考虑到反馈信号在输出端的取样方式以及在输入回路连接方式的不同组合，负反馈可以分为以下四种组态，即电压串联负反馈、电流串联负反馈、电压并联负反馈、电流并联负反馈。其组成框图如 2-34a、b、c、d 所示。

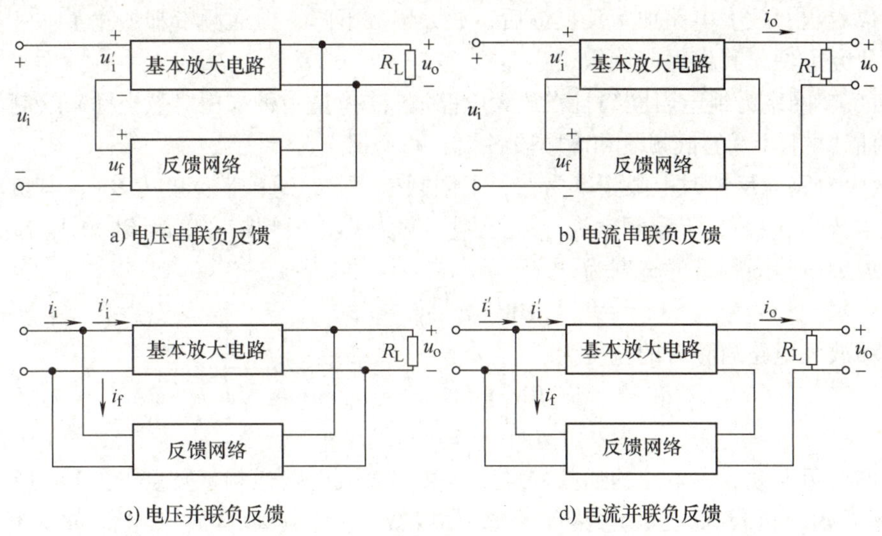

图 2-34　四种类型负反馈组成框图

4. 负反馈对放大电路性能的影响

负反馈使放大电路的增益下降，但可改善放大电路的很多性能，是改善放大电路性能的重要技术措施，广泛应用于放大电路和反馈控制系统之中。

(1) 提高放大倍数的稳定性　由于负载和环境温度的变化、电源电压的波动和元器件老化等因素影响，即使输入信号一定，也会引起输出信号的变化，即放大电路的放大倍数会发生变化。通常用放大倍数相对变化量的大小来表示放大倍数稳定性的好坏，即相对变化量越小，稳定性越好。

引入负反馈后，由于它的自动调节作用，使放大电路的输出信号变化得到抑制，放大倍数趋于稳定。当反馈深度$(1+AF)\gg 1$时，称为深度负反馈，此时

$$A_f=\frac{A}{1+AF}\approx\frac{A}{AF}=\frac{1}{F} \tag{2-43}$$

即引入深度负反馈后，闭环放大倍数 A_f 几乎仅决定于反馈网络，而反馈网络通常由电阻、电容组成，因而电路可获得很好的稳定性。

另外，对式(2-42)求微分后除以式(2-42)可得

$$\frac{dA_f}{A_f}=\frac{1}{1+AF}\frac{dA}{A}$$

由上式可以看出：负反馈放大电路闭环放大倍数 A_f 的相对变化量 dA_f/A_f 为其基本放大电路放大倍数 A 的变化量 dA/A 的$\frac{1}{|1+AF|}$，也就是说，负反馈放大电路的放大倍数 A_f 的稳定性比 A 提高了$|1+AF|$倍。

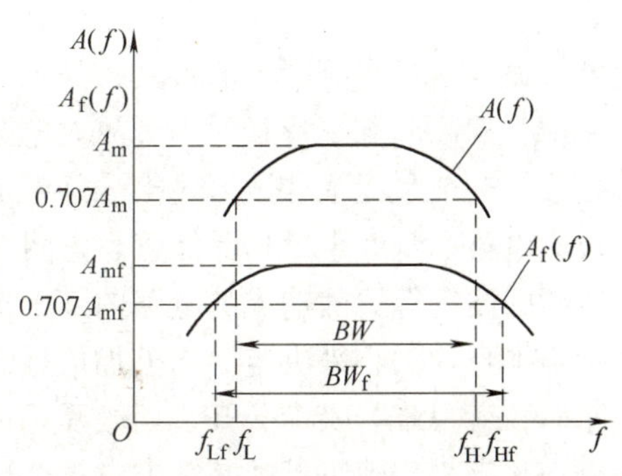

图 2-35　负反馈对通频带的影响

(2) 扩展通频带　图 2-35 所示是基本放大电路和负反馈放大电路的幅频特性 $A(f)$ 和 $A_f(f)$。

从图中可以看出，放大电路加入负反馈后，放大倍数下降，但通频带却加宽了。

为了研究方便，我们做一些假设：

1）设反馈网络为纯电阻网络且在放大电路波特图(是一种采用对数坐标来绘制放大电路频率特性曲线的图形)的低频段和高频段各仅有一个拐点；

2）放大电路无反馈时上限频率为f_H，下限频率为f_L，通频带宽度为BW；有负反馈时的中频放大倍数为$A_f(f)$，上限频率为f_{Hf}，下限频率为f_{Lf}，通频带宽度为BW_f。则有：

基本放大电路通频带的宽度为

$$BW = f_H - f_L \approx f_H \tag{2-44}$$

负反馈放大电路通频带的宽度为

$$BW_f = f_{Hf} - f_{Lf} \approx f_{Hf} \tag{2-45}$$

且

$$BW_f = (1 + AF)BW \tag{2-46}$$

这表明，负反馈放大电路的通频带宽度是基本放大电路通频带宽度的$|1+AF|$倍。由前面分析可知，负反馈放大电路闭环放大倍数A_f为其基本放大电路放大倍数A的$\frac{1}{|1+AF|}$，所以引入负反馈后电压放大倍数下降多少倍，通频带就扩展多少倍。可见，引入负反馈能扩展通频带，但这是以降低放大倍数为代价的。

（3）减小非线性失真　由于放大电路含有非线性器件，虽然输入信号是正弦波，但输出信号并不是正弦波，造成了非线性失真。从图2-36a所示电路中可以看出，输入为正弦信号，经放大电路A放大输出的信号正半周幅度大，负半周幅度小，出现失真。

引入负反馈后，可通过图2-36b来加以说明。反馈信号的波形与输出信号波形相似，也是正半周大，负半周小，经过比较环节，使净输入量变成正半周小，负半周大的波形，再通过放大电路A，就把输出信号的前半周压缩，后半周扩大，结果使前后半周的输出幅度趋于一致，输出波形接近正弦波。当然减小非线性失真的程度也与反馈深度有关。

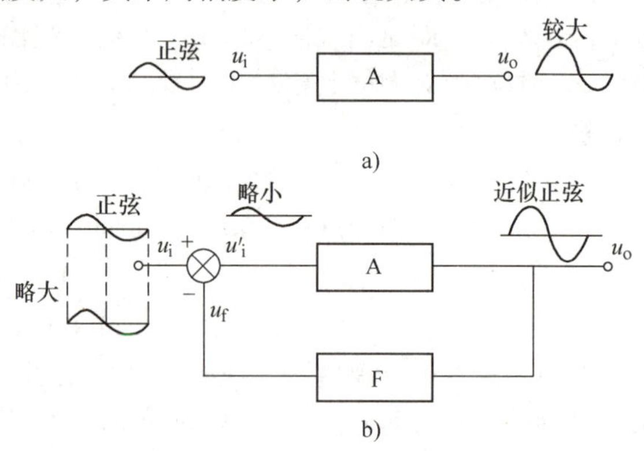

图2-36　负反馈改善输出波形的原理

应当指出，由于负反馈的引入，在减小非线性失真的同时，降低了输出幅度。此外，输入信号本身固有的失真，是不能用引入负反馈来改善的。

（4）抑制内部干扰和噪声　放大电路的内部干扰和噪声，是指在没有输入信号作用时，输出级仍有杂乱无章的波形输出。这些干扰和噪声，有的来自外部，与信号同时混入，有的由放大电路本身产生，如晶体管、电阻中由载流子随机性不规则的热运动引起的热噪声，电源电压的波动等原因造成的电路内部干扰等。噪声对放大电路是有害的，它的影响并不单纯由噪声本身的大小来决定。当外加信号的幅度较大时，噪声的影响较小，当外加的信号幅度较小时，就很难与噪声分开，而被噪声所“淹没”。工程上常用放大电路输出端的信号功率与噪声功率之比值来反映其影响，这个比值称为信噪比，即

$$信噪比 = \frac{信号功率}{噪声功率}$$

引入负反馈后，有用的信号功率与噪声功率同时减小，也就是说，负反馈虽然能使干扰和噪声减小，但同时将有用的信号也减小了，信噪比并没有改变。但是，有用信号的减小可以通过增大有用输入信号来补偿，而噪声的幅度是固定的，从而使整个电路的信噪比增大，减小了干扰和噪声的影响。即哪一级有内部干扰，就在那一级引入深度负反馈。

需要指出的是，负反馈对来自外部的干扰和与输入同时混入的噪声是无能为力的。

（5）改变输入电阻和输出电阻

1）对输入电阻的影响。负反馈对放大电路输入电阻的影响主要取决于串联、并联反馈。串联负反馈使输入电阻增大，并联负反馈使输入电阻减小。

2）对输出电阻的影响。负反馈对放大器输出电阻的影响主要取决于采用电压反馈还是电流反馈。电压负反馈能稳定输出电压，输出电压稳定与输出电阻减小密切相关，对于负载 R_L 来说，前边的电压负反馈放大电路相当于一个内阻很小的电压源，这个电压源的内阻就是电压负反馈放大电路的输出电阻。因为输出电压稳定，其信号源的内阻必然很小，所以引入电压负反馈后输出电阻下降。电流负反馈能稳定输出电流，输出电流的稳定与输出电阻高是密切相关的。对负载 R_L 来说，电流负反馈放大电路相当于一个内阻很大的恒流源。引入电流负反馈后，将使输出电阻增大。所以，四种负反馈组态的输入、输出电阻特点是：

电压串联负反馈使输入电阻增大，输出电阻减小；

电流串联负反馈使输入电阻增大，输出电阻增大；

电压并联负反馈使输入电阻减小，输出电阻减小；

电流并联负反馈使输入电阻减小，输出电阻增大。

2.1.7　场效应晶体管放大电路

场效应晶体管(FET)和晶体管(BJT)都是组成模拟信号放大电路的常用器件。但由于场效应晶体管相对于晶体管具有输入阻抗高、成本低、噪声小、低功耗、便于集成等诸多优点，因而获得了广泛的应用。场效应晶体管构成的放大电路和晶体管放大电路类似。在电路中，场效应晶体管的源极、漏极和栅极分别相当于晶体管的发射极、集电极和基极。对应于晶体管放大电路，场效应晶体管放大电路也有三种组态：共源极放大电路、共漏极放大电路和共栅极放大电路，其特点分别和晶体管放大电路中的共发射极、共集电极、共基极放大电路类似。本节以共源极放大电路为例介绍其电路组成和分析方法。

1. 电路的组成和静态分析

由场效应晶体管组成放大电路时，也要建立合适的静态工作点 Q，而且场效应晶体管是电压控制器件，因此需要有合适的栅源偏置电压。常用的直流偏置电路有两种形式，即自偏压电路和分压式偏压电路。

（1）自偏压电路　电路如图2-37所示。其中场效应晶体管的栅极通过电阻 R_G 接地，源极通过电阻 R_S 接地。这种偏置方式靠漏极电流 I_D 在源极电阻 R_S 上产生的电压为栅、源极间提供一个偏置电压 U_{GS}，故称为自偏压电路。静态时，源极电位 $U_S = I_D R_S$。由于

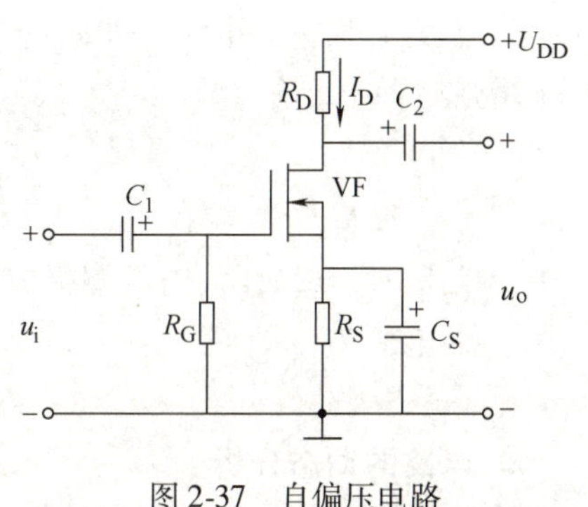

图2-37　自偏压电路

栅极电流为零，R_G 上没有电压降，栅极电位 $U_G=0$，所以栅源偏置电压为

$$U_{GS}=U_G-U_S=-I_DR_S \tag{2-47}$$

则耗尽型 MOS 管可采用这种形式的偏置电路。

电路中各元器件的作用如下：

1）R_S 为源极电阻，它决定静态工作点的位置，为几十千欧。和晶体管的发射极电阻类似，源极电阻 R_S 的存在也使电路具有一定的稳定静态工作点的能力。

2）C_S 为交流旁路电容，为几十微法。

3）R_G 为栅极电阻，提供栅、源极之间的直流通路，并用于放大电路输入电阻的提高，所以 R_G 不能太小，一般为几百千欧姆到 10MΩ。

4）R_D 为漏极电阻，它将漏极电流 i_D 的变化转换成电压 u_{DS} 的变化，从而实现电压放大。

5）C_1、C_2 为耦合电容，电容值为 0.01μF 到几微法之间。

应该注意的是，自偏压电路并不适用于增强型场效应晶体管。因为增强型场效应晶体管在零栅源偏压时是没有漏极电流的，所以无法采用这种偏置形式，只能采用下面的分压式偏置电路。

（2）分压式偏置电路　自偏置电路虽然简单，但并不适用于所有的管型，而且当静态工作点选定后，U_{GS} 和 I_D 就确定了，所以 R_S 的选择范围很小，不利于静态工作点的选择和稳定，而分压式偏置电路就灵活得多。图 2-38 为分压式偏置电路。

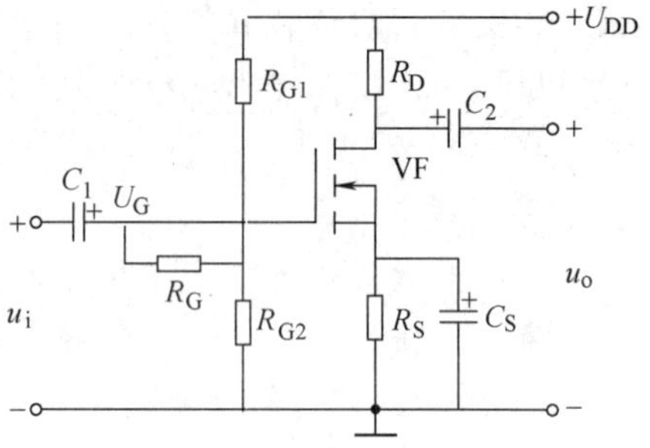

图中 R_{G1} 和 R_{G2} 为分压电阻，由于栅极电阻 R_G 上没有电流（$I_G=0$），因此场效应晶体管栅极的电位为

$$U_G=\frac{R_{G2}}{R_{G1}+R_{G2}}U_{DD} \tag{2-48}$$

图 2-38　分压式偏置电路

所以，栅源电压为

$$U_{GS}=U_G-U_S=\frac{R_{G2}}{R_{G1}+R_{G2}}U_{DD}-I_DR_S \tag{2-49}$$

对于耗尽型管子，有

$$I_D=I_{DSS}\left(1-\frac{U_{GS}}{U_{GS(off)}}\right)^2 \tag{2-50}$$

式中，I_{DSS} 为漏极饱和电流，即 $u_{GS}=0$ 时的漏极电流。

对于增强型管子，有

$$I_D=I_{DO}\left(\frac{U_{GS}}{U_{GS(th)}}-1\right)^2 \tag{2-51}$$

式中，I_{DO} 是 $u_{GS}=2U_{GS(th)}$ 时的漏极电流。

漏-源电压为

$$U_{DS}=U_{DD}-I_D(R_D+R_S) \tag{2-52}$$

2. 电路的动态分析

场效应晶体管也是非线性器件，如果输入信号较小，场效应晶体管工作在线性放大区，

也就是场效应晶体管的恒流区，那么和分析晶体管放大电路一样，也可以采用微变等效电路分析法。此时，我们首先要知道的就是场效应晶体管的微变等效模型。

(1) 场效应晶体管的微变等效模型　场效应晶体管是一个三端电压控制器件，将其输入和输出端口看成一个双口网络后，可以得到图2-39所示的共源极接法的低频微变等效模型。

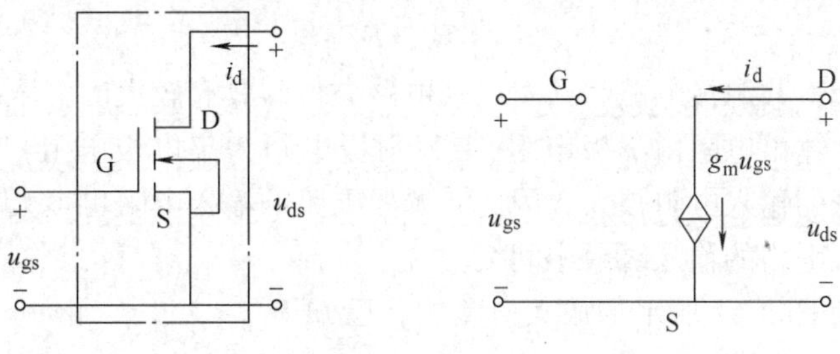

a) 场效应晶体管的共源极二端口网络　　b) 微变等效模型

图2-39　场效应晶体管及其微变等效电路

在等效模型的输入回路中，由于场效应晶体管的 r_{gs} 相当大，栅极和源极之间可等效为开路。因为场效应晶体管为电压控制器件，所以场效应晶体管的输出回路等效为电压控制电流源，g_m 为场效应晶体管的跨导，也就是受控源的系数。

(2) 微变等效电路分析法　共源极放大电路从管子的栅极输入信号，漏极取出信号，以源极为输入回路和输出回路的公共端。共源极放大电路及其微变等效电路如图2-40a、b所示。

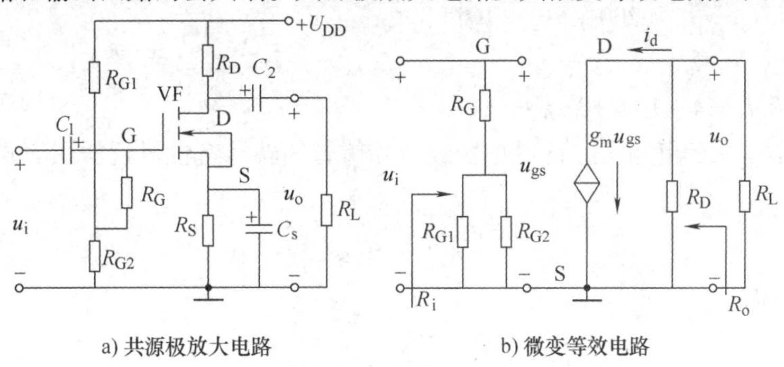

a) 共源极放大电路　　b) 微变等效电路

图2-40　共源极放大电路及其微变等效电路

1) 电压放大倍数。从微变等效电路可以看出

$$U_i = U_{gs}$$

$$U_o = -I_d(R_D /\!/ R_L) = -g_m U_{gs}(R_D /\!/ R_L)$$

故电压放大倍数为

$$A_u = \frac{U_o}{U_i} = -g_m(R_D /\!/ R_L) = -g_m R'_L \tag{2-53}$$

式中，$R'_L = R_D /\!/ R_L$。

2) 输入电阻。由于栅、源极之间开路，故可知电路的输入电阻约为

$$R_i = r_{gs} /\!/ [R_G + (R_{G1} /\!/ R_{G2})] \approx R_G + (R_{G1} /\!/ R_{G2}) \tag{2-54}$$

所以，接入 R_G 的目的就是为了不使电路的输入电阻由于 R_{G1} 和 R_{G2} 的影响而降低太多。

因此，R_G 一般选得较大，为几百千欧到10MΩ左右。

3）输出电阻。根据输出电阻的定义，将输入电压源短路，保留内阻，并将负载开路后，从输出端看进去的等效电阻就是输出电阻 R_o。由于控制电压 U_{gs} 为零，因此受控源支路相当于开路，输出电阻就是 R_D，即

$$R_o = R_D \tag{2-55}$$

通过分析可知，共源极电路和共发射极电路类似，具有较大的电压放大倍数，输入和输出电压信号反相，输出电阻由漏极电阻（共发射极电路为集电极电阻）决定，不同的是由于场效应晶体管本身的输入电阻很大，因此共源极电路的输入电阻也很大。共源极放大电路适用于作为多级放大电路的输入级或中间级。

【例2-10】 在图2-41所示的放大电路中，已知 $U_{DD}=20V$，$R_D=10k\Omega$，$R_S=10k\Omega$，$R_{G1}=200k\Omega$，$R_{G2}=51k\Omega$，$R_G=1M\Omega$，并将其输出端接一负载电阻 $R_L=10k\Omega$。所用的场效应晶体管为N沟道耗尽型，其参数 $I_{DSS}=0.9mA$，$U_{GS(off)}=-4V$，$g_m=1.5mS$。试求：（1）静态工作点；（2）电压放大倍数；（3）输入电阻和输出电阻。

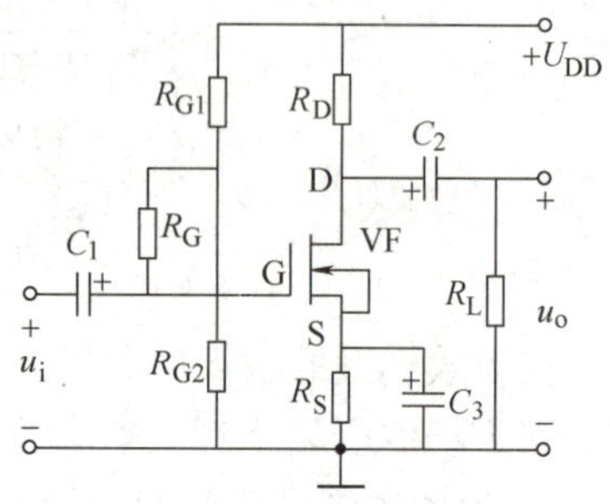

图2-41 例2-10题图

解：（1）画出其直流通路，如图2-42a所示。由电路图可知，

$$U_G = \frac{R_{G2}}{R_{G1}+R_{G2}}U_{DD} = \frac{51\times10^3}{(200+51)\times10^3}\times20V \approx 4V$$

并可列出

$$U_{GS} = U_G - R_S I_D = 4 - 10\times10^3 I_D$$

在 $U_{GS(off)} \leqslant U_{GS} \leqslant 0$ 范围内，耗尽型场效应晶体管的转移特性可近似用下式表示：

$$I_D = I_{DSS}\left(1-\frac{U_{GS}}{U_{GS(off)}}\right)^2$$

联立上列两式

$$\begin{cases} U_{GS} = 4 - 10\times10^3 I_D \\ I_D = \left(1+\dfrac{U_{GS}}{4}\right)^2 \times 0.9\times10^{-3} \end{cases}$$

解之得 $I_D = 0.5\times10^{-3}A = 0.5mA$ $\quad U_{GS} = -1V$

并由此可求得

$$U_{DS} = U_{DD} - (R_D+R_S)I_D = 20V - (10+10)\times10^3\times0.5\times10^{-3}V = 10V$$

（2）由图2-42b的微变等效电路可得电压放大倍数为

$$A_u = -g_m R_L' = -1.5\times\frac{10\times10}{10+10} = -7.5$$

（3）输入电阻为

$$\begin{aligned} R_i &= r_{gs} /\!/ [R_G + (R_{G1} /\!/ R_{G2})] \approx R_G + (R_{G1} /\!/ R_{G2}) \\ &= 1\times10^3 k\Omega + \frac{200\times51}{200+51}k\Omega = 1040.6k\Omega \end{aligned}$$

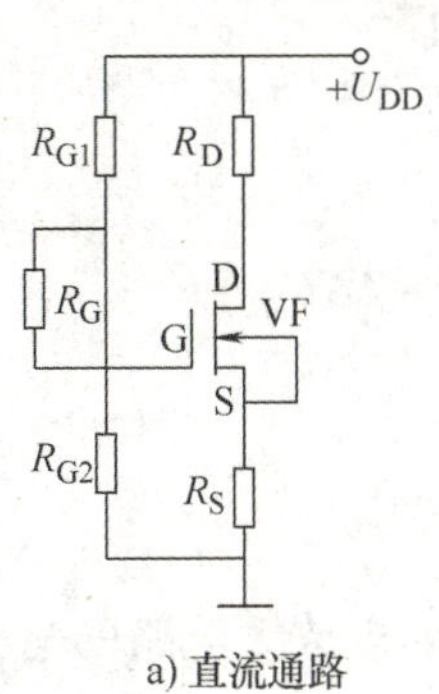

a) 直流通路

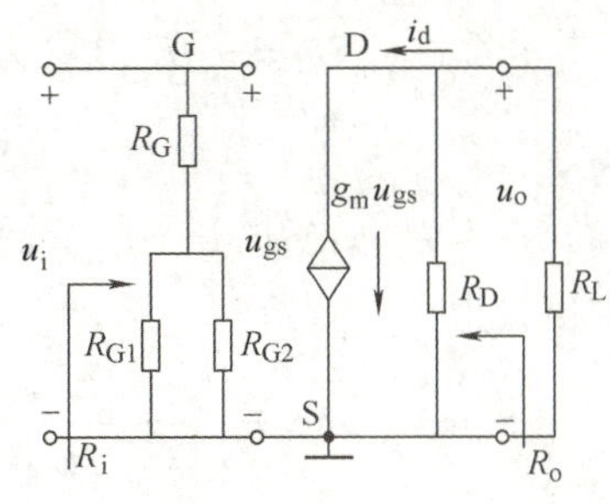

b) 微变等效电路

图 2-42　例 2-7 题图

输出电阻为　$R_o = R_D = 10\text{k}\Omega$

2.1.8　差动放大电路

前面提到了在多级放大电路中采用直接耦合存在两个特殊问题：一是静态工作点的相互影响；二是零点漂移。零点漂移是指由于温度变化等原因，使放大电路在输入信号为零时输出信号不为零的现象。产生零点漂移的主要原因是温度变化。因而，零点漂移的大小主要由温度所决定。要使用直接耦合的多级放大电路，必须解决静态工作点相互影响和零点漂移问题，为了解决这两个问题，可采用差动放大电路。

1. 基本差动放大电路

图 2-43 所示为基本差动放大电路，它由两个完全相同的单管共发射极电路组成。

由图 2-43 可见，差动放大电路有两个输入端，两个输出端，要求电路对称，即 VT_1、VT_2 的特性相同，电流放大系数 $\beta_1 = \beta_2 = \beta$，晶体管的输入电阻 $r_{be1} = r_{be2} = r_{be}$，外接电阻对称相等，各元器件的温度特性相同，即 $R_{B1} = R_{B2} = R_B$，$R_{C1} = R_{C2} = R_C$，$R_{S1} = R_{S2} = R_S$。

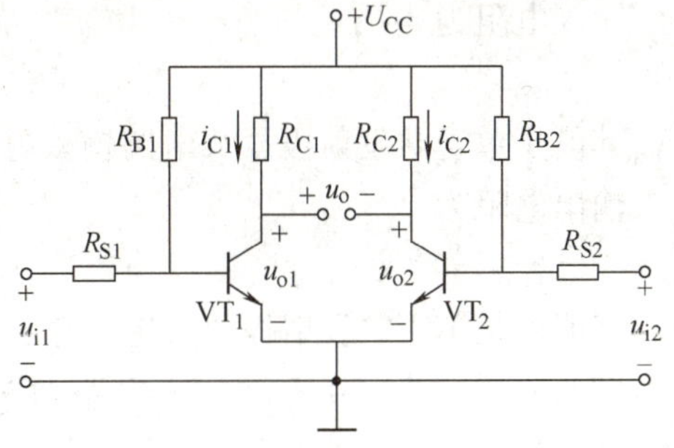

图 2-43　基本差动放大电路

2. 静态分析

静态时 $u_{i1} = u_{i2} = 0$。由于电路左右对称，输入信号为零时，$I_{C1} = I_{C2}$，$U_{C1} = U_{C2}$，则输出电压 $U_o = U_{C1} - U_{C2} = 0$。

当电源电压波动或温度变化时，两管集电极电流和集电极电位同时发生变化，即 $\Delta I_{C1} = \Delta I_{C2}$，$\Delta U_{C1} = \Delta U_{C2}$，输出电压仍然为零。可见，尽管各管的零漂存在，但输出电压为零，从而使得零漂得到抑制。

3. 动态分析

(1) 差模输入　放大器的两个输入端分别输入大小相等、极性相反的信号(即 $U_{i1} = -U_{i2}$)，这种输入方式称为差模输入。

差模输入信号为

$$U_{id} = U_{i1} - U_{i2} = 2U_{i1} = -2U_{i2}$$

则有 $U_{i1}=\frac{1}{2}U_{id}$， $U_{i2}=-\frac{1}{2}U_{id}$

差模输出电压为

$$U_{od}=\Delta U_{C1}-\Delta U_{C2}=2\Delta U_{C1}=-2\Delta U_{C2}$$

则差模电压放大倍数为

$$A_{ud}=\frac{U_{od}}{U_{id}}=\frac{2\Delta U_{C1}}{2U_{i1}}=A_{u1}=A_{u2}$$

即差动放大电路的差模电压放大倍数等于单管共发射极放大电路的电压放大倍数。

由于 $R_{B1}=R_{B2}=R_B>>r_{be}$，则

$$A_{ud}=A_{u1}=-\beta\frac{R_C}{r_{be}+R_S}$$

如果在图 2-43 所示的基本差动放大电路的输出端接入电阻 R_L，则

$$A_{ud}=-\beta\cdot\frac{R'_L}{r_{be}+R_S} \tag{2-56}$$

式中，$R'_L=R_C/\!/\left(\frac{1}{2}R_L\right)$。

由于两管对称，R_L 的中点电位不变，相当于交流的地电位，对于单管来讲负载是 R_L 的一半，即$\frac{1}{2}R_L$。

输入电阻为

$$R_i=2(R_S+r_{be}) \tag{2-57}$$

其值是单管共发射极放大电路输入电阻的两倍。

输出电阻为

$$R_o=2R_C \tag{2-58}$$

其值也是单管共发射极放大电路输出电阻的两倍。

（2）共模输入　在差动放大电路的两个输入端，分别加入大小相等、极性相同的信号（即 $U_{i1}=U_{i2}$），这种输入方式称为共模输入。共模输入信号用 U_{ic} 表示。共模输入时（$U_{ic}=U_{i1}=U_{i2}$）的输出电压与输入电压之比称为共模电压放大倍数，用 A_{uc} 表示。在电路完全对称的情况下，输入信号相同，输出端电压 $U_{oc}=U_{o1}-U_{o2}=0$，故 $A_{uc}=U_{oc}/U_{ic}$，即输出电压为零，共模电压放大倍数为零。这种情况称为理想电路。

（3）抑制零点漂移的原理　在差动放大电路中，无论是电源电压波动还是温度变化，都会使两管的集电极电流和集电极电位发生相同的变化，相当于在两输入端加入共模信号。由于电路的完全对称性，使得共模输出电压为零，共模电压放大倍数 $A_{uc}=0$，从而抑制了零点漂移。这时电路只放大差模信号。

4. 共模抑制比

在理想状态下，即电路完全对称时，差动放大电路对共模信号有完全的抑制作用。实际电路中，差动放大电路不可能做到绝对对称，这时 $U_{oc}\neq0$，$A_{uc}\neq0$，即共模输出电压不等于零，共模电压放大倍数不等于零。为了衡量差动放大电路对共模信号的抑制能力，引入共模

抑制比，用 K_{CMR} 表示。

$$K_{CMR}=\left|\frac{A_{ud}}{A_{uc}}\right| \tag{2-59}$$

共模抑制比的大小反映了差动放大电路差模电压放大倍数是共模电压放大倍数的 K_{CMR} 倍。K_{CMR} 越大，差动放大电路放大差模信号(有用信号)的能力越强，抑制共模信号(无用信号)的能力越强，即 K_{CMR} 越大越好。理想差动放大电路的共模抑制比 $K_{CMR}\to\infty$。

上面介绍的基本差动放大电路对共模信号的抑制是靠电路两侧的对称性来实现的。但对于各管自身的工作点漂移没有抑制作用，若采用单端输出，则差模和共模放大倍数相等，这时 $K_{CMR}=1$，失去了差动放大电路差动放大的作用。即使是双端输出，由于实际电路的不完全对称性，电路中仍然有共模电压输出。改进方法是在不降低 A_{ud} 的情况下，降低 A_{uc} 从而提高共模抑制比。常用电路有带公共发射极电阻 R_E 的差动放大电路，如图 2-44 所示，这种电路也称为长尾式差动放大电路，该电路利用公共发射极电阻 R_E 对共模信号的负反馈作用，抑制了每只晶体管集电极的变化，从而抑制集电极电位的变化，即对共模信号起到了抑制作用。若用恒流源来代替公共发射极电阻 R_E，可得到如图 2-45 所示的具有恒流源的差动放大电路，该电路对共模信号的抑制效果更好。

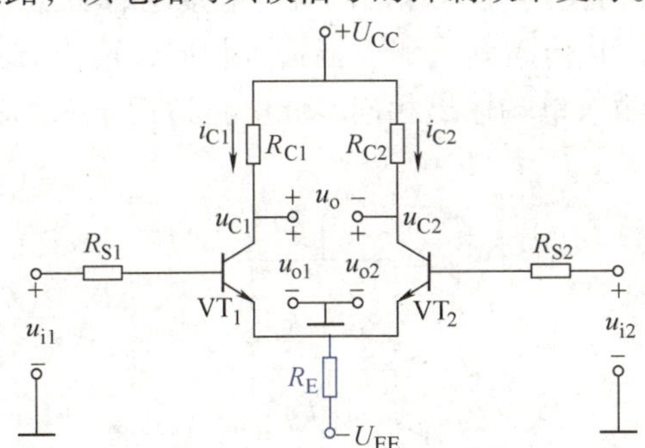

图 2-44　带有 R_E 的差动放大电路

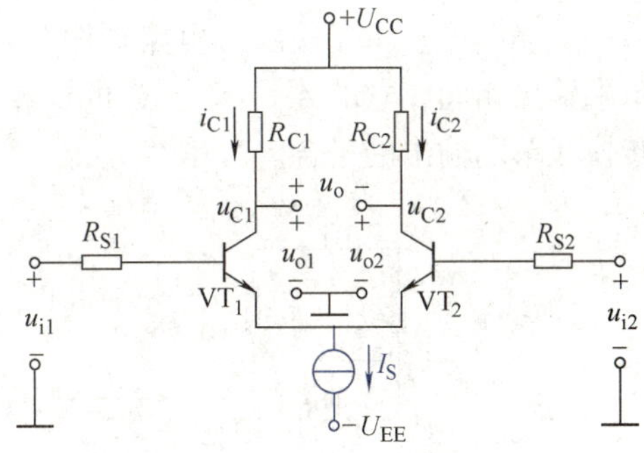

图 2-45　带有恒流源的差动放大电路

5. 差动放大电路的输入输出方式

由于差动放大电路有两个输入端、两个输出端，所以信号的输入和输出有四种方式，这四种方式分别是双端输入双端输出、双端输入单端输出、单端输入双端输出、单端输入单端输出。根据不同需要可选择不同的输入、输出方式。

(1) 双端输入双端输出　电路如图 2-46 所示，此电路适用于输入、输出不需要接地，对称输入，对称输出的场合。

(2) 单端输入双端输出　电路如图 2-47 所示，信号从一只管子(指 VT_1)的基极与地之间输入，另一只管子的基极接地，那么，集电极电流 I_{C1} 的任何增加将等于 I_{C2} 的减少，也就是说，输出端电压的变化情况将和差动输入(即双端输入)时一样。此时，VT_1、VT_2 的发射极电位 U_E 将随着输入电压 u_i 而变化，电路对称时为 $U_i/2$，于是，VT_1 的基-射电压 $U_{be}=U_i-U_i/2=U_i/2$，VT_2 的基-射电压 $U_{be}=0-U_i/2=-U_i/2$。这样来看，单端输入的实质还是双端输入，可以将它归结为双端输入的问题。所以，它的 A_{ud}、R_i、R_o 的估算与双端输入双端输出的情况相同。

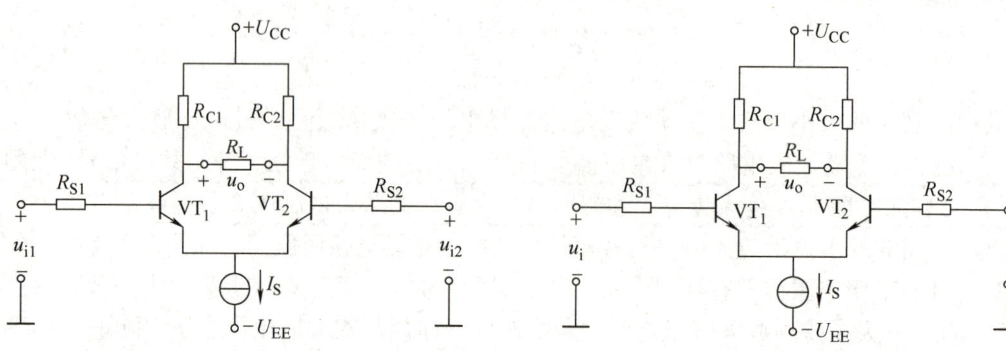

图 2-46　双端输入双端输出　　　　图 2-47　单端输入双端输出

此电路适用于单端输入转换成双端输出的场合。

（3）单端输入单端输出　图 2-48 为单端输入单端输出的接法。信号只从一只管子的基极与地之间接入，输出信号从管子的集电极与地之间输出，输出电压只有双端输出的一半，电压放大倍数 A_{ud} 也只有双端输出时的一半。此电路适用于输入输出均有一端接地的场合。

（4）双端输入单端输出　电路如图 2-49 所示，其输入方式和双端输入相同，输出方式和单端输出相同，它的 A_{ud}、R_i、R_o 的计算和单端输入单端输出相同。此电路适用于双端输入转换成单端输出的场合。

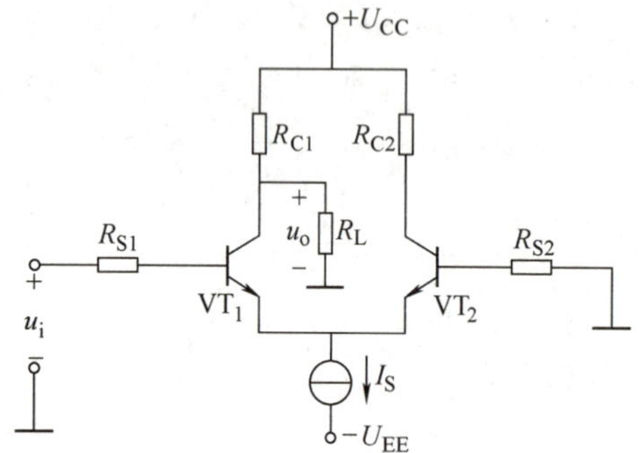

图 2-48　单端输入单端输出

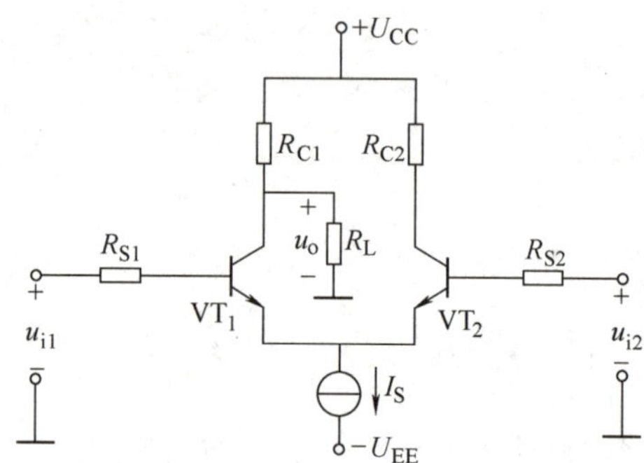

图 2-49　双端输入单端输出

从几种电路的接法来看，只有输出方式对差模放大倍数和输入、输出电阻有影响，不论哪一种输入方式，只要是双端输出，其差模放大倍数就等于单管放大倍数，单端输出差模电压放大倍数为双端输出的一半。

模块 2　相关技能训练

2.2　单管放大电路的连接与测试

1. 训练目的

1）学会放大电路静态工作点调试方法，分析静态工作点对放大电路性能的影响。

2）掌握放大电路参数的测试方法。

3）熟悉常用电子仪器及模拟电路实验设备的使用。

2. 设备与器件

12V 直流电源、函数信号发生器、双踪示波器、交流毫伏表、直流电压表、直流毫安表、频率计、万用表、电阻器、电容器若干、晶体管 3DG6($\beta=50\sim100$)或 9011。

3. 电路原理

图 2-50 为分压式偏置放大电路实验原理图。它的偏置电路采用 R_{B1} 和 R_{B2} 组成的分压电路，并在发射极接有电阻 R_E，以稳定放大器的静态工作点。当在放大电路的输入端加入输入信号 u_i 后，在放大电路的输出端便可得到一个与 u_i 相位相反，幅值被放大了的输出信号 u_o，从而实现了电压放大。

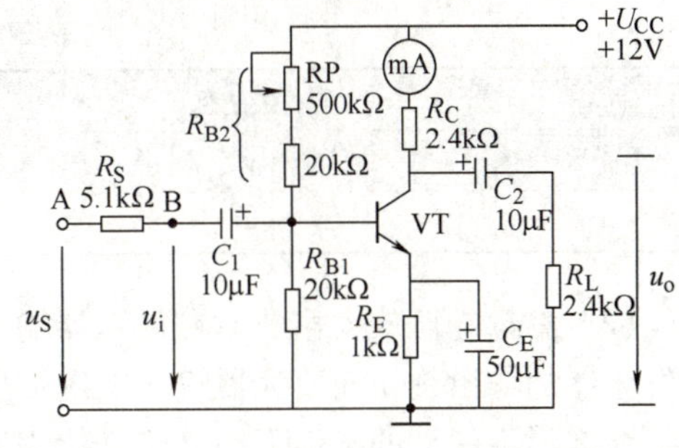

图 2-50 分压式偏置放大电路实验原理图

放大器动态指标测试：

(1) 电压放大倍数 A_u 的测量 调整放大电路到合适的静态工作点，然后加入输入电压 u_i，在输出电压 u_o 不失真的情况下，用交流毫伏表测出 u_i 和 u_o 的有效值 U_i 和 U_o，则

$$A_u=\frac{U_o}{U_i}$$

(2) 输入电阻 R_i 的测量 为了测量放大器的输入电阻，按图 2-51 连接电路。在被测放大电路的输入端与信号源之间串入一已知电阻 R。

在放大电路正常工作的情况下，用交流毫伏表测出 U_S 和 U_i，根据输入电阻的定义可得

$$R_i=\frac{U_i}{I_i}=\frac{U_i}{\dfrac{U_R}{R}}=\frac{U_i}{U_S-U_i}R$$

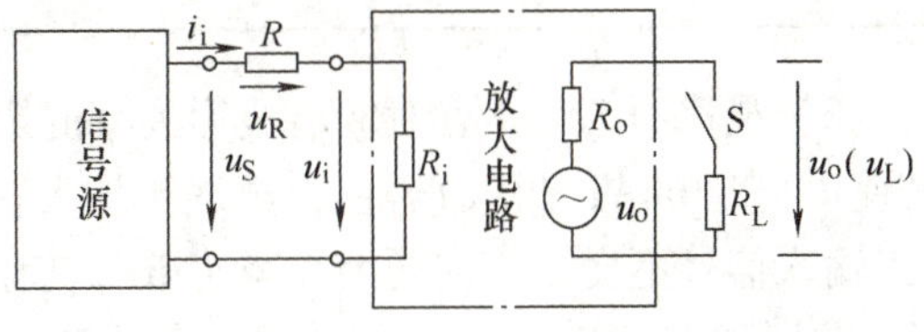

图 2-51 输入、输出电阻测量电路

(3) 输出电阻 R_o 的测量 按图 2-51 连接电路。在放大器正常工作条件下，测出输出端不接负载 R_L 的输出电压 U_o 和接入负载后的输出电压 U_L，则

$$R_o=\left(\frac{U_o}{U_L}-1\right)R_L$$

在测试中应注意，必须保持 R_L 接入前后输入信号的大小不变。

(4) 最大不失真输出电压 U_{opp} 的测量(最大动态范围) 如上所述，为了得到最大动态范围，应将静态工作点调在交流负载线的中点。为此在放大电路正常工作情况下，逐步增大输入信号的幅度，并同时调节 RP(改变静态工作点)，用示波器观察 u_o，当输出波形同时出现削底和缩顶现象(如图 2-52)时，说明静态工作点已调在交流负载线的中点。然后反复调整输入信号，使波形输出幅度最大，且无明显失真时，用交流毫伏表测出 U_o(有效值)，则动态范围等于

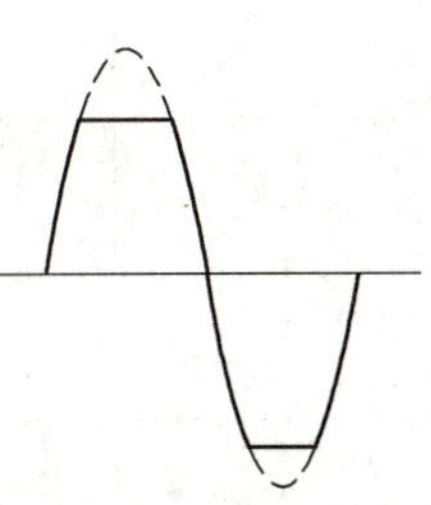
图 2-52 静态工作点正常，输入信号太大引起的失真

$2\sqrt{2}U_o$，或用示波器直接读出 U_{opp} 来。

4. 训练内容与步骤

（1）调试静态工作点　接通直流电源前，先将 RP 调至最大，函数信号发生器输出旋钮旋至零。接通 +12V 电源，调节 RP，使 $I_C = 2.0\text{mA}$（即 $U_E = 2.0\text{V}$），用直流电压表测量 U_B、U_E、U_C 及用万用表测量 R_{B2} 值。记入表 2-2 中。

表 2-2　$I_C = 2.0\text{mA}$

测量值				计算值		
U_B/V	U_E/V	U_C/V	R_{B2}/kΩ	U_{BE}/V	U_{CE}/V	I_C/mA

（2）测量电压放大倍数　在放大器输入端加入频率为 1kHz 的正弦信号 u_S，调节函数信号发生器的输出旋钮使放大器输入电压 $U_i \approx 10\text{mV}$，同时用示波器观察放大器输出电压 u_o 波形，在波形不失真的条件下用交流毫伏表测量下述两种情况下的 U_o 值，并用双踪示波器观察 u_o 和 u_i 的相位关系，记入表 2-3 中。

表 2-3　$I_C = 2.0\text{mA}$　$U_i = 10\text{mV}$

R_C/kΩ	R_L/kΩ	U_o/V	A_u	观察记录一组 u_o 和 u_i 波形
2.4	∞			u_i (O, t)　u_o (O, t)
2.4	2.4			

（3）观察静态工作点对输出波形失真的影响　置 $R_C = 2.4\text{k}\Omega$，$R_L = 2.4\text{k}\Omega$，$u_i = 0$，调节 RP 使 $I_C = 2.0\text{mA}$，测出 U_{CE} 值，再逐步加大输入信号，使输出电压 u_o 足够大但不失真。然后保持输入信号不变，分别增大和减小 RP，使波形出现失真，绘出 u_0 的波形，并测出失真情况下的 I_C 和 U_{CE} 值，记入表 2-4 中。每次测 I_C 和 U_{CE} 值时都要将信号源的输出旋钮旋至零。

表 2-4　$R_C = 2.4\text{k}\Omega$　$R_L = 2.4\text{k}\Omega$　$U_i = 0\text{mV}$

I_C/mA	U_{CE}/V	u_o 波形	失真情况	管子工作状态
		u_o (O, t)		
2.0		u_o (O, t)		
		u_o (O, t)		

(4) 测量输入电阻和输出电阻 置$R_C=2.4k\Omega$，$R_L=2.4k\Omega$，$I_C=2.0mA$。输入$f=1kHz$的正弦信号，在输出电压u_o不失真的情况下，用交流毫伏表测出U_S、U_i和U_L记入表2-5中。

保持U_S不变，断开R_L，测量输出电压U_o，记入表2-5。

表2-5 $I_C=2mA$ $R_C=2.4k\Omega$ $R_L=2.4k\Omega$

U_S /mV	U_i /mV	$R_i/k\Omega$		U_L/V	U_o /V	$R_o/k\Omega$	
		测量值	计算值			测量值	计算值

(5) 测量最大不失真输出电压 置$R_C=2.4k\Omega$，$R_L=2.4k\Omega$，按照实验原理(4)中所述方法，同时调节输入信号的幅度和电位器RP，用示波器和交流毫伏表测量U_{opp}及U_o值，记入表2-6中。

表2-6 $R_C=2.4k\Omega$ $R_L=2.4k\Omega$

I_C/mA	U_{im}/mV	U_{om}/V	U_{opp}/V

5. 训练总结

1) 列表整理测量结果，并把实测的静态工作点、电压放大倍数、输入电阻和输出电阻之值与理论计算值比较(取一组数据进行比较)，分析产生误差原因。

2) 总结R_C、R_L及静态工作点对输入电阻、输出电阻和电压放大倍数的影响。

3) 讨论静态工作点变化对放大器输出波形的影响。

4) 分析讨论在调试过程中出现的问题。

模块3 任务实现

2.3 分立元器件构成的前置放大电路的制作

2.3.1 分立元器件构成的前置放大电路的设计

在声音的放大处理系统中，声音信号首先通过送话器转换成电信号(音频信号)，该信号经前置放大(电压放大)和功率放大后，驱动扬声器发出声音。图2-53所示为由分立元器件构成的前置放大电路。晶体管VT_1、VT_2、VT_3组成一个三级放大电路，其中VT_1采用射极跟随器，没有电压放大能力，在电路中主要利用其输入电阻极高和输出电阻极低的特点，对信号起缓冲作用。VT_2、VT_3均接成共发射极放大电路的形式，由于共发射极放大电路有较强的电压放大和电流放大能力，故使音频信号经过前级放大后具有足够的幅度，足以驱动后面的功率放大电路。改变RP_1和RP_2可以改变电路的静态工作点，使放大电路处于不失真的放大状态。C_1、C_2、C_3、C_5的主要作用是隔直通交，以便使音频信号有效地传递到后一级，并使前后级静态工作点互不影响。R_1、C_4构成电压串联负反馈，虽然使电压放大倍数有所下降，但使电路稳定性大大提高，且通频带更宽，对于改变输入电阻及输出电阻也有一定的作用。

2.3.2 元器件的选择及装调

图 2-53 中，晶体管 VT_1、VT_2、VT_3 可选小功率管，$\beta_1=\beta_2=\beta_3=50$，$C_1$、$C_2$、$C_3$、$C_4$ 为耦合电容，决定电路的下限频率，取 10μF，C_{E2}、C_{E3}为旁路电容，为了得到较好的低频响应，取 47μF，一般在所有的直流电源的端口（无论是输入还是输出端口），都会并联上一只容量较大的电解电容（常采用铝电解电容）和一只容量较小的无极性电容（可以采用瓷片电容，涤纶电容，聚酯膜电容等），如 C_6、C_7 起滤波和蓄能的作用，增加电压的稳定性，分别取 10μF 和 0.1μF，电阻可根据经验如图 2-53 取值。图 2-53 的微变等效电路如图 2-54 所示，可求出前置放大电路不加负反馈时的电压放大倍数，再根据负载要求调整电路参数。

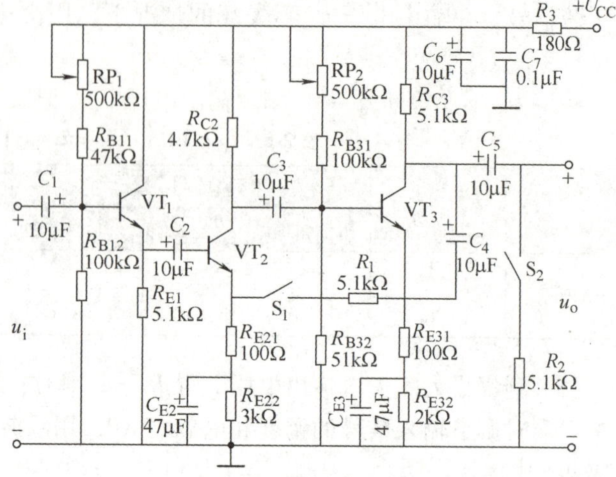

图 2-53 分立元器件构成的前置放大电路

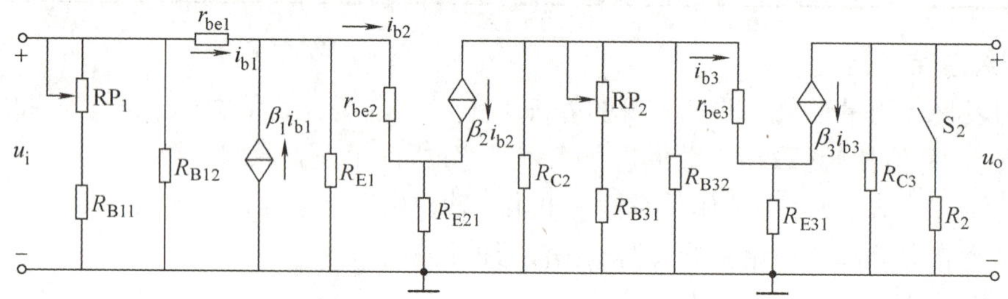

图 2-54 前置放大电路的微变等效电路

表 2-7 为构成音频放大器前置放大电路的材料清单。

表 2-7 音频放大器前置放大电路的材料清单

序号	元器件名称	型号	规格	数量
1	晶体管	9013		3
2	电位器		500kΩ	2
3	电阻	金属膜电阻	100kΩ	2
4	电阻	金属膜电阻	51kΩ	1
5	电阻	金属膜电阻	4. 7kΩ	1
6	电阻	金属膜电阻	47kΩ	1
7	电阻	金属膜电阻	5. 1kΩ	4
8	电阻	金属膜电阻	2kΩ	1
9	电阻	金属膜电阻	3kΩ	1
10	电阻	金属膜电阻	100	2
11	电阻	金属膜电阻	180	1

（续）

序　号	元器件名称	型　号	规　格	数　量
12	电容	电解电容	47μF/25V	2
13	电容	电解电容	10μF/25V	5
14	电容	独石电容	0.1μF	1
15	通用电路板			1

元器件检测好后，按照原理图在通用电路板上完成焊接，检查无误后，接通 10V 直流电源，测试各级放大电路的静态工作点，分别调节 RP_1 和 RP_2，使静态工作点合适，然后在输入端加入 5mV 交流信号，用示波器观察输出波形，如果出现失真，再调节 RP_1 和 RP_2，波形不失真后，合上 S_1，测试电路的电压放大倍数，看是否满足负载要求。

习　题

2-1　填空题

（1）按晶体管在电路中不同的连接方式，可组成________、________和________ 3 种基本放大电路；其中________电路输出电阻低，带负载能力强；________电路兼有电压放大和电流放大作用。

（2）放大电路没有输入信号时的工作状态称为________；放大电路有输入信号作用时的工作状态称为________。

（3）放大电路中的直流通路是指________，交流通路是指________。

（4）造成静态工作点不稳定的因素很多，如温度变化、U_{CC}波动、电路参数变化等，其中以________影响最大。

（5）在晶体管放大电路中，若静态工作点偏高，容易出现________失真；若静态工作点偏低，容易出现________失真。

（6）放大器的输入电阻越大，则放大器向信号源索取的电流就越________，放大器的输入电压就越接近于________。放大器的输出电阻越小，则放大器带负载能力就越________，放大器的输出电压就越接近于________。

（7）在固定偏置放大电路中，当输出波形在一定范围内出现失真时，可通过调整偏置电阻 R_B 加以调节。当出现截止失真时，应将 R_B 调________，使 I_C ________，工作点上移；当出现饱和失真时，应将 R_B 调________，使 I_C ________，工作点下移。

（8）当输入信号为 0 时，输出产生缓慢的不规则的变化的现象称为________。

（9）为了有效地抑制零点漂移，多级放大器的第一级均采用________电路。

（10）多级放大器的级间耦合方式有 4 种，分别是________耦合、________耦合、________耦合和________耦合。

（11）阻容耦合多级放大电路的输入电阻等于________，输出电阻等于________。

（12）反馈放大器由________和________两部分电路所组成。

（13）反馈放大器中的几个重要指标的数学表达式分别为：1）反馈系数 $F=$________；2）放大器开环放大倍数 $A=$________；3）放大器闭环放大倍数 $A_f=$________。

（14）通常使用________法来判断反馈放大器的反馈极性。对共发射极电路而言，输入端反馈信号加到晶体管的基极称为________反馈，反馈信号加到晶体管的发射极称为________反馈，在输出端反馈信号从集电极取出属于________反馈。

2-2　判断题

（1）放大器的放大作用是针对电流或电压变化量而言的，其放大倍数是输出信号与输入信号的变化量

之比。 ( )

(2) 要使电路中的 NPN 型晶体管具有电流放大作用，晶体管的各极电位应满足 $U_C < U_B < U_E$。 ( )

(3) 交流放大电路能把小信号放大，是晶体管提供了较大的输出信号的能量。 ( )

(4) 在交流放大电路中，同时存在直流、交流两个量，都能同时被电路放大。 ( )

(5) 放大电路中晶体管管压降 U_{CE} 值越大，管子越容易进入饱和区工作。 ( )

(6) 放大电路的微变等效法是将电路的非线性局部线性化。 ( )

(7) 共发射极放大器的输出信号和输入信号反相，射极输出器也是一样。 ( )

(8) 射极输出器没有电压放大作用，但仍有电流和功率放大作用。 ( )

(9) 在共集电极放大电路中，发射极信号电压与基极信号电压同相。 ( )

(10) 在共基极放大电路中，输入信号和输出信号反相。 ( )

(11) 把输入的部分信号送到放大器的输出端称为反馈。 ( )

(12) 负反馈能修正源信号波形的失真。 ( )

(13) 放大器的负反馈深度越大，放大倍数下降越多。 ( )

(14) 射极输出器的 $A_u \approx 1$，故无功率放大作用。 ( )

(15) 电压串联负反馈放大器可以提高输入电阻，稳定放大器输出电流。 ( )

2-3 什么是放大器的静态工作点？为什么要设置静态工作点？

2-4 说明下列电压和电流符号的含义：I_B、i_B、i_b、U_{BE}、U_{be}、u_o。

2-5 在如图 2-55 所示的各电路中，哪些可以实现正常的交流放大？哪些则不能？请说明理由。

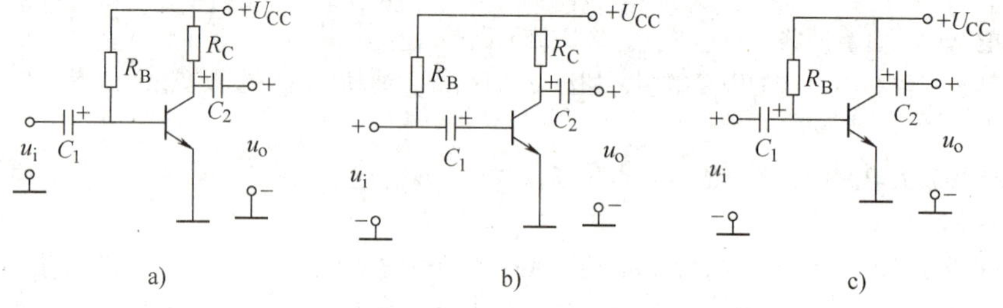

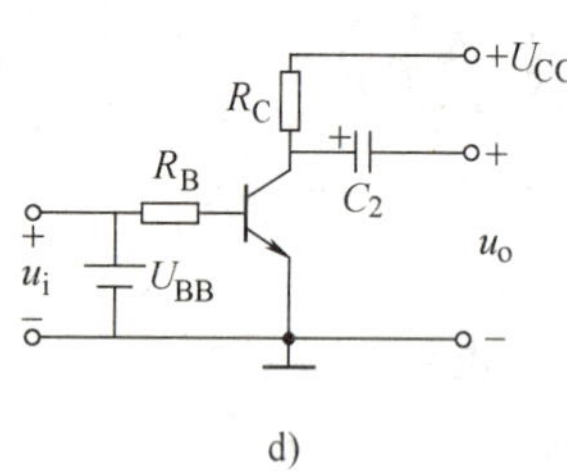

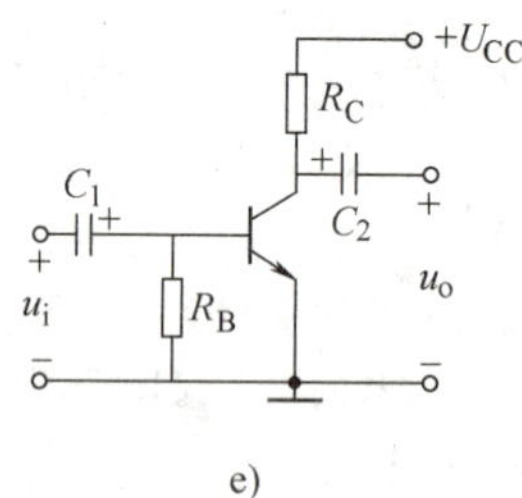

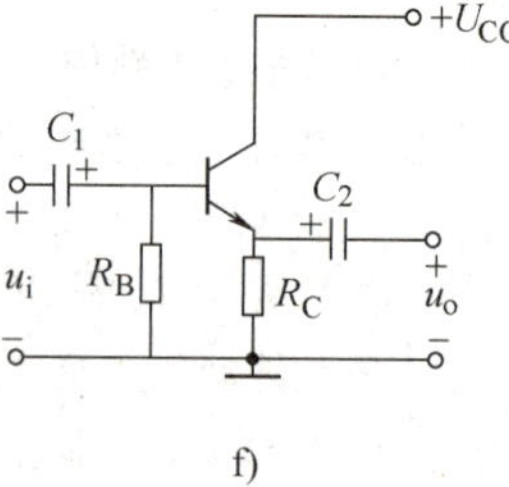

图 2-55 题 2-5 图

2-6 用示波器观察 NPN 型管共发射极单级放大电路输出电压，得到图 2-56 所示三种失真的波形，试分别写出失真的类型。并指出应如何改进。

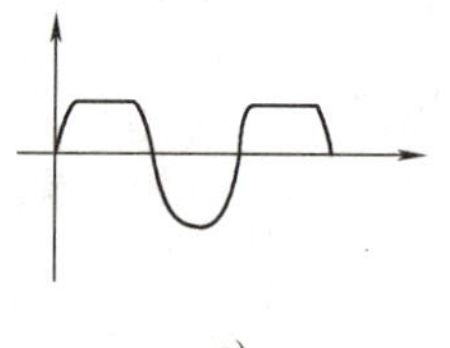

a)　　b)

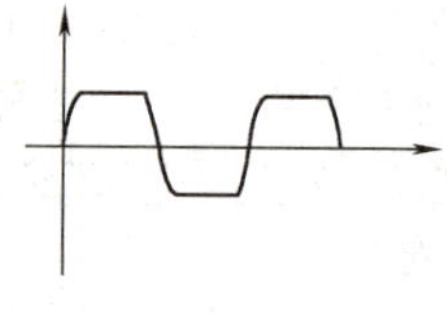

c)

图 2-56 题 2-6 图

2-7　若某放大电路的电压放大倍数为100，则换算为对数电压增益是多少dB？另一放大电路的对数电压增益为80dB，则相当于电压放大倍数为多少？

2-8　放大电路如图2-57所示。$U_{CC}=12V$，$\beta=50$，$R_C=3k\Omega$，调节电位器可调整放大器的静态工作点。试问：

(1)如果要求$I_{CQ}=2mA$，那么R_B值应为多大？

(2)如果要求$U_{CEQ}=4.5V$，那么R_B又应为多大？

2-9　在图2-58所示的基本放大电路中，设晶体管$\beta=100$，$U_{BEQ}=-0.3V$，C_1、C_2足够大，它们在工作频率所呈现的电抗值分别远小于放大电路的输入电阻和负载电阻。

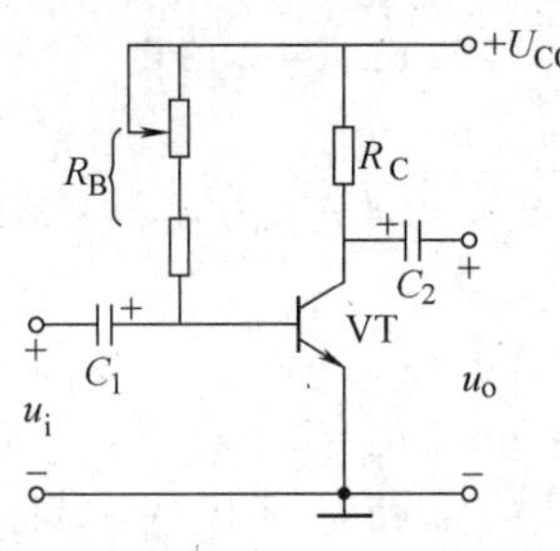

图2-57　题2-8图

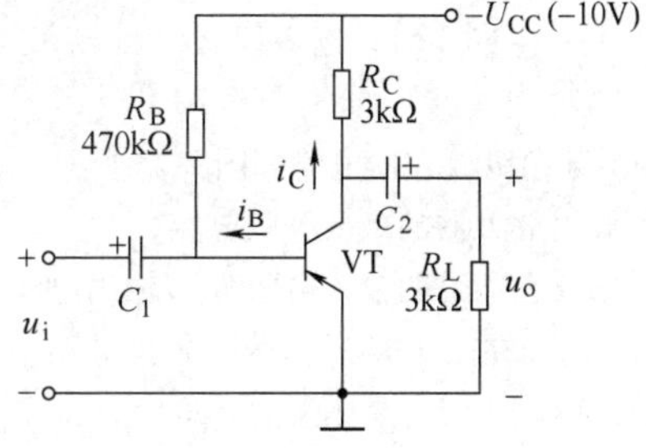

图2-58　题2-9图

(1) 估算静态工作点的I_{BQ}、I_{CQ}和U_{CEQ}；

(2) 估算晶体管的r_{be}的值；

(3) 求电压放大倍数。

2-10　电路如图2-59所示，已知$U_{CC}=15V$，$R_{B1}=27k\Omega$，$R_{B2}=12k\Omega$，$R_E=2k\Omega$，$R_C=3k\Omega$，晶体管的$\beta=40$，$U_{BE}=0.7V$。试求：(1) 估算放大电路的静态工作点I_B、I_C及U_{CE}；(2) 估算放大电路的电压放大倍数A_u、输入电阻R_i、输出电阻R_o；(3) 若$R_L=3k\Omega$，估算电压放大倍数；(4) 画出微变等效电路。

2-11　电路如图2-60所示，已知晶体管的$\beta=60$，

(1) 求静态工作点；

(2) 求A_u、R_i、R_o；

(3) 说明放大电路中各元器件的作用；

(4) 说明分压式偏置电路是如何稳定静态工作点的。

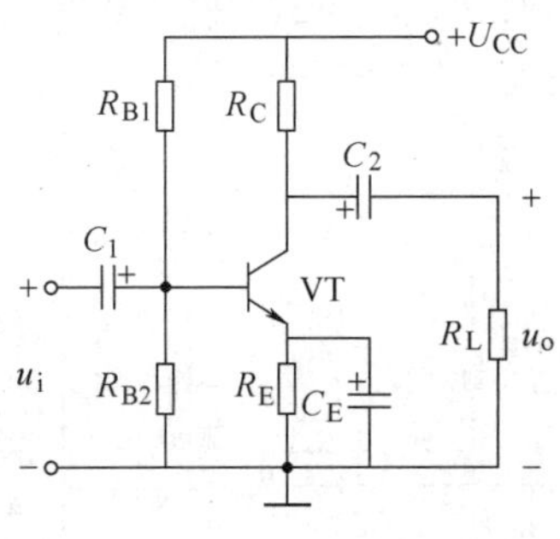

图2-59　题2-10图

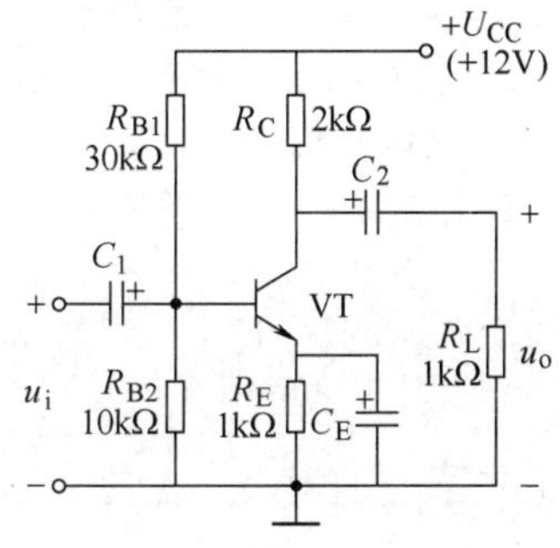

图2-60　题2-11图

2-12　射极输出器电路如图2-61所示，已知晶体管为硅管，$\beta=100$，试求：(1) 静态电流I_C；(2) 画出微变等效电路；(3) 输入电阻和输出电阻。

2-13　已知图2-62所示共基极放大电路的晶体管为硅管，$\beta=100$，试求该电路的静态工作点Q，电压

YFLy9W616

放大倍数 A_u，输入电阻 R_i 和输出电阻 R_o。

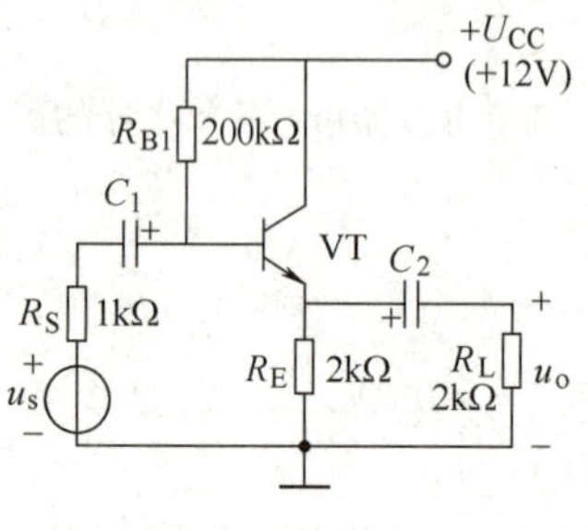

图 2-61　题 2-12 图

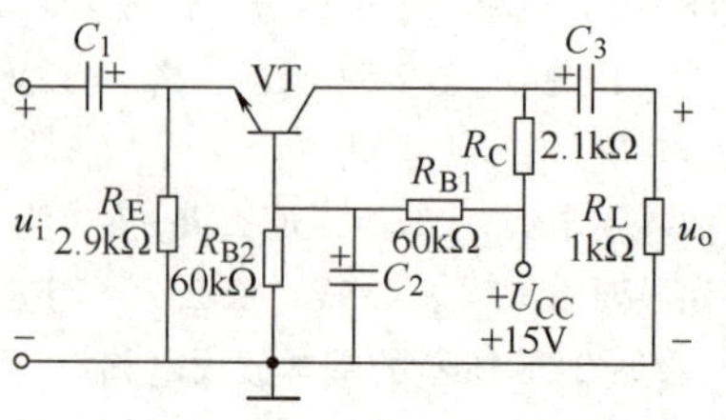

图 2-62　题 2-13 图

2-14　某两级放大器电路如图 2-63 所示。已知 VT_1、VT_2 管的 $\beta_1=\beta_2=100$，$r_{be1}=r_{be2}=1.8k\Omega$。

（1）画出放大器的微变等效电路；

（2）求放大电路的输入电阻 R_i、输出电阻 R_o 和电压放大倍数 A_u。

2-15　已知在图 2-64 所示两级放大电路中，$R_i=15k\Omega$，$R_2=R_3=5k\Omega$，$R_4=2.3k\Omega$，$R_5=100k\Omega$，$R_6=R_L=5k\Omega$；$U_{CC}=12V$；晶体管的 β 均为 50，$r_{be1}=1.2k\Omega$，$r_{be2}=1k\Omega$，$U_{BEQ1}=U_{BEQ2}=0.7V$。试估算：

（1）放大电路的静态工作点 Q；

（2）放大电路的电压放大倍数 A_u；

（3）输入电阻 R_i 和输出电阻 R_o。

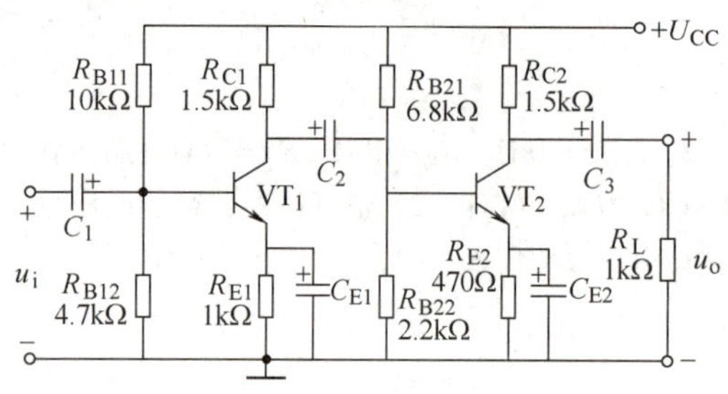

图 2-63　题 2-14 图

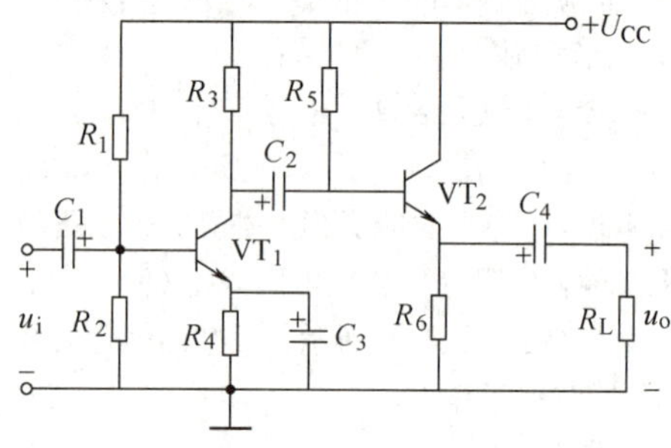

图 2-64　题 2-15 图

2-16　场效应晶体管放大电路如图 2-65 所示，已知 $U_{DD}=20V$，$U_{GSQ}=-2V$，管子参数 $I_{DSS}=4mA$，$U_{GS(off)}=-4V$，C_1、C_2 在交流通路中可视为短路。试求：

（1）电阻 R_1 及电流 I_{DQ}；

（2）电压放大倍数 A_u、输入电阻 R_i、输出电阻 R_o。

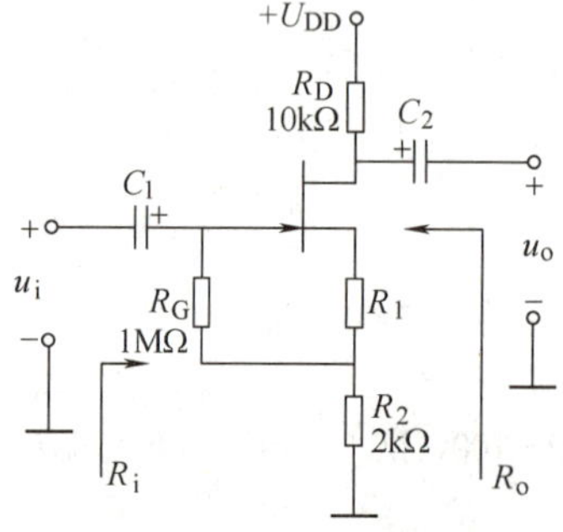

图 2-65　题 2-16 图

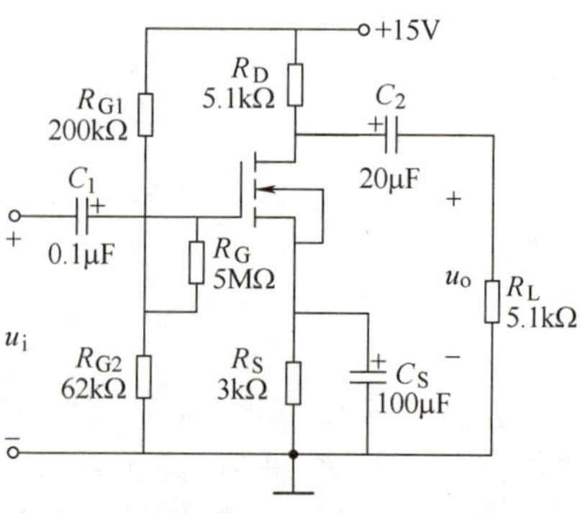

图 2-66　题 2-17 图

2-17　FET组成的基本放大电路如图2-66所示。设各FET的 $g_m=2\text{mS}$。

(1) 画出电路的微变等效电路，指出其放大组态；

(2) 求电压放大倍数 A_u、输入电阻 R_i 和输出电阻 R_o。

2-18　场效应晶体管和晶体管混合放大电路如图2-67所示，求两级增益 A_u、R_i 及 R_o。

2-19　判断图2-68所示电路是否引入了反馈，如果引入了反馈，指出反馈元器件，并判断反馈是交流反馈还是直流反馈，是正反馈还是负反馈。

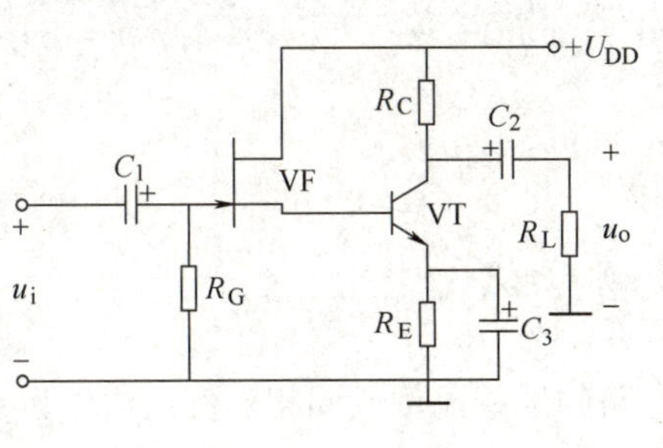

图2-67　题2-18图

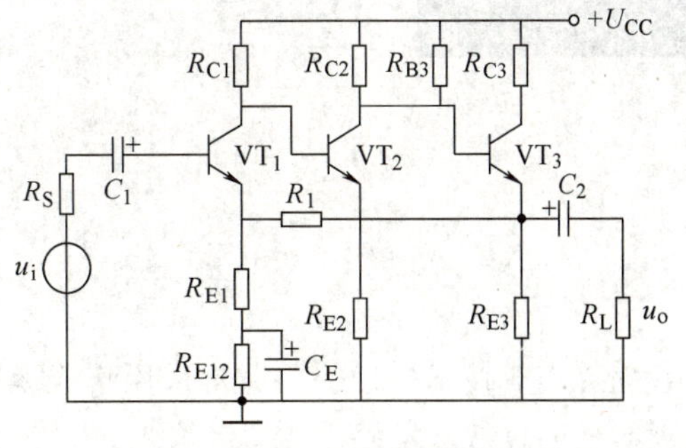

图2-68　题2-20图

2-20　指出图2-69所示各电路有无反馈，若有反馈，试判别反馈的极性和类型(即说明正、负、电压、电流、串、并联反馈)，并说明是直流反馈还是交流反馈。设图中所有电容对交流信号均可视为短路。

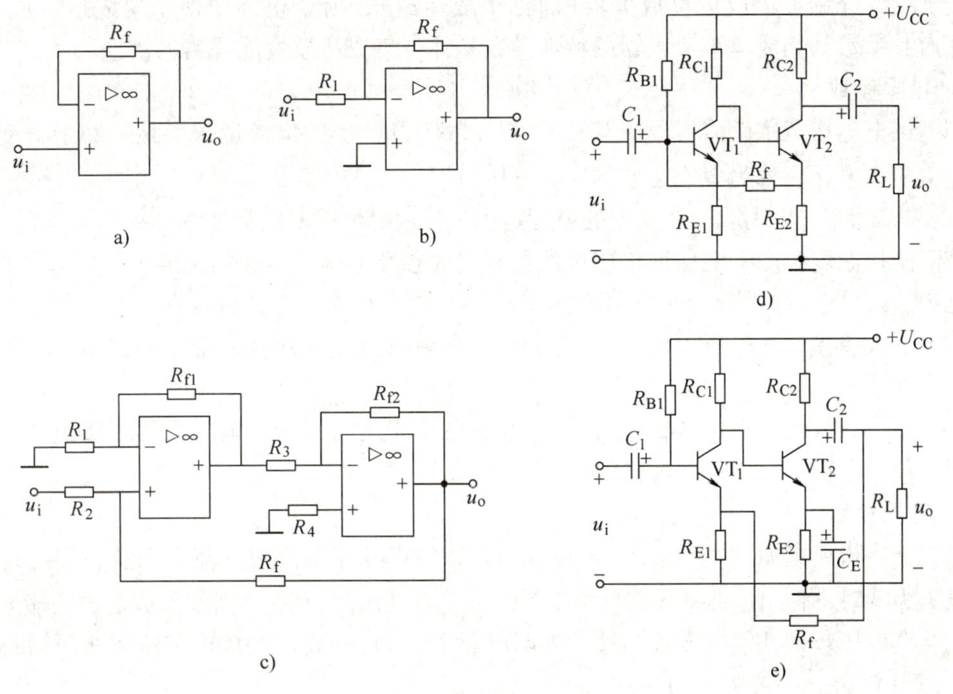

图2-69　题2-20图

任务3 音频放大器前置放大电路的制作(二)——认识集成运算放大电路

模块1 必备知识

随着集成技术的发展，通常采用集成运算放大电路的反相比例或同相比例结构作为音频放大器的前置放大电路。

3.1 集成运放的应用

3.1.1 集成运放的主要性能指标

前文已经介绍了集成运算放大器(简称集成运放)，为了正确地使用集成运算放大器，必须了解其参数。集成运算放大器的特性参数是评价集成运放性能优劣的依据。

1. 极限参数

(1) 供电电压范围($+U_{CC}$、$-U_{EE}$或$+U_S$、$-U_S$)　加到集成运放上最小和最大允许的安全工作电源电压，称为集成运放的供电电压范围。

(2) 功耗P_D　集成运放在规定的温度范围工作时，可以安全耗散的功率称为功耗。

(3) 工作温度范围　能保证集成运放在额定的参数范围内工作的温度区间称为它的工作温度范围。

(4) 最大差模输入电压U_{idmax}　能安全地加在集成运放的两输入端之间的最大差模电压称为最大差模输入电压。

(5) 最大共模输入电压U_{icmax}　能安全地加在集成运放的两个输入端的短接点与运放地线之间的最大电压称为最大共模输入电压。

2. 电气参数

(1) 输入失调电压U_{IO}　由于集成运放的输入级电路参数不可能绝对对称，实际运放当输入电压为零时，输出电压并不等于零，为了使输出电压也为零，需在集成运放两输入端额外附加补偿电压，该补偿电压称为输入失调电压U_{IO}。它反映了运放内部输入级不对称的程度。U_{IO}越小越好，一般为$\pm(1\sim10)$mV。

(2)输入失调电流I_{IO}　当集成运放输出电压为零时，流入两输入端的静态基极电流之差，即

$$I_{IO} = |I_{B+} - I_{B-}| \tag{3-1}$$

I_{IO}越小越好，一般为1nA～0.1μA。

(3) 输入偏置电流I_{IB}　集成运放的两个输入端一般必须有一定的直流电流I_{B+}和I_{B-}，

通常定义输入偏置电流为

$$I_{IB}=\frac{1}{2}|I_{B+}+I_{B-}| \tag{3-2}$$

I_{IB}一般为10nA ~ 1μA。CMOS运放的I_{IB}为几皮安至几百皮安。

(4) 输入失调电压温漂 dU_{IO}/dT　dU_{IO}/dT是U_{IO}的温度系数，是衡量集成运放温漂的重要指标。dU_{IO}/dT越小，表明运放温漂越小。一般dU_{IO}/dT为±(10 ~ 20)μV/℃。低温漂运放的输入失调电压温漂dU_{IO}/dT小于2μV/℃。

(5) 输入失调电流温漂 dI_{IO}/dT　与dU_{IO}/dT类似，dI_{IO}/dT是I_{IO}的温度系数，高质量的运放，其dI_{IO}/dT为每摄氏度几皮安。

(6) 开环差模电压放大倍数 A_{ud}　指集成运放工作在线性区，接入规定的负载，且无反馈情况下的差模电压放大倍数。A_{ud}是影响运算精度的重要因素，其值越大，其运算精度越高，性能越稳定。A_{ud}常用分贝(dB)表示：

$$A_{ud}(dB)=20\lg A_{ud} \tag{3-3}$$

高增益集成运放的A_{ud}可超过140dB(10^7)。

(7) 开环共模电压放大倍数 A_{uc}　当集成运放工作在开环状态下，两输入端加相同信号(称为共模)时，输出信号电压与该输入信号电压的比值定义为开环共模电压放大倍数。由于共模信号一般为电路中的无用信号或有害信号，应该加以抑制。因此，共模电压放大倍数越小越好。

(8) 差模输入电阻 R_{id}　指集成运放开环时，差模输入信号电压的变化量与它所引起的输入电流的变化量之比，即从输入端看进去的动态电阻。R_{id}越大越好，一般在几百千欧到几兆欧。

(9) 差模输出电阻 R_o　指集成运放工作在开环情况下，输出电压与输出电流之比。R_o越小性能越好，一般在几百欧左右。

(10) 共模抑制比 K_{CMR}　是差模电压放大倍数和共模电压放大倍数之比，即

$$K_{CMR}=20\lg\left|\frac{A_{ud}}{A_{uc}}\right| \tag{3-4}$$

K_{CMR}越大越好，一般在80分贝以上。

集成运放的性能指标比较多，具体使用时要查阅有关的产品说明书或手册。由于结构及制造工艺上的许多特点，集成运放的性能非常优异。

3.1.2　集成运放的线性应用

集成运放在线性应用时，要使其工作在线性状态，并引入深度负反馈。否则由于集成运放的开环电压增益很高，很小的输入电压或集成运放本身的失调都可使它超出线性范围。集成运放使用不同的输入形式，外加不同的负反馈网络，可以实现多种数学运算。

1. 比例运算电路

实现输出信号与输入信号按一定比例运算的电路称为比例运算电路，比例运算电路包含同相比例运算电路和反相比例运算电路，它们是构成各种复杂运算电路的基础，是最基本的运算电路。

(1) 反相比例运算电路　图 3-1 是反相比例运算电路。输入信号 u_i 通过 R_1 接于运放的反相输入端。输出信号 u_o 经反馈电阻 R_f 接回反相端，形成深度负反馈，故该电路工作在线性区。

根据“虚短”和“虚断”可知，$u_- = u_+ = 0$，即反相输入端为“虚地”，该特征表明运放输入端无共模信号。

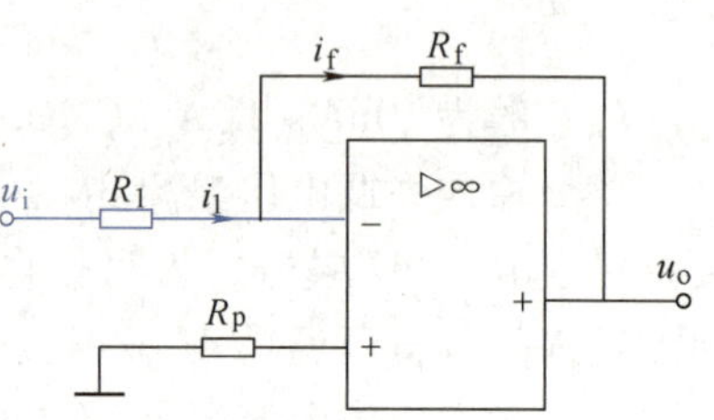

图 3-1　反相比例运算电路

由图 3-1 可得

$$u_o = -i_f R_f$$

而

$$i_f = i_1 = \frac{u_i - 0}{R_1} = \frac{u_i}{R_1}$$

所以

$$u_o = -\frac{R_f}{R_1}u_i \tag{3-5}$$

式(3-5)表明，输出电压 u_o 与输入电压 u_i 为比例运算关系，比例系数仅由 R_f 和 R_1 的比值确定，与集成运放的参数无关。其闭环电压放大倍数为

$$A_{uf} = -\frac{R_f}{R_1} \tag{3-6}$$

式中负号表示输出电压 u_o 与输入电压 u_i 反相。该电路也称为反相放大器。由于反相端虚地，故电路的输入电阻为

$$R_i = R_1$$

反相比例运算电路的输出电阻为零，即 $R_o \approx 0$。

图中的 R_p 是平衡电阻，用于消除失调电流、偏置电流带来的误差，一般取 $R_p = R_1 /\!/ R_f$。

若 $R_f = R_1$，则

$$u_o = -u_i$$

此时图 3-1 所示的电路称为反相器，这种运算称为变号运算。

【例 3-1】　在图 3-1 中，已知 $R_1 = 10\text{k}\Omega$，$R_f = 100\text{k}\Omega$，求电压放大倍数 A_{uf}、输入电阻 R_i 及平衡电阻 R_p。

解：

$$A_{uf} = -\frac{R_f}{R_1} = -\frac{100}{10} = -10$$

$$R_i = R_1 = 10\text{k}\Omega$$

$$R_p = R_1 /\!/ R_f = \frac{10 \times 100}{10 + 100}\text{k}\Omega = 9.1\text{k}\Omega$$

(2) 同相比例运算电路　图 3-2 是同相比例运算电路。输入信号 u_i 通过 R_p 接于运放的同相输入端。反相输入端通过电阻 R_1 接地。R_p 是平衡电阻，且 $R_p = R_1 /\!/ R_f$。

根据“虚短”和“虚断”，有

$$u_- = u_+ = u_i$$

$$i_- = i_+ \approx 0$$

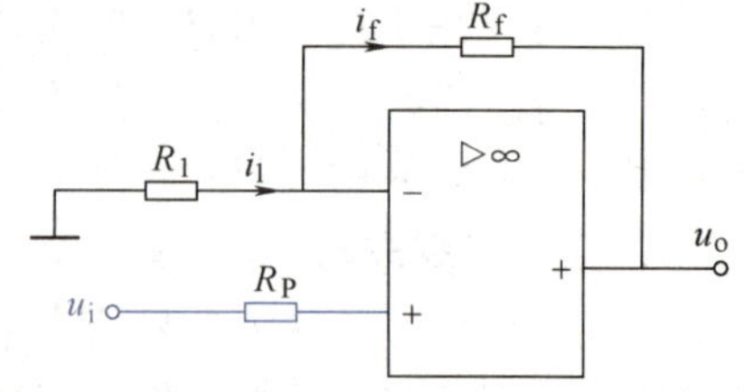

图 3-2　同相比例运算电路

由图 3-2 可得

$$i_f = i_1 = -\frac{u_-}{R_1} = -\frac{u_i}{R_1}$$

$$u_o = -i_f R_f - i_1 R_1 = \left(1 + \frac{R_f}{R_1}\right) u_i \tag{3-7}$$

式(3-7)表明，输出电压 u_o 与输入电压 u_i 为比例运算关系，比例系数为 $1+R_f/R_1$，与集成运放的参数无关，且输出电压 u_o 与输入电压 u_i 同相。该电路也称为同相放大器。其闭环电压放大倍数为

$$A_{uf} = 1 + \frac{R_f}{R_1}$$

同相放大器是一个电压串联负反馈电路，理想情况下，输入电阻为无穷大，即 $R_{if} \approx \infty$，而输出电阻为零，即 $R_o \approx 0$。即使考虑到实际参数，输入电阻仍然很大，可达20MΩ以上，可近似为无穷大。

如将图3-2中的反馈电阻 R_f 短路，R_1 开路，可以得到图3-3a所示的电路，由式(3-7)可得到 $u_o = u_i$，即输出电压等于输入电压且相位相同，故称它为电压跟随器，与射极跟随器类似。但由于运放的反馈深度比单管跟随电路大得多，因此跟随性能要好得多。因为它的输入电阻极高，输出电阻很低，常用做阻抗变换器或缓冲器，在电子电路中应用很广泛。缺点是由于输入阻抗极高，易受周围电场干扰等影响，通常可在同相输入端对地接一个适当的电阻，此时的输入电阻有所减小，R_i 的数值等于该电阻值，如图3-3b所示。

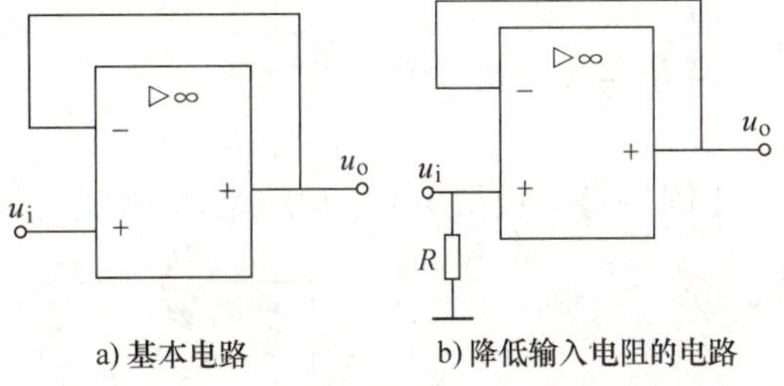

a) 基本电路　　b) 降低输入电阻的电路

图3-3　电压跟随器

应当指出，在同相放大器中，“虚短”仍然成立，但因反相端不为地电位，因此不再有“虚地”存在。由于两输入端都不为地，使得集成运放的共模输入电压值较高。

2. 加法运算电路

利用运放实现加法运算时，可采用反相输入方式，也可以采用同相输入方式。由于同相加法电路存在共模电压，将造成几个输入信号之间的相互影响，所以这里重点介绍反相输入模拟加法运算电路。

在反相比例运算放大电路的基础上，增加几条输入支路，便可组成反相加法运算电路，也称反相加法器。图3-4所示为两个输入信号的加法运算电路。图中，R_p 是平衡电阻，一般满足 $R_p = R_1 /\!/ R_2 /\!/ R_f$。

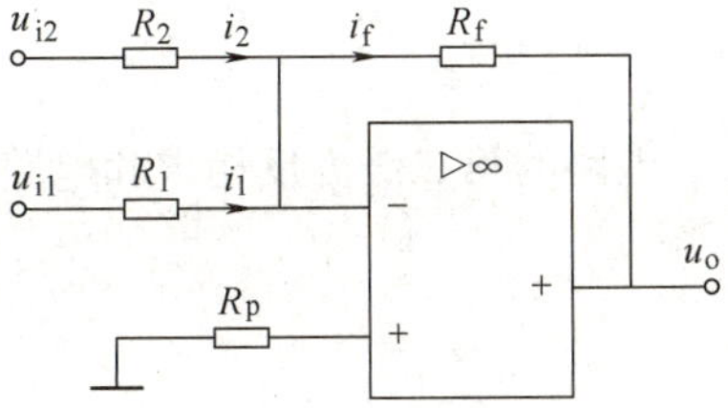

在要求不高的场合也可将同相输入端直接接地。

图3-4　反相加法运算电路

根据“虚短”及“虚断”的概念，在理想情况下反相输入端为“虚地”，可得

$$i_1 + i_2 = i_f$$

即

$$\frac{u_{i1}}{R_1} + \frac{u_{i2}}{R_2} = -\frac{u_o}{R_f}$$

故有
$$u_o=-\left(\frac{R_f}{R_1}u_{i1}+\frac{R_f}{R_2}u_{i2}\right) \tag{3-8}$$

式(3-8)表示输出电压等于各输入电压按照不同比例相加之和。若 $R_1=R_2=R_f$，则
$$u_o=-(u_{i1}+u_{i2})$$
实际应用时可适当增加或减少输入端的个数，以适应不同的需要。

【例 3-2】 在图 3-4 中，已知 $R_1=R_2=10\text{k}\Omega$，$R_f=20\text{k}\Omega$，$u_{i1}=0.3\text{V}$，$u_o=-2\text{V}$，试求 u_{i2} 的大小。若 $R_1=R_2=R_f=10\text{k}\Omega$，$u_{i2}=0.5\text{V}$，$u_{i1}$ 不变，求 u_o 的大小。

解：由于
$$u_o=-\frac{R_f}{R_1}(u_{i1}+u_{i2})$$
则
$$-2=-\frac{20}{10}(0.3+u_{i2})$$
所以
$$u_{i2}=0.7\text{V}$$
当 $R_1=R_2=R_f=10\text{k}\Omega$ 时
$$u_o=-(u_{i1}+u_{i2})=-(0.3+0.5)\text{V}=-0.8\text{V}$$

【例 3-3】 设图 3-5 中运放是理想的，试求它的输出电压与输入电压的关系。

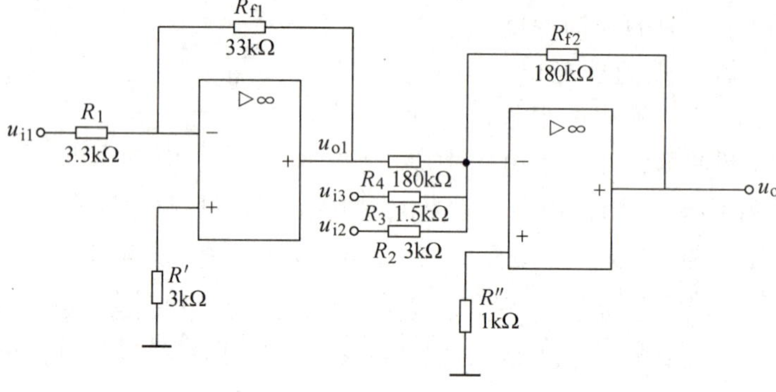

图 3-5 例 3-3 图

解：电路的第一级为反相比例运算电路，其输出电压为
$$u_{o1}=-\frac{R_{f1}}{R_1}u_{i1}=-\frac{33}{3.3}u_{i1}=-10u_{i1}$$
电路的第二级为反相求和电路，其输出电压为
$$\begin{aligned}u_o&=u_{o2}=-R_{f2}\left(\frac{u_{o1}}{R_4}+\frac{u_{i2}}{R_2}+\frac{u_{i3}}{R_3}\right)\\&=180\times\left(\frac{10u_{i1}}{180}-\frac{u_{i2}}{3}-\frac{u_{i3}}{1.5}\right)\\&=10u_{i1}-60u_{i2}-120u_{i3}\end{aligned}$$
由此可见，此电路是一个和差电路。

3. 减法运算电路

减法运算电路是指电路的输出电压与两个输入电压之差成比例，减法运算电路可采用双

端输入方式。图3-6所示的电路是双端输入放大电路。

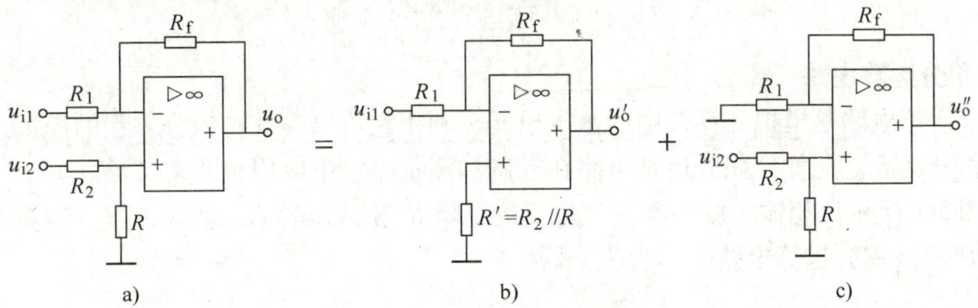

图3-6　双端输入放大电路

图中u_{i1}通过R_1加到反相端，u_{i2}通过R_2、R分压后加到同相端。输出信号通过R_f、R_1组成的反馈网络反馈到反相端。双端输入放大电路的输出电压在线性工作条件下，按电工学中的叠加定理分析如下：

令$u_{i2}=0$，电路属反相输入式放大电路，等效电路如图3-6b所示。根据式(3-5)可得

$$u_o'=-\frac{R_f}{R_1}u_{i1}$$

令$u_{i1}=0$，电路属同相输入式放大电路，等效电路如图3-6c所示。则

$$u_+=\frac{R}{R_2+R}u_{i2}$$

根据式(3-7)可得

$$u_o''=\left(1+\frac{R_f}{R_1}\right)u_+=\left(1+\frac{R_f}{R_1}\right)\frac{R}{R_2+R}u_{i2}$$

则输出电压为

$$u_o=u_o'+u_o''=\left(1+\frac{R_f}{R_1}\right)\frac{R}{R_2+R}u_{i2}-\frac{R_f}{R_1}u_{i1} \tag{3-9}$$

在电路中，如果选取电阻满足$R_1=R_2$，$R_f=R$，则式(3-9)经推导可得到如下关系式：

$$u_o=\frac{R_f}{R_1}(u_{i2}-u_{i1}) \tag{3-10}$$

即输出电压与两个输入电压之差($u_{i2}-u_{i1}$)成正比。

【例3-4】　如图3-7所示电路，已知$R_1=10\text{k}\Omega$，$R_2=30\text{k}\Omega$，$u_{i1}=-2\text{V}$，$u_{i2}=1\text{V}$。求输出电压u_o的值。

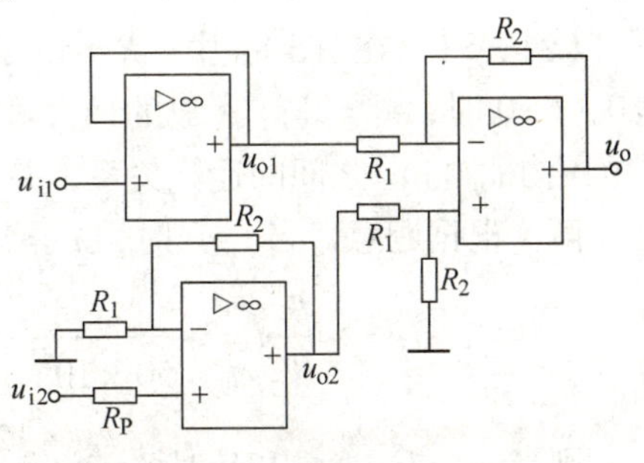

图3-7　例3-4电路图

解：由图3-7可知

$$u_{o1}=u_{i1}=-2\text{V}$$

$$u_{o2}=\left(1+\frac{R_2}{R_1}\right)u_{i2}=\left(1+\frac{30}{10}\right)\times 1\text{V}=4\text{V}$$

则

$$u_o = \frac{R_2}{R_1}(u_{o2} - u_{o1}) = \frac{30}{10} \times [4 - (-2)] \text{V} = 18\text{V}$$

4. 积分运算电路

积分运算电路是模拟计算机中的基本单元，利用它可以实现对积分方程的模拟，能对信号进行积分运算。此外，积分运算电路在控制和测量系统中应用也非常广泛。

在图3-1所示反相输入放大器中，将反馈电阻 R_f 换成电容 C，就成了积分运算电路，如图3-8a所示。积分运算电路也称为积分器。

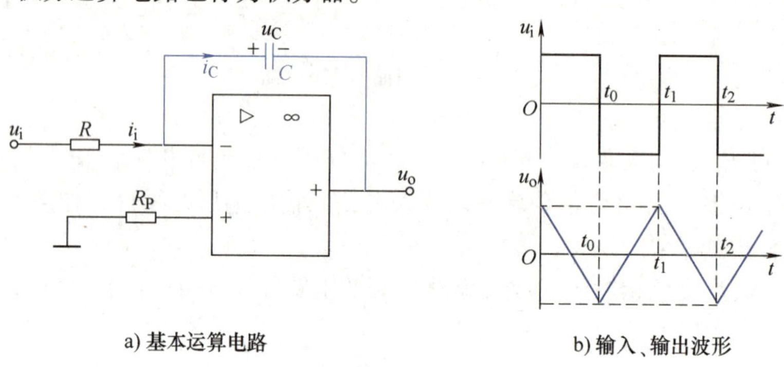

a) 基本运算电路　　b) 输入、输出波形

图3-8　积分运算电路

由于反相输入放大电路的反相输入端为“虚地”，所以输出电压只取决于反馈电流与反馈支路元件的伏安特性，输入电流只取决于输入电压与输入支路元件的伏安特性。

由于 $i_i = i_C$，可得

$$u_o = -u_C = -\frac{1}{C}\int_{t_0}^{t}\frac{u_i}{R}\mathrm{d}t + u_C\Big|_{t_0} = -\frac{1}{RC}\int_{t_0}^{t}u_i\mathrm{d}t + u_C\Big|_{t_0} \tag{3-11}$$

上式表明，输出电压与输入电压对时间的积分成比例，实现了积分运算。其中 $u_C|_{t_0}$ 是电容两端在 t_0 时刻时的电压，即电容的初始电压值。图中 R_p 是平衡电阻，一般取值等于 R。若输入为方波，则由式(3-11)可得输出波形如图3-8b所示，它可将输入的方波转变为三角波输出。

若 u_i 是恒定电压 U，设 $u_C|_{t_0}=0$，代入式(3-11)中，得到

$$u_o = -\frac{1}{RC}Ut \tag{3-12}$$

【例3-5】 在图3-8a中，$R=50\text{k}\Omega$，$C=1\mu\text{F}$，u_i 为一正向阶跃电压，且当 $t<0$ 时，$u_i=0$，$t>0$ 时，$u_i=2\text{V}$，运放的最大输出电压 $U_{om}=\pm12\text{V}$，试求 $t\geqslant0$ 范围内 u_o 与 u_i 之间的运算关系，并画出波形。

解：根据题意，当 $t\geqslant0$ 时，$u_i=2\text{V}$，则由式(3-12)可得

$$u_o = -\frac{u_i}{RC}t = -\frac{2}{50\times10^3\times1\times10^{-6}}t = -40t$$

则当 $u_o = U_{om} = -12\text{V}$ 时，$t=\frac{-12}{-40}\text{s}=0.3\text{s}$

波形如图3-9所示。

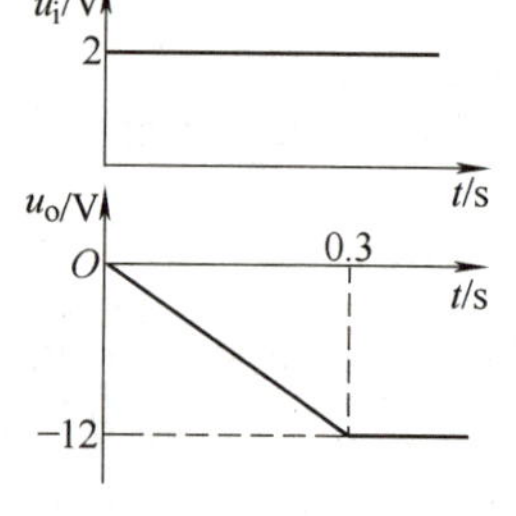

图3-9　例3-5图

5. 微分运算电路

微分是积分的逆运算，将积分电路的电阻和电容位置互换，就可实现微分运算，如图3-10a所示。

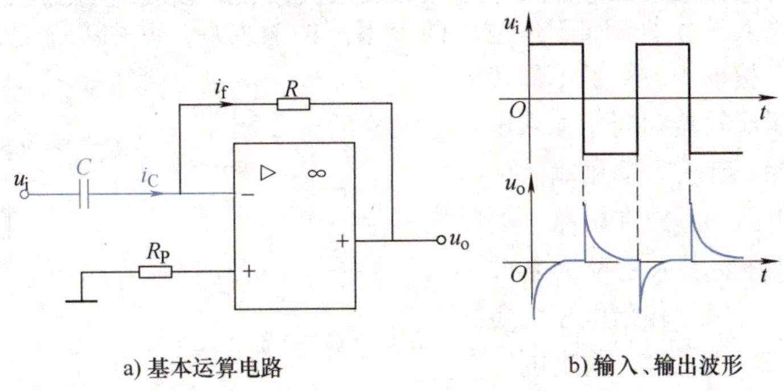

a) 基本运算电路　　b) 输入、输出波形

图3-10　微分运算电路

由于反相输入端为虚地，输入支路是电容，输入电流与输入电压成微分关系，即

$$i_C = C\frac{\mathrm{d}u_i}{\mathrm{d}t}$$

由于反馈支路是电阻，则有

$$u_o = -i_f R = -i_C R = -RC\frac{\mathrm{d}u_i}{\mathrm{d}t} \tag{3-13}$$

式(3-13)表明，输入电压 u_i 与输出电压 u_o 有微分关系。

当输入电压为一矩形波时，在矩形波的变化沿运放有尖脉冲输出，而当输入电压不变时，即 $\mathrm{d}u_i/\mathrm{d}t=0$，运放将无电压输出，如图3-10b所示。

由图3-10b可知，*RC*微分电路可把方波转换为尖脉冲波，即只有输入波形发生突变的瞬间才有输出，且输出的尖脉冲波形的宽度与*RC*(即电路的时间常数)有关，*RC*越小，尖脉冲波形越尖，反之则宽。而对输入波形的恒定部分则没有输出。此电路的*RC*必须远远小于输入波形的宽度，否则就失去了波形变换的作用，变为一般的*RC*耦合电路了，一般*RC*小于或等于输入波形宽度的1/10就可以了。

由以上运算电路分析可知，运放大多采用反相输入方式。这是因为反相输入式放大电路的输出电压只取决于反馈电流与反馈支路的伏安特性；输入电流只取决于输入电压与输入支路元件的伏安特性；输入电流等于反馈电流。这些特性给组成运算电路带来极大方便。如果要实现 $y=f(x)$ 的运算，只要找到伏安特性符合 $y=f(x)$ 的元件接入反馈支路，电阻接入输入支路即可。若要实现逆运算，只要将两支路的元件互换即可。采用这种方法，可以实现对数运算、指数运算、乘法运算、除法运算等，这里不再叙述。

3.1.3　集成运放的非线性应用

当集成运放处于开环或正反馈方式时，运放的工作范围将跨越线性区，进入非线性区。工作在非线性区的运放只有两种输出状态，即当 $u_- > u_+$ 时，输出是反向饱和电压 $-U_{om}$；当 $u_+ > u_-$ 时，输出是正向饱和电压 $+U_{om}$。集成运放在非线性区的典型应用是构成各种电压比较器。电压比较器是模拟信号和数字信号间的桥梁，在数字仪表、自动控制、电平检测、波形产生诸多方面应用极广。

1. 单限电压比较器

单限电压比较器的基本功能是比较两个电压的大小，并由输出的高电平或低电平来反映比较结果。两个输入量分别施加于运放的两个不同的输入端，其中一个是基准电压 U_R，一个是输入信号 u_i。按输入方式的不同可分为反相输入电压比较器和同相输入电压比较器，图 3-11a 所示为反相输入电压比较器的基本电路。运放在电路中处于开环状态(有时还要引入正反馈来改善性能)，当 $u_i > U_R$ 时，输出电压为负饱和值 $-U_{om}$；当 $u_i < U_R$ 时，输出电压为正饱和值 $+U_{om}$。其传输特性如图 3-11b 所示。可见，只要输入电压在基准电压 U_R 处稍有正负变化，输出电压 u_o 就在负最大值与正最大值之间变化。

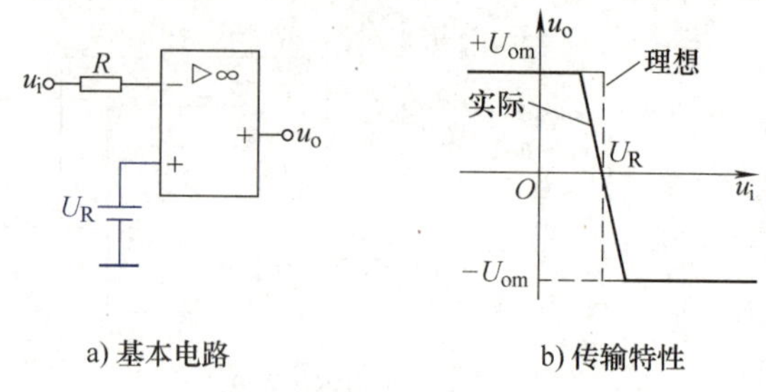

图 3-11　反相输入电压比较器

若图 3-11a 中 $U_R = 0V$，即集成运放的同相端接地，则基准电压为 0V，这时的比较器称为过零电压比较器。

图 3-12 为同相输入过零电压比较器及其传输特性。

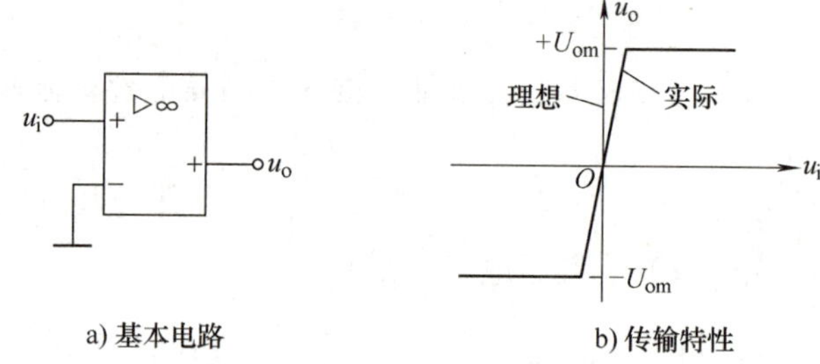

图 3-12　同相输入过零电压比较器

过零电压比较器可作为零电平检测器，也可用于“整形”，将不规则的输入波形整形成规则的矩形波，如图 3-13 所示。

单限电压比较器电路简单，灵敏度高，但抗干扰能力差，如图 3-14 所示，若 u_i 在参考电压 $U_R(=0)$附近有噪声或干扰，则输出波形将产生错误的跳变，直至 u_i 远离 U_R 值，输出波形才稳定下来。如果用受干扰的 u_o 波形去计数，计数值必然会多出许多，从而造成极大的误差。

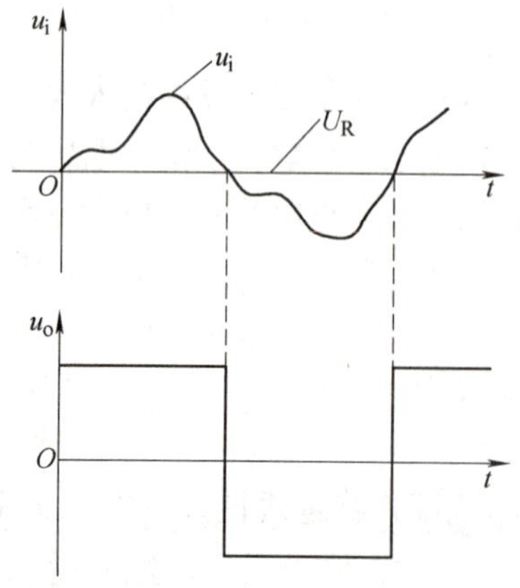

图 3-13　过零电压比较器“整形”波形

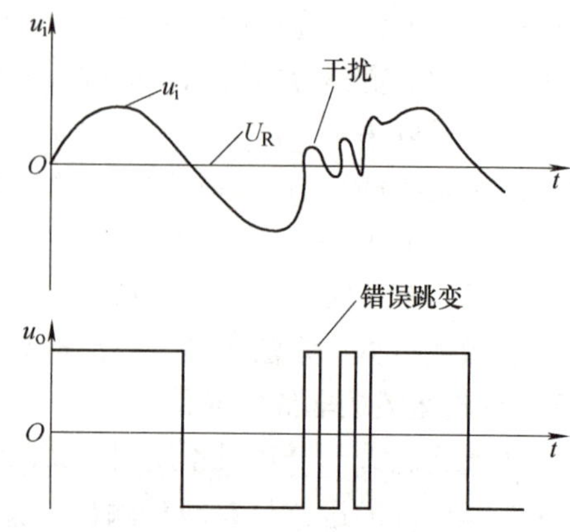

图 3-14　单限电压比较器受干扰输出波形

为了提高单限电压比较器的抗干扰能力，可采用滞回电压比较器。

2. 滞回电压比较器

反相输入的滞回电压比较器电路如图3-15a所示，它将输出电压通过电阻 R_f 再反馈到同相输入端，引入了电压串联正反馈。电路中，同相输入端接有基准电压 U_R。同相输入端的电压 u_+ 由基准电压 U_R 和输出电压 u_o 共同决定，u_o 有 $-U_{om}$ 和 $+U_{om}$ 两个状态。

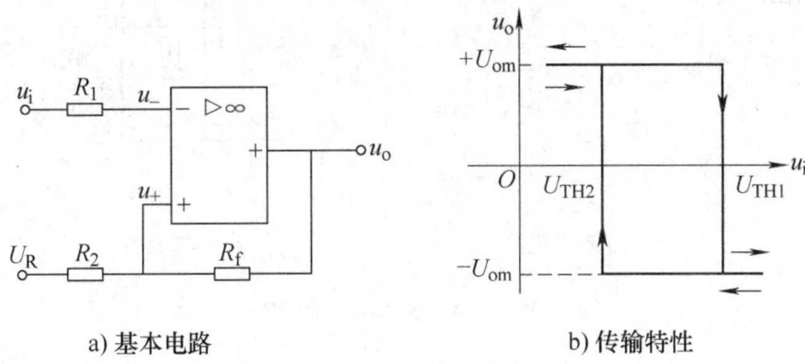

a) 基本电路　　b) 传输特性

图3-15　反相输入滞回电压比较器

可应用叠加原理分析它的两个输入触发电压：

电路输出正饱和电压时，得上限门限电压 U_{TH1} 为

$$U_{TH1}=U_R\frac{R_f}{R_2+R_f}+U_{om}\frac{R_2}{R_2+R_f} \tag{3-14}$$

电路输出负饱和电压时，得下限门限电压 U_{TH2} 为

$$U_{TH2}=U_R\frac{R_f}{R_2+R_f}-U_{om}\frac{R_2}{R_2+R_f} \tag{3-15}$$

由上两式可知，$U_{TH1}>U_{TH2}$，因此，当输入电压 $u_i>U_{TH1}$ 时，电路翻转而输出负饱和电压 $-U_{om}$；当输入 $u_i<U_{TH2}$ 时，电路再次翻转并输出正饱和电压 $+U_{om}$。

假设开始时 u_i 足够低，电路输出正饱和电压 $+U_{om}$，此时运放同相输入端对地电压等于 U_{TH1}。当输入信号 u_i 渐渐增大到刚刚超过上限门限电平 U_{TH1} 时，电路立即翻转，输出由 $+U_{om}$ 翻转到 $-U_{om}$，如 u_i 继续增大，输出电压不变，保持 $-U_{om}$。

如 u_i 开始下降，u_o 保持 $-U_{om}$ 值，即使 u_i 下降到 U_{TH1}，因为 u_i 仍大于 U_{TH2}，所以电路仍不会翻转。当 u_i 降至 U_{TH2} 时，电路才发生翻转，输出由 $-U_{om}$ 回到 $+U_{om}$，u_+ 重新增大到 U_{TH1}。

传输特性曲线如图3-15b所示，输出电压具有滞回特性，有时也称为施密特特性。

从特性曲线上可以看出，u_i 从小于 U_{TH2} 逐渐增大到超过 U_{TH1} 时，电路翻转，u_i 从大(大于 U_{TH1})向小变化到小于 U_{TH2} 时，电路才翻转，而 u_i 在 U_{TH1} 和 U_{TH2} 之间时，电路输出保持原状态。我们把两个门限电压的差值称为回差电压 ΔU_{TH}，则

$$\Delta U_{TH}=U_{TH1}-U_{TH2}=2U_{om}\frac{R_2}{R_2+R_f} \tag{3-16}$$

上式表明，回差电压 ΔU_{TH} 与基准电压 U_R 无关。

由以上分析可知，回差电压的存在，可大大提高电路的抗干扰能力，只要干扰电压不超过回差电压，就不影响输出结果。

滞回电压比较器也可以采用同相输入端输入的形式，如图 3-16a 所示。其电压传输特性如图 3-16b 所示，与图 3-15b 所示的反相输入端输入的滞回电压比较器的输出特性正好相反。

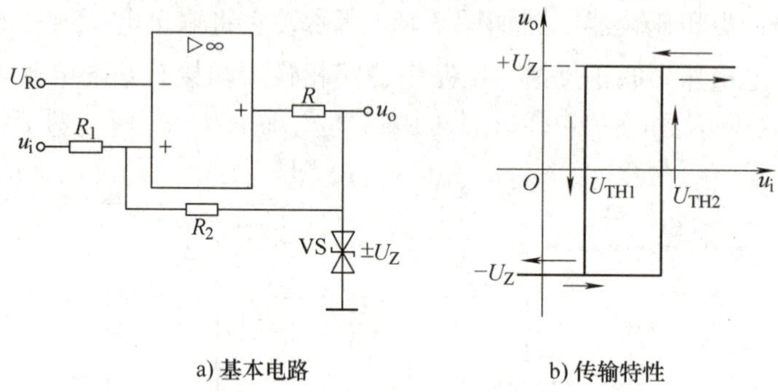

a) 基本电路　　b) 传输特性

图 3-16　同相输入滞回比较器

【例 3-6】 在图 3-17a 所示电路中，已知稳压管的稳定电压 $U_Z = \pm 9V$，$R_1 = 40k\Omega$，$R_2 = 20k\Omega$，基准电压 $U_R = 3V$，输入电压 u_i 为图 3-17b 所示的正弦波，试画出滞回电压比较器的输出波形。

解： 图 3-17a 的输出高、低电平分别为 $U_{om} = U_Z = \pm 9V$。由式(3-14)、式(3-15)可得该电路的上限和下限门限电压分别为

$$U_{TH1} = \frac{R_1}{R_1 + R_2}U_R + \frac{R_2}{R_1 + R_2}U_{om} = \frac{40}{40+20} \times 3V + \frac{20}{40+20} \times 9V = 5V$$

$$U_{TH2} = \frac{R_1}{R_1 + R_2}U_R - \frac{R_2}{R_1 + R_2}U_{om} = \frac{40}{40+20} \times 3V - \frac{20}{40+20} \times 9V = -1V$$

电压传输特性曲线如图 3-17d 所示。

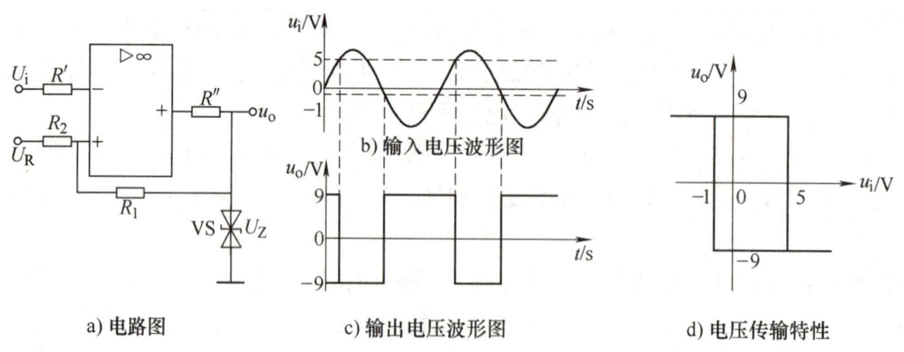

a) 电路图　　c) 输出电压波形图　　d) 电压传输特性

图 3-17　例 3-6 的电路图和波形图

输入电压 u_i 在增大过程中，若 $u_i < +5V$，则输出电压 $u_o = +9V$；当 u_i 升高到 +5V 时，电路才发生翻转，输出电压 $u_o = -9V$，若 u_i 再继续增大，输出电压不变。u_i 在减少过程中，在 $u_i > -1V$ 之前，输出电压 $u_o = -9V$；只有 u_i 下降到 $u_i = -1V$ 时，电路才发生翻转，输出电压 $u_o = +9V$，若 u_i 再继续减小，则输出电压也不变，输出电压 u_o 的波形图如图 3-17c 所示。

3. 双限电压比较器

单限电压比较器和滞回电压比较器只能与一个输入信号相比较，若要判断输入信号是否在某两个电平之间，则需要双限电压比较器（又称窗口电压比较器）。图3-18所示为一双限电压比较器电路，其中参考电压 $U_{R1} > U_{R2}$。

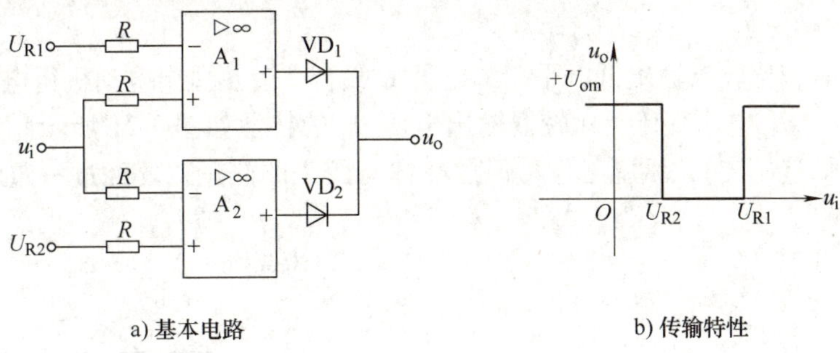

图3-18 双限比较器

电路的工作原理如下：

当 $u_i < U_{R2}$ 时，A_1 输出为 $-U_{om}$，A_2 输出为 $+U_{om}$，二极管 VD_1 截止、VD_2 导通，输出电压 u_o 为 $+U_{om}$；当 $u_i > U_{R1}$ 时，A_1 输出为 $+U_{om}$，A_2 输出为 $-U_{om}$，二极管 VD_1 导通、VD_2 截止，输出电压 u_o 也为 $+U_{om}$；当 $U_{R2} < u_i < U_{R1}$ 时，A_1 输出为 $-U_{om}$，A_2 输出为 $-U_{om}$，二极管 VD_1、VD_2 均截止，输出电压 u_o 为0。电压的传输特性曲线如图3-18b所示。

3.1.4 电压比较器的应用实例

电压比较器可用于报警器电路、自动控制电路、测量技术、A-D转换电路、高速采样电路、电源电压监测电路、振荡器电路、过零检测电路等。在要求不高时可采用通用运放来做比较器电路，在要求精密比较时可以直接采用集成电压比较器，其响应速度快，传输延迟时间短，而且不需外加限幅电路就可直接驱动TTL和CMOS等集成数字电路，有些芯片带负载能力很强，还可直接驱动继电器和指示灯，使用更为方便。常用的集成电压比较器有AD790、LM339、LT1017等。下面介绍电压比较器的两个应用实例。

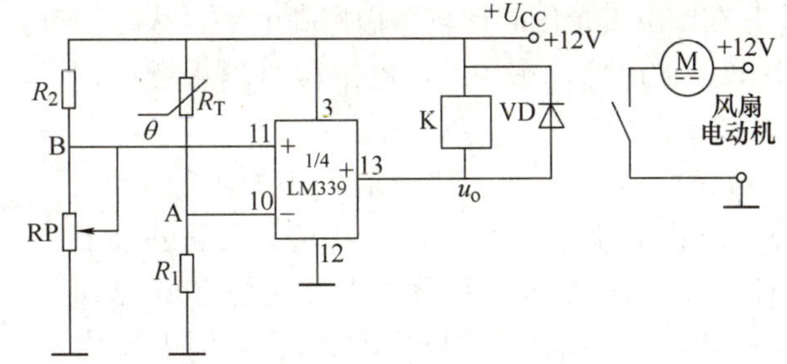

图3-19 散热风扇自动控制电路

1. 散热风扇自动控制电路

一些大功率器件或模块在工作时会产生较多热量使温度升高，一般采用散热片并用风扇来冷却以保证正常工作。图3-19所示为由单限比较器构成的一种简单的温度控制电路。热敏电阻 R_T 具有负温度系数（NTC），温度特性如图3-20所示，将其粘贴在散热片上检测功率器件的温度。

由图3-19可知

$$U_A = \frac{R_1}{R_1 + R_T} U_{CC} \tag{3-17}$$

当散热片上的温度上升时，热敏电阻 R_T 的阻值下降，使 U_A 上升。

如果我们设定在80℃时应接通散热风扇，则80℃为设定的阈值温度 t_{TH}，在特性曲线上可找到在80℃时对应的 R_T 的阻值。按式（3-17）可以计算出在80℃时的 U_A 值。

R_2 与RP组成分压器，调节RP可以改变 U_B 的电压。U_B 为比较器设定的阈值电压 U_{TH}。设计时希望散热片上的温度一旦超过80℃就接通散热风扇实现散热，则 U_{TH} 应等于80℃时的 U_A 值。

当 $U_A > U_{TH}$ 时，比较器输出低电平，继电器K吸合，散热风扇电动机得电工作，使大功率器件降温。U_A、U_{TH} 电压变化及比较器输出电压 u_O 的特性如图3-21所示。这里要说清楚的是在 U_A 开始大于 U_{TH} 时，风扇工作，但散热体有较大的热量，要经过一定时间才能把温度降到80℃以下。

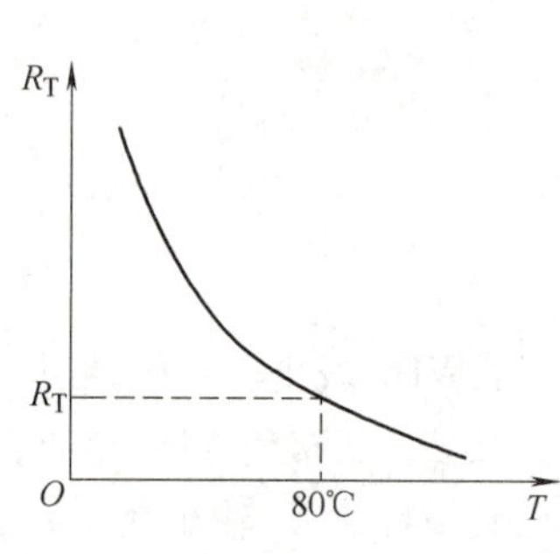

图3-20　R_T 的特性温度曲线

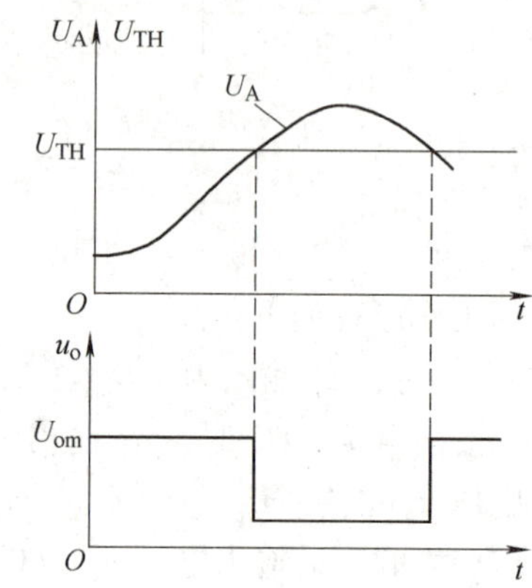

图3-21　U_A、U_{TH} 电压变化及 u_o 的特性

2. 冰箱报警器电路

图3-22是一个由窗口电压比较器构成的冰箱报警器电路。冰箱正常工作温度设为0～5℃，在此温度范围时比较器输出高电平（表示温度正常）；若冰箱温度低于0V或高于5℃，则比较器输出低电平，此低电平信号输入微控制器作为报警信号。

在图3-22中，两个比较器采用低工作电压、低功耗、互补输出双比较器LT1017，无需外接上拉电阻。温度传感器采用NTC热敏电阻 R_T，已知 R_T 在0℃时阻值为333.1kΩ；5℃时阻值为258.3kΩ。取 $R_1 = 665\text{k}\Omega$，则按1.5V工作电压，可计算出0℃时 U_A 的值为

$$U_A = \frac{R_T}{R_1 + R_T} \times 1.5\text{V} = \frac{333.1}{665 + 333.1} \times 1.5\text{V} = 0.5\text{V}$$

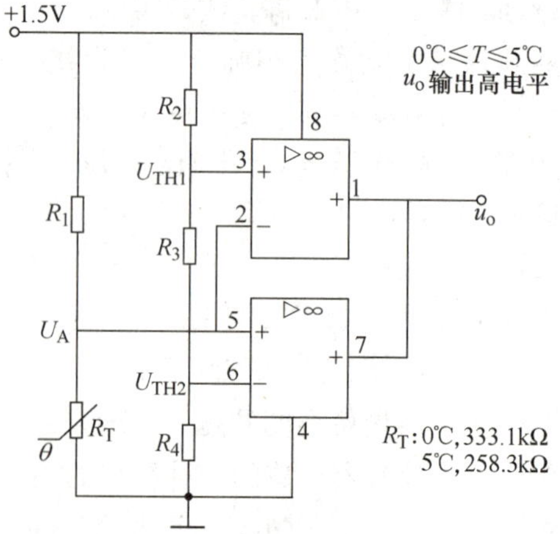

图3-22　冰箱报警器电路

5℃时的 U_A 值为

$$U_A = \frac{R_T}{R_1 + R_T} \times 1.5\text{V} = \frac{258.3}{665 + 258.3} \times 1.5\text{V} = 0.42\text{V}$$

则 $U_{TH1} = 0.5\text{V}$，$U_{TH2} = 0.42\text{V}$。

设 $R_2=665\text{k}\Omega$，则按图可求出流过 R_2、R_3、R_4 电阻的电流为

$$I=\frac{1.5-U_{\text{TH1}}}{R_2}=\frac{1.5-0.5}{665}\text{mA}=1.5\mu\text{A}$$

可求出

$$R_4=\frac{U_{\text{TH2}}}{I}=\frac{0.42}{0.0015}\text{k}\Omega=280\text{k}\Omega$$

$$R_3=\frac{U_{\text{TH1}}-U_{\text{TH2}}}{I}=\frac{0.5-0.42}{0.0015}\text{k}\Omega=53.3\text{k}\Omega$$

模块 2　相关技能训练

3.2　集成运算放大电路的连接与测试

1. 训练目的

1）研究由集成运算放大器组成的比例、加法等基本运算电路的功能。

2）了解集成运算放大器在实际应用时应考虑的一些问题。

2. 设备与元器件

±12V 直流电源、函数信号发生器、交流毫伏表、直流电压表、集成运算放大器 μA741、电阻器、电容器。

3. 电路原理

（1）反相比例运算电路　电路如图 3-23 所示。对于理想运放，该电路的输出电压与输入电压之间的关系为

$$u_o=-\frac{R_f}{R_1}u_i$$

为了减小输入级偏置电流引起的运算误差，在同相输入端应接入平衡电阻 $R_2=R_1//R_f$。

（2）同相比例运算电路　图 3-24 是同相比例运算电路，图中 $R_2=R_1//R_f$，它的输出电压与输入电压之间的关系为

$$u_o=\left(1+\frac{R_f}{R_1}\right)u_i$$

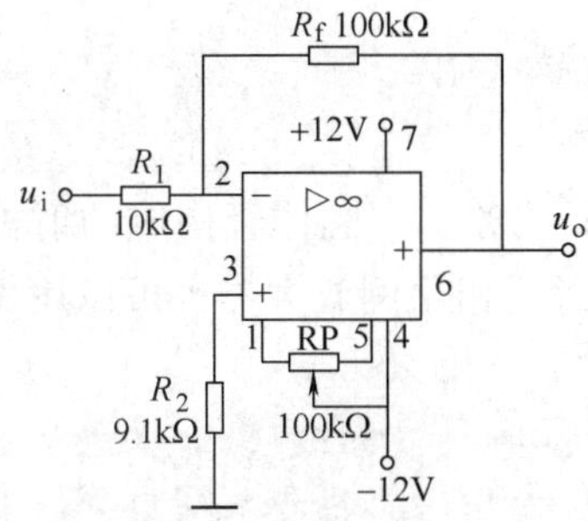

图 3-23　反相比例运算电路

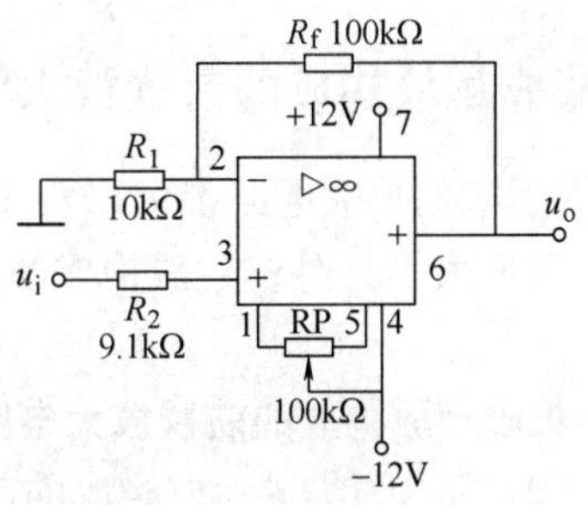

图 3-24　同相比例运算电路

（3）反相加法运算电路　电路如图 3-25 所示（图中 $R_3 = R_1 // R_2 // R_f$），输出电压与输入电压之间的关系为

$$u_o = -\left(\frac{R_f}{R_1}u_{i1} + \frac{R_f}{R_2}u_{i2}\right)$$

4. 训练内容与步骤

（1）反相比例运算电路

1）按图 3-23 连接电路，接通 ±12V 电源，输入端对地短路，进行调零和消振。

2）输入 $f = 100\text{Hz}$，$U_i = 0.5\text{V}$ 的正弦交流信号，测量相应的 U_o，并用示波器观察并记录 u_o 和 u_i 的相位关系。

（2）同相比例运算电路　按图 3-24 连接电路，步骤同内容（1）。

（3）反相加法运算电路

1）按图 3-25 连接电路，并调零和消振。

2）输入信号采用图 3-26 所示简易信号源。注意选择合适的直流信号幅度以确保集成运放工作在线性区。用直流电压表测量并记录输入电压 U_{i1}、U_{i2} 及输出电压 U_o。

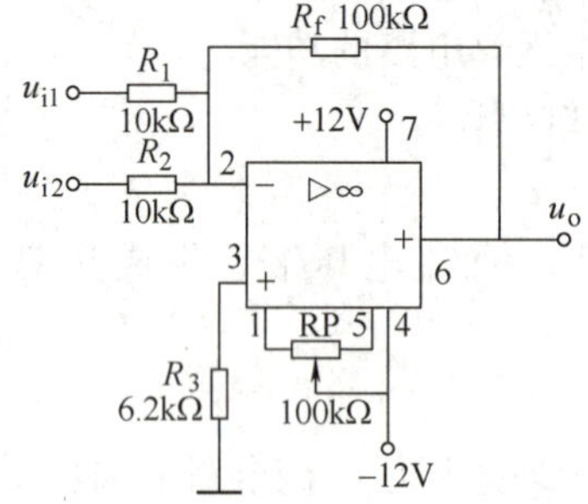

图 3-25　反相加法运算电路

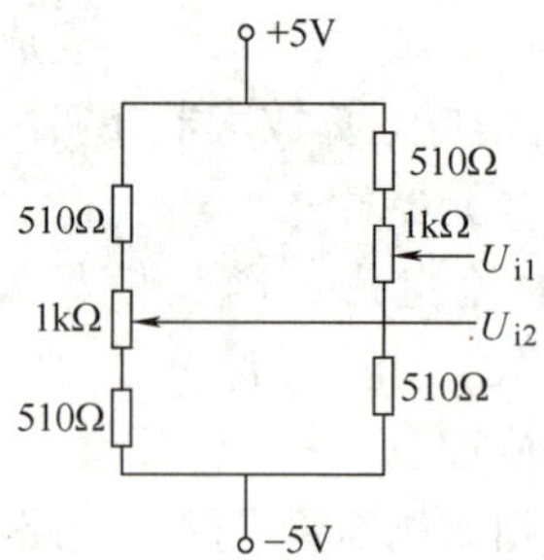

图 3-26　简易信号源电路

5. 训练总结

1）整理数据，绘制测试表格。

2）对所测数据进行全面分析，总结出各种模拟运算电路的特点。

3）分析讨论训练中出现的故障及其排除方法。

模块 3　任　务　实　现

3.3　集成运放构成的前置放大电路的制作

许多形式的放大电路都可以用做前置放大级，除了任务 2 中晶体管构成的射极跟随器（共集电极放大器）外，运放构成的同相比例放大器或者反相比例放大器也可以用做前置放大级。

3.3.1　集成运放构成的前置放大电路的设计

图 3-27 所示为集成运放构成的前置放大电路实例。音频信号是交流信号，放大器只需要放大交流信号，因此输入端通常采用电容耦合形式，以避免输入信号源中可能存在的直流

分量的影响。图 3-27 中的电容 C 是耦合电容，容量一般较大，在音频放大电路中可以采用低成本的铝电解电容。

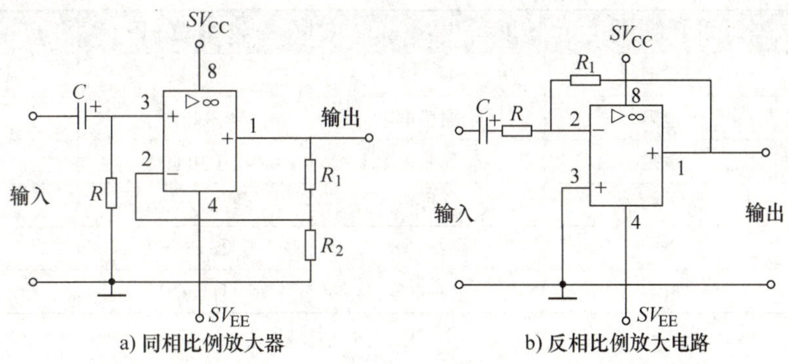

a) 同相比例放大器　　b) 反相比例放大电路

图 3-27　集成运放构成的前置放大电路

图 3-27a 是运放构成的同相比例放大电路，电阻 R 决定了输入电阻值，虽然它的存在对放大倍数没有影响，但能够保证运放同相输入端的直流电位接地，输出端的直流电位也为零。如果没有 R，由于运算放大电路的输入电阻很高，同相端相当于“浮空”，电路不能工作。图 3-27b 是反相比例放大电路，电路的输入电阻为 R，同时反馈电阻 R_1 和 R 的比值就是放大倍数。减小 R 的值可以提高放大倍数，但同时也降低了输入电阻，因此在实际电路设计中，放大倍数、电阻 R_1 和 R 的取值需要折中考虑。

另外还有其他许多不同的放大电路可以用作缓冲放大，究竟选取哪种电路，可以根据设计要求和实际情况舍取。在本设计中选取图 3-27b 所示的反相比例放大电路作为前置放大级。

3.3.2　元器件的选择

在图 3-27b 中，取电阻 $R=30\text{k}\Omega$，$R_1=100\text{k}\Omega$，则可知放大倍数为 3.3，输入电阻为 30kΩ，针对外部音源的输入信号来说，可以满足输入电阻足够“高”的条件。电容 C 是耦合电容，在条件允许的情况下，其容量取值应当尽量大些，在本设计中，可选择容量为 47μF 的铝电解电容。另外一方面，为了提高耦合电容的高频特性，可以在较大容量的铝电解电容旁并联上一只小容量的无极性电容，例如图 3-28 中的电容 C_a。图 3-28 中的电容 C_b 也是一只可以根据实际情况选择的电容，如果在电路中加入电容 C_b，可以抑制输入信号源中可能含有的高频噪声，减小放大电路可能受到的影响；如果不要这只电容，对放大电路的正常工作也没有什么明显的影响。具体电路参数如图 3-28 所示。

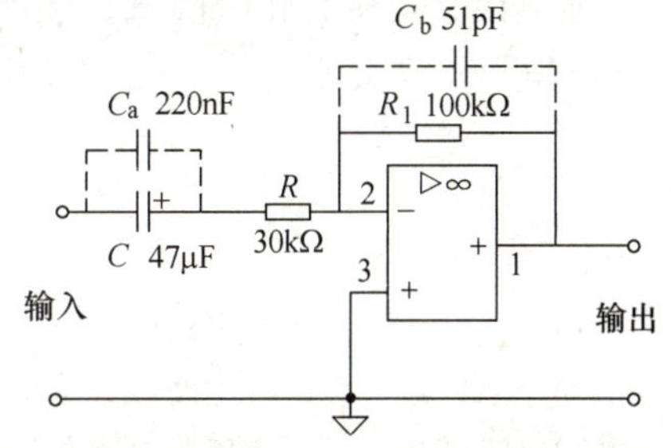

图 3-28　集成运放构成的前置放大电路

表 3-1 为构成音频放大器前置放大电路的材料清单。

3.3.3　集成运放构成的前置放大电路的组装与调试

1. 元器件的检测

(1) 电阻、电容的检测　首先清点元件的数量和标称值是否和表 3-1 中所列一致，然后按任务 1 的步骤进行检测。

表 3-1　音频放大器前置放大电路的材料清单

序号	元器件名称	型号	规格	数量
1	集成运放	LF353		1
2	电阻	金属膜电阻	30kΩ	1
3	电阻	金属膜电阻	100kΩ	1
4	电容	电解电容	47μF/50V	1
5	电容	独石电容	0. 22μF/63V	1
6	电容	独石电容	51pF/63V	1

（2）集成运放的检测　用万用表的“$R\times100$”或“$R\times1\text{k}$”挡，可检测出集成运放的好坏。分别测量一下各引脚之间的电阻值，如果有集成运放的详细参数，可以和参数进行对比，如果集成运放是好的，则测出的电阻值应与参数基本相符，否则参数的一致性很差。在上述测试中，只要有一次电阻为零，即说明内部有短路故障；读数为无穷大时，说明开路损坏。

2. 电路的焊接

按照原理图 3-28 所示，在电路板上焊接安装全部元器件。在元器件安装完毕后，要对电路逐一做详细检查，检查是否有元器件引脚错误安装之处，有无虚焊点，有无焊接短路点等。

3. 通电检查

确定电路的焊接安装正确无误后，接上电源，观察是否有冒烟或发出焦味等情况。如出现这些情况，应立即关闭电源，重新检查电路，直至找出错误并加以纠正。

4. 电路的调试

通电检查无误后开始调试。接通电源后，先对集成运放进行调零，然后在输入端加入 20Hz ~ 20kHz 的交流信号，测试输出电压是否与理论值相符。

习　　题

3-1　填空题

（1）＿＿＿＿＿＿运算电路可实现 $A_u>1$ 的放大。

（2）＿＿＿＿＿＿运算电路可实现 $A_u<0$ 的放大。

（3）＿＿＿＿＿＿运算电路可将方波电压转换成三角波电压。

（4）＿＿＿＿＿＿运算电路可将方波电压转换成尖脉冲波电压。

（5）根据输入方式不同，过零电压比较器又可分为＿＿＿＿＿＿和＿＿＿＿＿＿两种。

（6）单限电压比较器与滞回电压比较器相比，＿＿＿＿＿＿的抗干扰能力强，＿＿＿＿＿＿的灵敏度高。

（7）反相比例运算电路中，若反馈电阻 R_f 与电阻 R_1 相等，则 u_o 与 u_i 大小＿＿＿＿＿＿，相位＿＿＿＿＿＿，电路称为＿＿＿＿＿＿。

（8）同相比例运算电路中，若反馈电阻 R_f 等于零，则 u_o 与 u_i 大小＿＿＿＿＿＿，相位＿＿＿＿＿＿，电路称为＿＿＿＿＿＿。

3-2　判断题

(1) 集成运算放大器是一种采用阻容耦合方式的放大电路。 (　　)

(2) 理想集成运算放大器的开环差模电压增益无穷大，共模抑制比非常小。 (　　)

(3) 对于理想运放，无论它工作在线性状态还是非线性状态，均有“虚断”特性。 (　　)

(4) 电压比较器中的集成运放一定工作于非线性状态。 (　　)

(5) 集成运放的输入失调电压是两输入端偏置电压之差。 (　　)

(6) 集成运放的输入失调电流是两输入端偏置电流之差。 (　　)

(7) 直流放大器有零点漂移，而交流放大器没有零点漂移。 (　　)

(8) 集成运放只能放大直流信号，不能放大交流信号。 (　　)

3-3　集成运放通常包括哪几个组成部分？对各部分的要求是什么？

3-4　理想运算放大器工作在非线性区时有什么特点？

3-5　什么是“虚短”和“虚断”？什么是“虚地”？“虚地”与平常所说的接地有什么区别？

3-6　电路如图3-29所示，理想运放的最大输出电压为±12V，$R_1=10\text{k}\Omega$，$R_f=390\text{k}\Omega$，$R_2=R_1//R_f$，当输入电压等于0.2V时，求下列各种情况的输出电压值。(1) 正常；(2) R_1开路；(3) R_1短路；(4) R_f开路；(5) R_f短路。

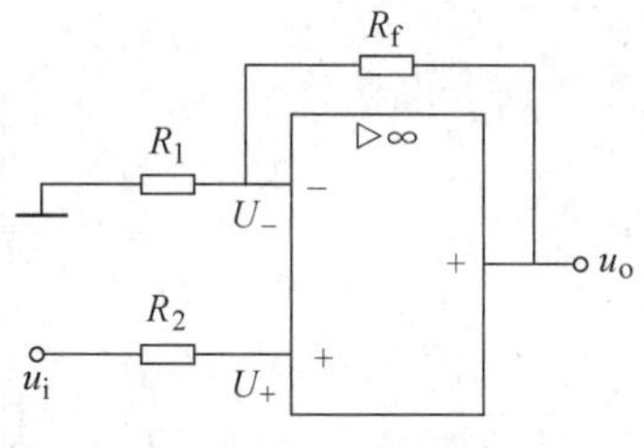

图3-29　习题3-6图

3-7　写出图3-30所示各电路的名称，分别计算它们的电压放大倍数A_u。

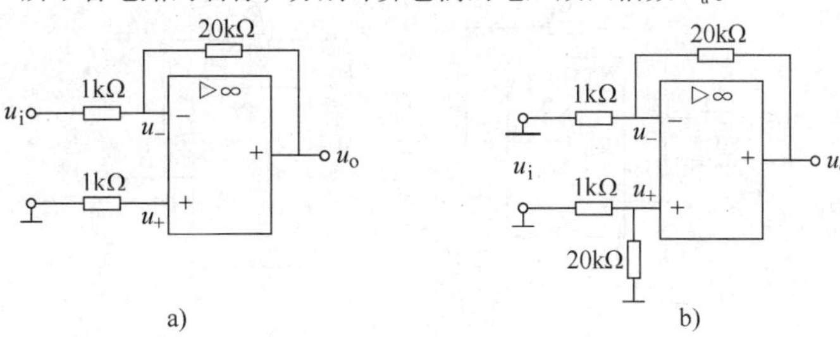

图3-30　习题3-7图

3-8　已知电路如图3-31所示，当$u_{i1}=1\text{V}$，$u_{i2}=2\text{V}$，$u_{i3}=3\text{V}$时，试求输出电压u_o。

3-9　电路如图3-32所示，若输入电压$u_i=-0.5\text{V}$，则输出电流i为多少？

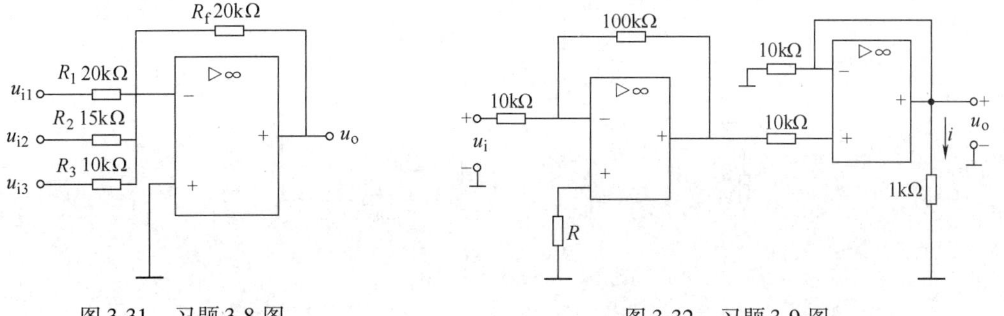

图3-31　习题3-8图　　　　图3-32　习题3-9图

3-10　分别求出图3-33所示各电路输出电压与输入电压的运算关系。

3-11　由运放组成的两级放大电路如图3-34所示，求该电路的电压放大倍数。

3-12　已知图3-35所示运算放大器及图示参数，试求：

(1) $u_{i1}=1\text{V}$，$u_{i2}=u_{i3}=0$时，u_o为多少？

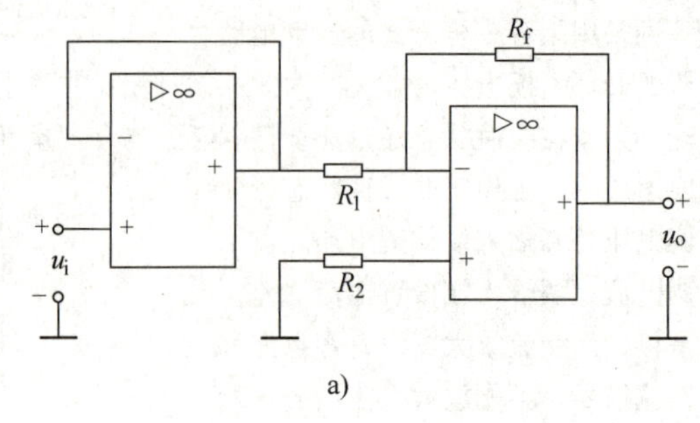

a)

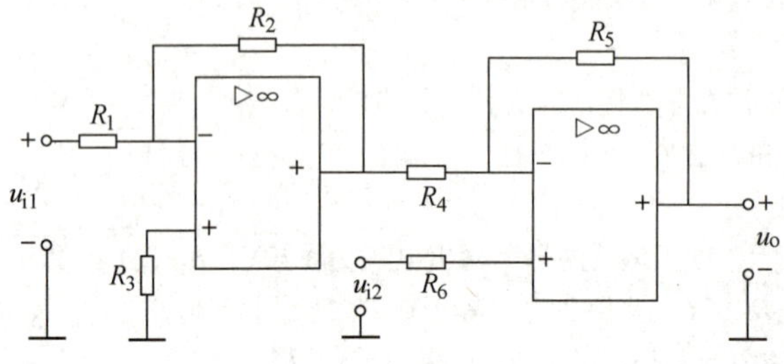

b)

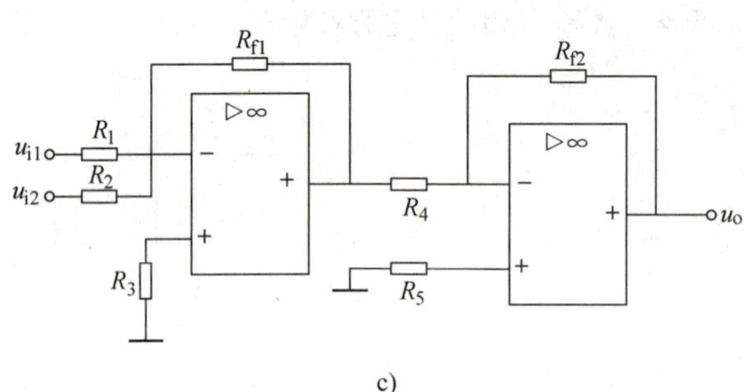

c)

图 3-33　习题 3-10 图

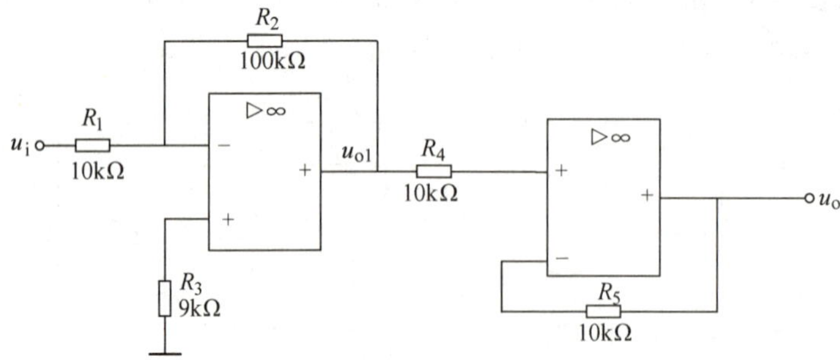

图 3-34　习题 3-11 图

（2）$u_{i1}=u_{i2}=1\text{V}$，$u_{i3}=0$ 时，u_o 为多少？

（3）$u_{i1}=u_{i2}=0$，$u_{i3}=1\text{V}$ 时，u_o 为多少？

（4）$u_{i1}=u_{i3}=1\text{V}$，$u_{i2}=0$ 时，u_o 为多少？

3-13　有一个加法运算电路，其反馈电阻 $R_f=270\text{k}\Omega$，其输出电压 $u_o=-(10u_{i1}+27u_{i2}+13.5u_{i3})$。试画出其电路图，并计算相应的反相输入端电阻。

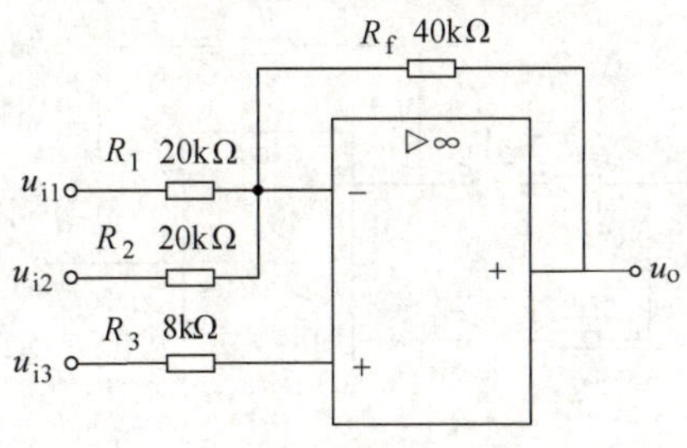

图 3-35　习题 3-12 图

3-14　图 3-36 所示为一个运算电路，其输入信号电压 u_{i1} 和 u_{i2} 的波形如图中所示。试画出其对应的输出端电压波形。

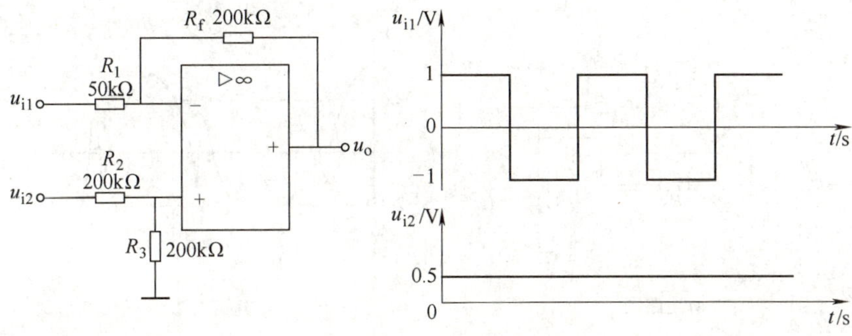

图 3-36　习题 3-14 图

3-15　试用两级运算放大器设计一个加减运算电路，实现以下运算关系：

$$u_o = 10u_{i1} + 20u_{i2} - 5u_{i3}$$

3-16　图 3-37 是监控报警装置电路原理图。对温度进行监控时，可由传感器取得监控信号 u_i，U_R 是表示预期温度的参考电压。当 u_i 超过预期温度时，报警灯亮，试说明其工作原理。二极管 VD 和电阻 R_3 在电路中起何作用？

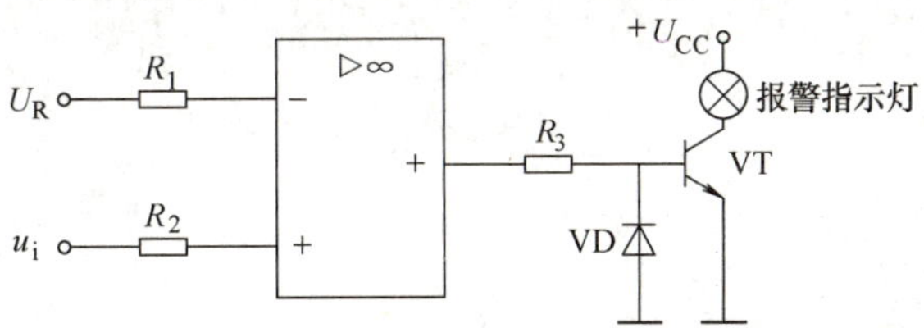

图 3-37　习题 3-16 图

3-17　电路如图 3-38 所示，已知 $u_i = -2V$。求下列条件下 u_o 的数值。

(1) 开关 S_1、S_3 闭合，S_2 打开。

(2) 开关 S_2 闭合，S_1、S_3 打开。

(3) 开关 S_2、S_3 闭合，S_1 打开。

(4) 开关 S_1、S_2 闭合，S_3 打开。

(5) 开关 S_1、S_2 及 S_3 均闭合。

3-18　在图 3-39a 所示电路中，已知 $U_Z = \pm 6V$，$R_1 = 2k\Omega$，$R_2 = 5k\Omega$，输入波形如图 3-39b 所示。试画出电路的电压传输特性曲线和输出波形。

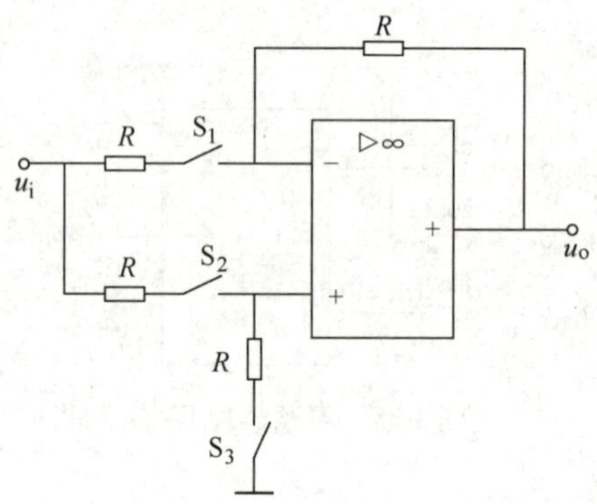

图 3-38 习题 3-17 图

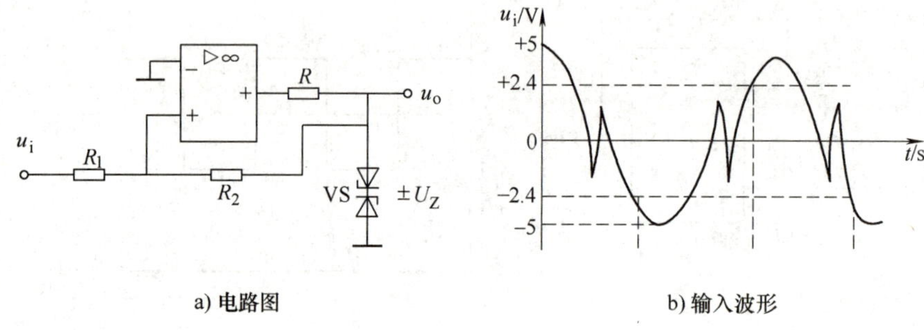

图 3-39 习题 3-18 图

任务4 音频放大器音调电路的制作——认识有源滤波电路

模块1 必备知识

音调电路（又称均衡电路）为可以对音调进行控制的电路，听者可以根据具体需求，对声音信号中某些频率段的增益（放大倍数）进行调整。

音调电路是由低通、高通、带通等滤波电路组成的，可以用无源的 *RC* 滤波网络来构成，也可以用运算放大器组成的有源滤波网络来构成，另外，现在许多半导体公司都生产专用的音调 IC（Integrated Circuit）。

4.1 有源滤波电路

滤波电路的功能是让某些频率的信号比较顺利地通过，而其他频率的信号受到较大的抑制。滤波电路可以只用一些无源元器件 *R*、*L*、*C* 组成，也可以包含某些有源元器件，前者称为无源滤波器，后者称为有源滤波器。与无源滤波器相比，有源滤波器的主要优点是具有一定的信号放大和带负载能力，可以很方便地改变其特性参数；另外由于不使用电感，可减小滤波器的体积和重量。有源滤波器在信息处理、数据传输、抑制干扰等方面有着广泛的应用。但是目前有源滤波器的工作频率较低，一般在几千赫以下（采用特殊器件也可以做到几兆赫），而在频率较高的场合，常采用 *LC* 无源滤波器。

有源滤波器实际上是一种具有特定频率响应的放大器。它是在运算放大器的基础上增加一些 *R*、*C* 等无源元件构成的。根据对频率范围的选择不同，可分为低通（LPF）、高通（HPF）、带通（BPF）与带阻（BEF）等四种滤波器，理想状态下它们的幅频特性如图 4-1 所示。其中通带指的是允许信号通过的频段，阻带指的是信号衰减到零的频段。

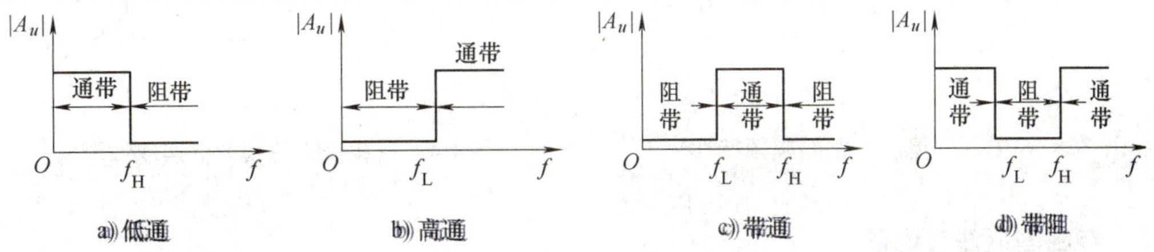

图 4-1 各种滤波电路的理想幅频特性

4.1.1 有源低通滤波电路

理想低通滤波电路的幅频特性如图 4-1a 所示。它表明允许低于 f_H 的低频信号通过，高于 f_H 的高频信号则被抑制，f_H 称为上限截止频率。最简单的低通滤波电路是一阶无源 *RC* 低通滤波电路，如图 4-2a 所示，它使高频信号衰减的原因是：电容 C 的容抗随信号频率增加而减小，使输入信号 u_i 中的高频成分被电容短路，输出信号 u_o 中的高频成分随频率的增加而下降，直至降到零，而低频信号的衰减较小，易于通过，所以称为低通滤波器。这种电路的突出问题是带负载能力差。为了克服这个缺点，可以在 RC 无源滤波电路和负载 R_L 之间接入一个由集成运放组成的电压跟随器，从而构成最简单的有源低通滤波器，如图 4-2b 所示。有源滤波器是利用放大电路将经过无源滤波网络处理的信号进行放大，它不但可以保持原来的滤波特性（幅频特性），还可提供一定的信号增益。同时，运放将 R_L 与滤波网络隔离，使 R_L 变化时不会影响 A_u 与通带的范围。

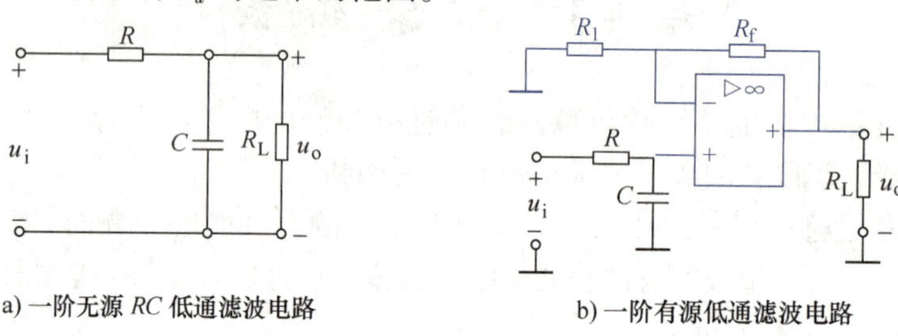

a) 一阶无源 RC 低通滤波电路　　b) 一阶有源低通滤波电路

图 4-2　一阶低通滤波电路

可以证明上限截止频率为

$$f_H = \frac{1}{2\pi RC}$$

一阶低通滤波电路的幅频特性如图 4-3 所示。图 4-4 所示的有源低通滤波电路将 R、C 元件接入反馈支路。随着频率的增加，电容 C 的容抗下降，反馈加深，电压放大倍数下降，它的幅频特性的形状与图 4-3 一致。一阶低通滤波电路的特点是电路简单，但阻带衰减慢，频率选择性较差。

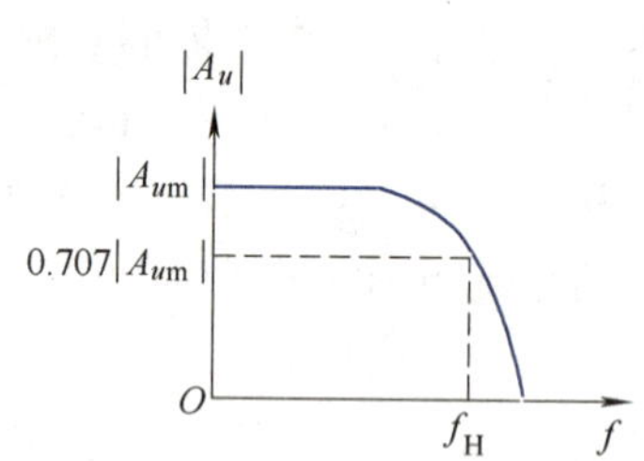

图 4-3　一阶低通滤波电路的幅频特性

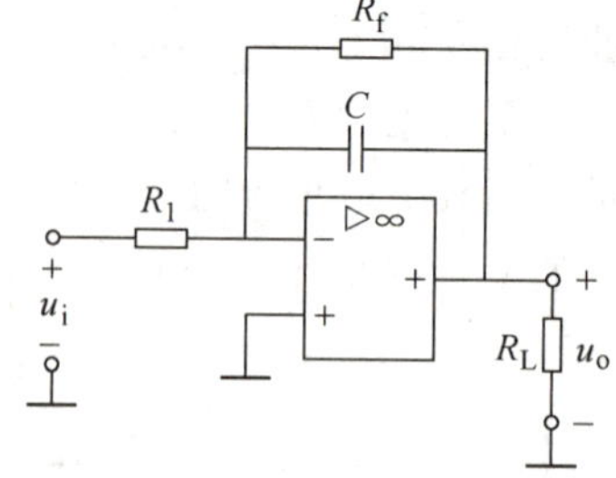

图 4-4　反相输入方式的低通滤波电路

4.1.2　有源高通滤波电路

理想的高通滤波电路的幅频特性如图 4-1b 所示。它表明允许高于 f_L 的高频信号通过，低于 f_L 的低频信号则被抑制，f_L 称为下限截止频率。一阶无源高通滤波电路如图 4-5 所示。对于低频信号，由于电容 C 的容抗很大，输出电压很小；随着频率的增加，电容的容抗下降，输出电压升高。图 4-6 为一阶高通滤波电路的幅频特性。

在无源高通滤波电路与负载之间加入集成运放，就得到有源高通滤波电路，如图 4-7 所示。

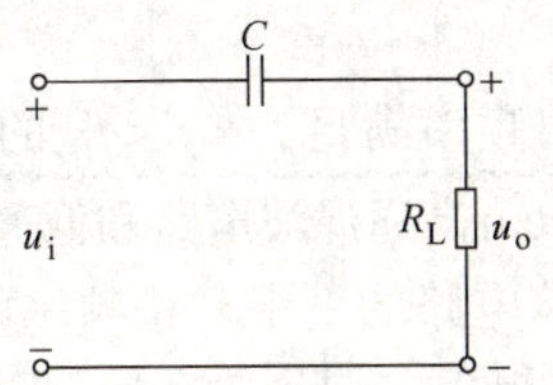

图 4-5　一阶无源高通滤波电路

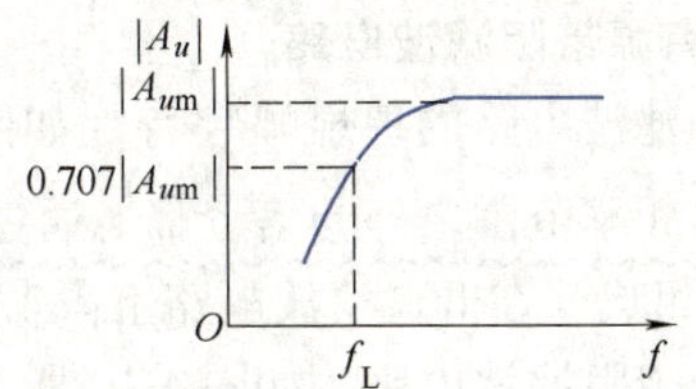

图 4-6　一阶高通滤波电路的幅频特性

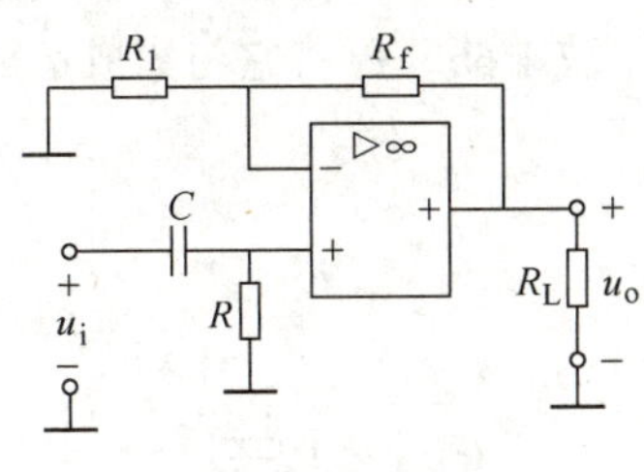

a) 同相输入方式

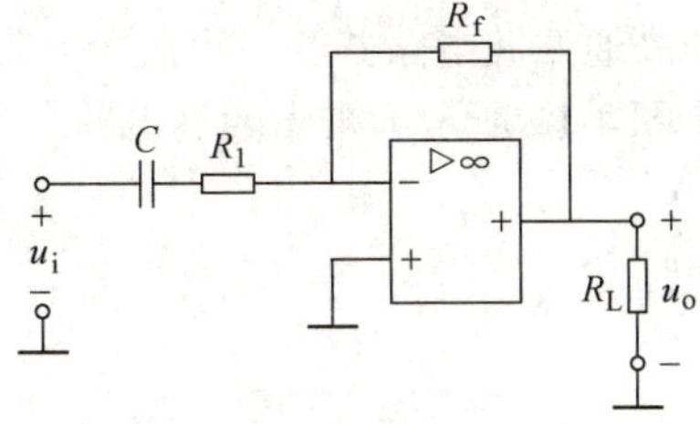

b) 反相输入方式

图 4-7　一阶有源高通滤波电路

由图 4-7 可知，电容 C 的容抗随频率的升高而减小，因此，这两个电路的电压放大倍数随频率的升高而增大。当频率很低时，容抗可视为无穷大，故电压放大倍数为零。当频率升至一定值时，电容的容抗可视为零，此时电压放大倍数最大。

4.1.3　有源带通滤波电路

带通滤波电路的理想幅频特性如图 4-1c 所示，频率满足 $f_L < f < f_H$ 的信号可以通过，而在这范围外的信号则被阻断。把带通滤波电路的幅频特性与高通和低通滤波电路的幅频特性相比，不难看出，如果低通滤波电路的上限截止频率 f_H 高于高通滤波器的下限截止频率 f_L，如图 4-8 所示，把这样的低通滤波电路与高通滤波电路“串接”，就可组成带通滤波电路。此时，在低频时，整个滤波电路的幅频特性取决于高通滤波电路；而在高频时，整个滤波电路的幅频特性取决于低通滤波电路。图 4-9 是由低通滤波电路与高通滤波电路“串接”组成的带通滤波电路。

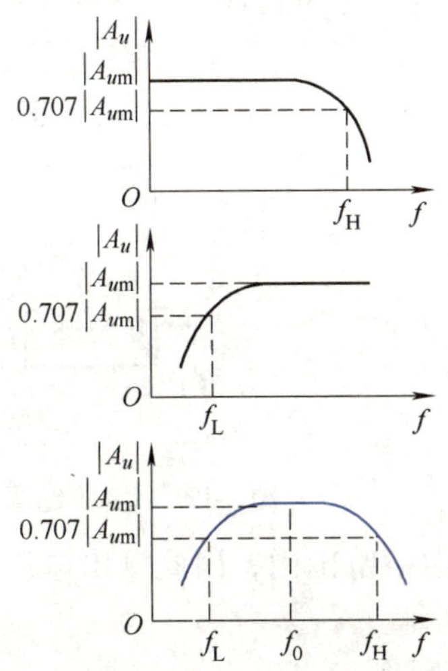

图 4-8　带通滤波电路幅频特性

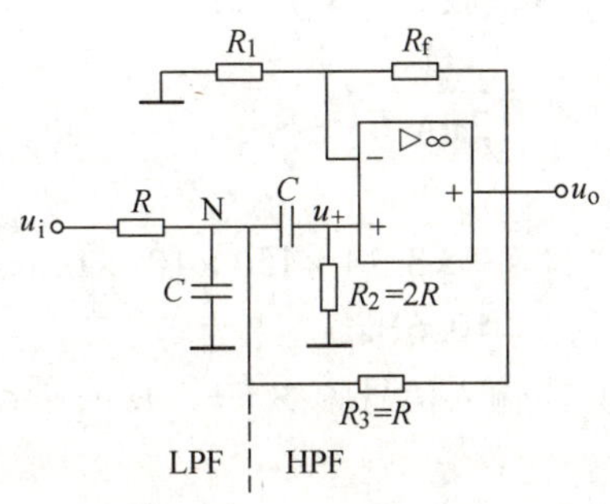

图 4-9　带通滤波电路

4.1.4 有源带阻滤波电路

带阻滤波电路的理想幅频特性如图 4-1d 所示，它表明频率满足 $f_L < f < f_H$ 的信号被阻断，而这频率范围之外的信号都能通过。带阻滤波电路可以由高通滤波电路和低通滤波电路“并联”组成，在低通滤波电路上限截止频率小于高通滤波电路的下限截止频率的条件下，就可组成带阻滤波电路，如图 4-10 所示。之所以必须要“并联”，是因为在低频时，只有低通滤波电路起作用，而高通滤波电路不起作用，在频率高至低通滤波电路不起作用后，高通滤波电路才起作用。但是有源滤波电路并联比较困难，电路元器件也较多。因此，常用无源低通滤波电路和高通滤波电路并联，组成无源带阻滤波电路，再将它与集成运放组合成有源带阻滤波电路。图 4-11 所示为带阻滤波电路。

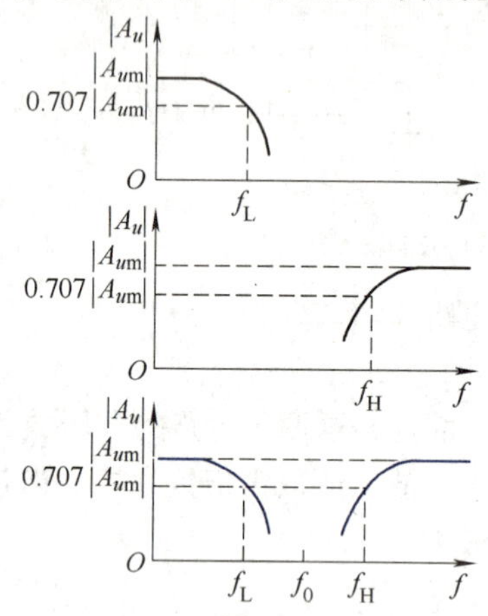

图 4-10 带阻滤波电路的幅频特性

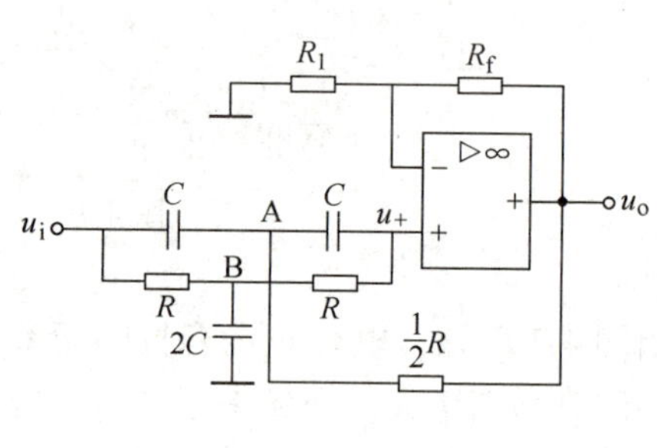

图 4-11 带阻滤波电路

【例 4-1】 图 4-12 所示为一阶低通滤波电路。

（1）求通带电压放大倍数 A_{up}。

（2）求通带截止频率 f_H。

（3）若输入信号的频率分别为 $f=5\text{Hz}$ 和 $f=120\text{Hz}$，电压有效值为 3V，求输出电压 U_o。

解：（1）通带电压放大倍数为

$$A_{up}=\left|-\frac{R_2}{R_1}\right|=\frac{150}{47}=3.19$$

（2）通带截止频率 f_H 为

$$f_H=\frac{1}{2\pi R_2 C}$$

$$=\frac{1}{2\times3.14\times150\times10^3\times0.1\times10^{-6}}\text{Hz}$$

$$=10.6\text{Hz}$$

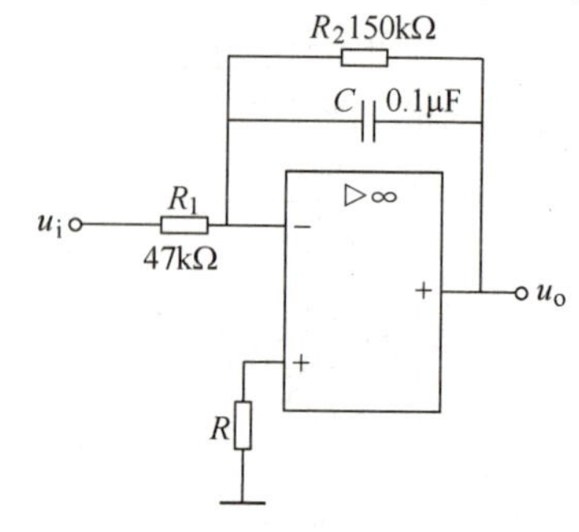

图 4-12 例 4-1 题图

（3）当输入信号频率 $f=5\text{Hz}$ 时，由于 $f<f_H$，即在通带范围内，因此输出电压的有效值为

$$U_o=A_{up}U_i=3.19\times3\text{V}=9.57\text{V}$$

当输入信号频率 $f=120\text{Hz}$ 时，$f\gg f_H$，落在阻带范围内，所以输出电压 $U_o=0$。

模块2　相关技能训练

4.2　有源滤波器的连接与测试

1. 训练目的

1）熟悉使用运放、电阻和电容组成有源低通、高通和带通、带阻滤波器。

2）学会测量有源滤波器的幅频特性。

2. 设备与元器件

±12V 直流电源、函数信号发生器、交流毫伏表、直流电压表、双踪示波器、集成运算放大器 μA741、电阻器、电容器。

3. 电路原理

（1）二阶低通滤波器（LPF）　低通滤波器是用来通过低频信号，衰减或抑制高频信号的。图 4-13 所示为典型的二阶有源低通滤波器。它由两级 RC 滤波环节与同相比例运算电路组成，其中第一级电容 C 接至输出端，引入适量的正反馈，以改善幅频特性。

电路性能参数：

二阶低通滤波器的通带增益为

$$A_{up}=1+\frac{R_f}{R_1}$$

截止频率 f_H，它是二阶低通滤波器通带与阻带的界限频率：

$$f_H=\frac{1}{2\pi RC}$$

品质因数 Q，它的大小影响低通滤波器在截止频率处幅频特性的形状，其值为

$$Q=\frac{1}{3-A_{up}}$$

（2）二阶高通滤波器（HPF）　与低通滤波器相反，高通滤波器用来通过高频信号，衰减或抑制低频信号。只要将图 4-13 所示低通滤波器中起滤波作用的电阻、电容互换，即可变成二阶高通滤波器，如图 4-14 所示。

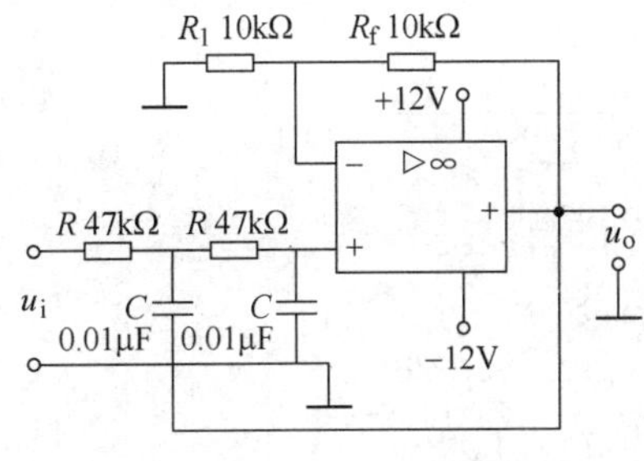

图 4-13　二阶低通滤波器

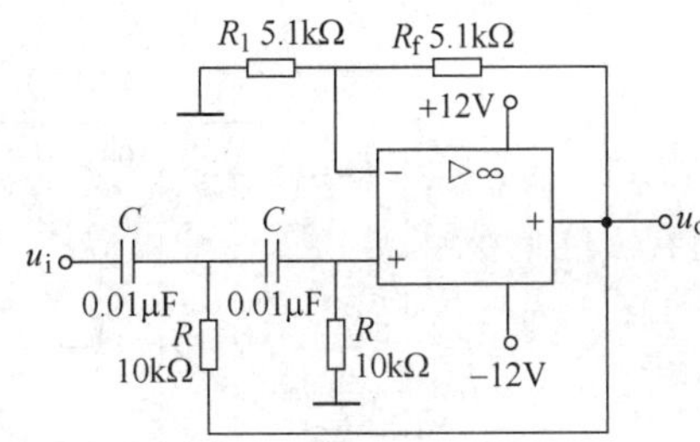

图 4-14　二阶高通滤波器

4. 训练内容与步骤

（1）二阶低通滤波器　按图 4-13 连线。

1）粗测：接通 ±12V 直流电源。u_i 接函数信号发生器，令其输出为 $U_i=1V$ 的正弦信号，在滤波器截止频率附近改变输入信号频率，用示波器或交流毫伏表观察输出电压幅度的变化是否具备低通特性，如不具备，应排除电路故障。

2）在输出波形不失真的条件下，选取适当幅度的正弦输入信号，在维持输入信号幅度不变的情况下，改变输入信号频率。测量输出电压，记录并描绘频率特性曲线。

（2）二阶高通滤波器　按图 4-14 连线。

1）粗测：输入 $U_i=1V$ 正弦信号，在滤波器截止频率附近改变输入信号频率，观察电路是否具备高通特性。

2）测绘高通滤波器的幅频特性曲线。

（3）其他　自行设计带通和带阻滤波器，并进行测试。

5. 训练总结

1）整理实验数据，画出各电路实测的幅频特性。

2）根据实验曲线，计算截止频率、带宽及品质因数。

3）总结有源滤波电路的特性。

模块 3　任 务 实 现

4.3　音频放大器音调电路的制作

4.3.1　音频放大器音调电路的设计

音调电路主要用于控制、调节放大器的幅频特性，理想的控制曲线如图 4-15 所示，图中 f_0（等于 1kHz）表示中点频率，要求 $A_{uo}=0dB$；f_{L1} 表示低频转折（或截止）频率，一般为几十赫，$f_{L2}=10f_{L1}$，表示低音频区的中频转折频率；f_{H1} 表示高音频区的中频转折频率；$f_{H2}=10f_{H1}$，表示高频转折频率，一般为几十千赫。

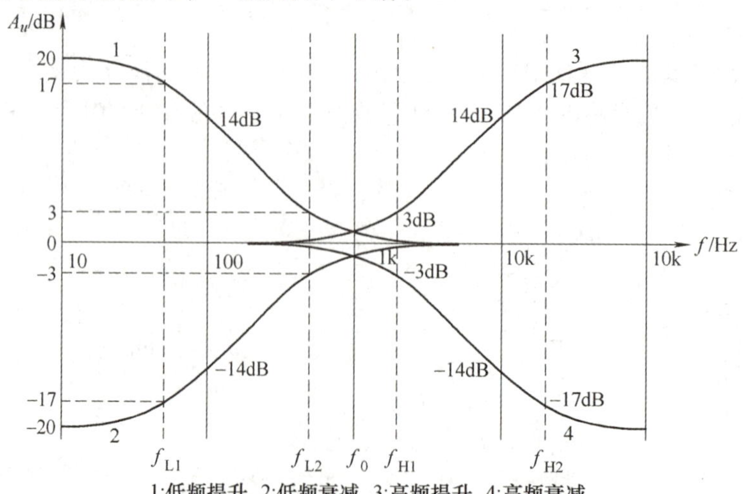

图 4-15　音调电路理想的控制曲线

由图 4-15 可见，音调电路只对低音频与高音频的增益进行提升与衰减，中音频的增益保持0dB不变，因此，音调电路可由低通滤波器与高通滤波器构成。由运算放大器构成的音调电路如图4-16所示。这种电路调节方便，元器件较少，在一般收、录音机的音响放大器中应用较多。

图4-16中，RP_1 和 RP_2 是两只可调电位器（可调电位器 RP_1 的总电阻用 R_{P1} 表示，可调电位器 RP_2 的总电阻用 R_{P2} 表示），其中 RP_1 对低频音量进行控制，而 RP_2 则对高频音量进行调节：当 RP_1 从右滑旋向左时，相应的低频音量提升；反之，当 RP_1 从左滑旋向右时，相应的低频音量衰减。同理，当 RP_2 从右滑旋向左时，相应的高频音量提升；反之，当 RP_2 从左滑旋向右时，相应的高频音量衰减。一般来说，均衡电路设计时要求音量的提升/衰减量大约为 ±20dB（分贝），即放大倍数为0.1～10。对于元件取值来说，应当有：$R_1=R_2=R_3=R$，$R_{P1}=R_{P2}=R_P$，并且 $R_P \approx 10R$；电容 $C_1=C_2>>C_3$。在中低频区，C_3 可以视为开路，在中高频区，C_1、C_2 可视为短路。

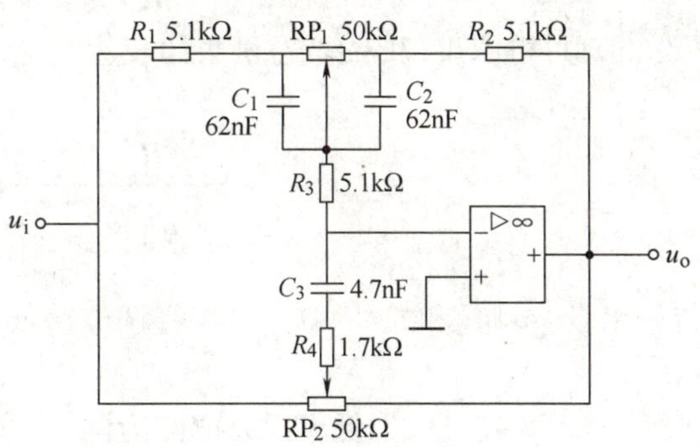

图4-16 音调电路

1）当 $f<f_0$ 时，音调电路的低频等效电路如图4-17a、b所示。其中，图4-17a为 RP_1 滑至最左端，对应于低频提升最大的情况。图4-17b为 RP_1 滑至最右端，对应于低频衰减最大的情况。

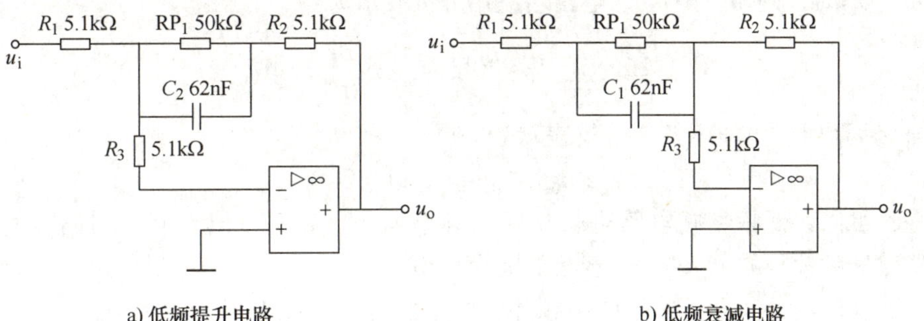

图4-17 音调电路的低频等效电路

图4-17a所示电路是一个一阶有源低通滤波电路，其增益函数的表达式为

$$A_{Lu1}=-\frac{\left(R_{P1}/\!/\frac{1}{j\omega C_2}\right)+R_2}{R_1}$$

其中 $R_1=R_2=R$，$R_{P1}=R_{P2}=R_P$，$C_2=C$。

代入上式，整理可得

$$A_{Lu1}=-\frac{\left(R_P/\!/\frac{1}{j\omega C}\right)+R}{R}=-\left(1+\frac{R_P}{R}\right)\times\frac{1+j\omega\ (R_P/\!/R)\ C}{1+j\omega R_P C}=A_{L1}\frac{1+j\frac{\omega}{\omega_{L2}}}{1+j\frac{\omega}{\omega_{L1}}} \tag{4-1}$$

式中，A_{L1}称为通带电压放大倍数；ω_{L1}称为低频转折角频率；ω_{L2}称为中频转折角频率。且

$$A_{L1}=-\left(1+\frac{R_P}{R}\right),\ \omega_{L1}=\frac{1}{R_PC},\ \omega_{L2}=\frac{1}{(R_P/\!/R)C} \tag{4-2}$$

同理可得图 4-17b 的增益函数的表达式为

$$A_{Lu2}=-\frac{R_2}{R_1+\left(R_{P1}/\!/\frac{1}{j\omega C_1}\right)}=A_{Lu1}{}^{-1}=\left(A_{L1}\frac{1+j\dfrac{\omega}{\omega_{L2}}}{1+j\dfrac{\omega}{\omega_{L1}}}\right)^{-1} \tag{4-3}$$

由式（4-1）和式（4-3）可得音调电路低频时的幅频特性曲线如图 4-15 中左半部分的实线所示。

对于频率特性，以低频提升电路为例，可以从以下几个频率段的划分加以理解。

如果电阻取值有 $R_P=10R$，代入式（4-2）有：

$$\omega_{L2}=11\omega_{L1}\approx 10\omega_{L1}$$

当外部信号频率 $\omega \ll \omega_{L1}$时，则通带电压增益用分贝表示为

$$20\lg|A_{Lu1}|=20\lg|A_{L1}|\approx 20\text{dB}$$

当 $\omega=\omega_{L1}$时，则 $\omega\approx 0.1\omega_{L2}$，电压增益用分贝表示为

$$20\lg|A_{Lu1}|\approx 20\lg\frac{|A_{L1}|}{\sqrt{2}}\approx 17\text{dB}$$

当 $\omega=\omega_{L2}$时，则 $\omega\approx 10\omega_{L1}$，电压增益用分贝表示为

$$20\lg|A_{Lu1}|\approx 20\lg\left|A_{L1}\times\frac{\sqrt{2}}{10}\right|\approx 3\text{dB}$$

当 $\omega \gg \omega_{L2}$时，电压增益用分贝表示为

$$20\lg|A_{Lu1}|\approx 20\lg 1=0\text{dB}$$

同理，可以对低频衰减电路进行相同的频率划分，并且可以看到，当调节电位器 RP_1 时，电路对低频信号的最大提升/衰减范围为 ±20dB。

2）当 $f>f_0$ 时，音调控制器的高频等效电路如图 4-18a、b 所示。其中，图 4-18a 为 RP_2 滑至最左端，对应于高频提升最大的情况。图 4-18b 为 RP_2 滑至最右端，对应于高频衰减最大的情况。

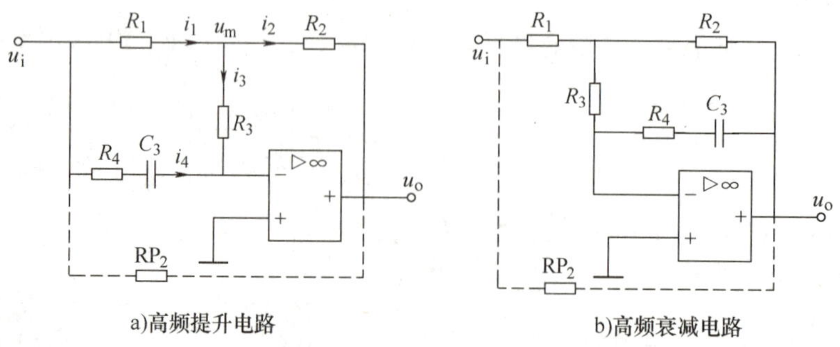

图 4-18　音调电路的高频等效电路

在图 4-18a 中，利用“虚短”和“虚断”的概念可得

$$i_1=\frac{u_i-u_m}{R_1},\ i_2=\frac{u_m-u_o}{R_2},\ i_3=\frac{u_m-0}{R_3},\ i_4=\frac{u_i-0}{R_4+1/j\omega C_3}$$

且有 $i_1=i_2+i_3$，$i_4=-i_3$。

联立上面各式并利用 $R_1=R_2=R_3=R$，可解得高频提升电路的增益函数表达式为

$$A_{Hu1}=-\frac{1+j\omega(3R+R_4)C_3}{1+j\omega R_4C_3}=-\frac{1+j\dfrac{\omega}{\omega_{H1}}}{1+j\dfrac{\omega}{\omega_{H2}}}\tag{4-4}$$

式中，ω_{H1}和ω_{H2}分别称为中频转折角频率和高频转折角频率，且

$$\omega_{H1}=\frac{1}{(3R+R_4)C_3},\ \omega_{H2}=\frac{1}{R_4C_3}\tag{4-5}$$

同理可得图4-18b的增益函数的表达式为

$$A_{Hu2}=A_{Hu1}{}^{-1}=\left(\frac{1+j\dfrac{\omega}{\omega_{H1}}}{1+j\dfrac{\omega}{\omega_{H2}}}\right)^{-1}\tag{4-6}$$

由式（4-4）和（4-6）可得音调控制电路高频时的幅频特性曲线如图4-15中右半部分的实线所示。

对于频率特性，以高频提升电路为例，可以从以下几个频率段的划分加以理解。

当外部信号频率 $\omega>>\omega_{H2}$时，可以得到通带电压放大倍数为

$$A_{Hu1}\approx-\frac{\omega_{H2}}{\omega_{H1}}=-\frac{3R+R_4}{R_4}=-\left(1+3\frac{R}{R_4}\right)$$

为了保证高频提升电路的通带电压增益为20dB（放大倍数为10）左右，可以从上式中得到 $R_4\approx R/3$，于是两个转折频率间的关系为 $\omega_{H2}=10\omega_{H1}$。

此时通带电压增益用分贝表示为

$$20\lg|A_{Hu1}|=20\lg\left|1+3\frac{R}{R_4}\right|=20\text{dB}$$

当 $\omega=\omega_{H2}$时，电压增益用分贝表示为

$$20\lg|A_{Hu1}|\approx20\lg\left|\frac{10}{\sqrt{2}}\right|\approx17\text{dB}$$

当 $\omega=\omega_{H1}$时，电压增益用分贝表示为

$$20\lg|A_{Hu1}|\approx20\lg|\sqrt{2}|\approx3\text{dB}$$

当 $\omega<<\omega_{H1}$时，电压增益用分贝表示为

$$20\lg|A_{Hu1}|=0\text{dB}$$

同理，可以对高频衰减电路进行相同的频率划分，并且可以看到，当调节电位器 RP_2 时，电路对高频信号的最大提升/衰减范围为±20dB。

4.3.2　元器件的选择

由图4-15可以看到，提升、衰减电路具有上下镜像对称性，同时低频、高频的幅频特性曲线也具有左右镜像对称性，这个对称中点频率是设计中的一个重要参考量，记为f_0。一

个设计良好的均衡电路应该同时具有“上下、左右”的对称性。

1. 电阻的选择

普通均衡电路的设计要求之一是最大提升、衰减量为20dB左右，在前面的分析中已经给出了一些元件取值条件：$R_1=R_2=R_3=R$，$R_{P1}=R_{P2}=R_P$，并且$R_P\approx10R$，$R_4\approx R/3$。当电阻满足这些条件时，就可以保证电路的最大提升、衰减量的要求，使电路的幅频特性“上下”对称。

根据这一取值规则，在本设计中取$R_1=R_2=R_3=R=5.1\text{k}\Omega$，则$R_{P1}=R_{P2}=R_P=51\text{k}\Omega$，$R_4\approx R/3=1.7\text{k}\Omega$。

2. 电容的选择

只有合适的电容取值才能够使电路幅频特性满足高频、低频的“左右”对称性。可按下述步骤估算电容的取值：

1）首先根据实际情况定出中点频率f_0。

2）再根据实际情况定出一个低频转折频率f_L和一个高频转折频率f_H，以及所要求的在这两个频率上的提升、衰减量（记为k，单位用分贝表示，$k<20\text{dB}$）。

f_0、f_L、f_H三个频率之间满足$\dfrac{f_0}{f_L}=\dfrac{f_H}{f_0}$

根据如下公式计算各个转折频率。

低音频区的中频转折频率为$f_{L2}=\dfrac{\omega_{L2}}{2\pi}=f_L\times2^{\frac{k}{6}}$

低频转折频率为$f_{L1}=\dfrac{\omega_{L1}}{2\pi}\approx\dfrac{f_{L2}}{10}$

高音频区的中频转折频率为$f_{H1}=\dfrac{\omega_{H1}}{2\pi}=f_H\times2^{-\frac{k}{6}}$

高频转折频率为$f_{H2}=\dfrac{\omega_{H2}}{2\pi}\approx10f_{H1}$

本设计要求为：中点频率$f_0=1\text{kHz}$；低频转折频率$f_L=100\text{Hz}$；高频转折频率$f_H=10\text{kHz}$；要求在频率点f_L和f_H处，电路的提升、衰减量为$k=14\text{dB}$。

则根据上述公式可求得

$$f_{L2}=\frac{\omega_{L2}}{2\pi}=f_L\times2^{\frac{k}{6}}\approx500\text{Hz},\ f_{L1}=\frac{\omega_{L1}}{2\pi}\approx\frac{f_{L2}}{10}=50\text{Hz}$$

$$f_{H1}=\frac{\omega_{H1}}{2\pi}=f_H\times2^{-\frac{k}{6}}=2\text{kHz},\ f_{H2}=\frac{\omega_{H2}}{2\pi}\approx10f_{H1}=20\text{kHz}$$

将f_{L1}和f_{H2}代入式（4-2）和式（4-5），有

$$f_{L1}=\frac{\omega_{L1}}{2\pi}=\frac{1}{2\pi R_PC}=50\text{Hz},\ f_{H2}=\frac{\omega_{H2}}{2\pi}=\frac{1}{2\pi R_4C_3}=20\text{kHz}$$

可计算出$C_1=C_2=C=63.6\text{nF}$，$C_3=4.68\text{nF}$，取标称值$C_1=C_2=C=62\text{nF}$，$C_3=4.7\text{nF}$，$R_4=2\text{k}\Omega$。

表4-1为构成音频放大器音调电路的材料清单。

表 4-1　音频放大器音调电路的材料清单

序号	元器件名称	型号	规格	数量
1	集成运放	LF353		1
2	电阻	金属膜电阻	5.1kΩ	3
3	电阻	金属膜电阻	2kΩ	1
4	电位器		51kΩ	2
5	电容	独石电容	62nF/63V	2
6	电容	独石电容	4.7nF/63V	1

元器件检测好后，按照原理图在通用电路板上完成焊接，检查无误后，接通 10V 直流电源，然后先在输入端加入 100Hz 低频交流信号，调节 RP_1，用示波器观察输出波形的变化情况；再在输入端加入 10kHz 高频交流信号，调节 RP_2，用示波器观察输出波形的变化情况；最后在输入端加入 1kHz 中频交流信号，分别调节 RP_1 和 RP_2，用示波器观察输出波形的变化情况。

习　　题

4-1　填空题

（1）音调电路是由________、________和________等滤波电路组成的，可以用无源的________滤波网络来构成。

（2）有源滤波电路实际上是一种具有___________的放大器。

（3）根据对频率范围的选择不同，有源滤波电路可分为________、________、________与________等四种类型。

（4）带阻滤波电路可以由低通滤波电路和高通滤波电路________组成，带通滤波电路可以由低通滤波电路和高通滤波电路________组成。

（5）为了获得输入电压中的低频信号，应选用________滤波电路。

（6）为了避免 50Hz 电网电压的干扰进入放大器，应选用________滤波电路。

4-2　判断题

（1）HPF 的通带截止频率低于 LPF 的通带截止频率。　（　）

（2）有源滤波电路实际上是一种具有特定响应的放大器。　（　）

（3）各种滤波电路在通带范围内的电压放大倍数之模均小于 1。　（　）

（4）BPF 的 Q 值越大，则它的通带带宽越窄。　（　）

4-3　一阶低通有源滤波电路有哪两种形式？分别有什么特点？

4-4　一阶高通有源滤波电路有哪两种形式？分别有什么特点？

4-5　有源带通滤波电路的特点是什么？它的频率信号在什么范围内被阻断？

4-6　有源带阻滤波电路的特点是什么？它的频率信号在什么范围内被阻断？

4-7　一阶低通有源滤波电路如图 4-19 所示。已知 $R_f = 100k\Omega$，$R_1 = R = 10k\Omega$。若要求通带截止频率为 50Hz。试估算滤波电容的数值，并求通带电压放大倍数 A_{up}。

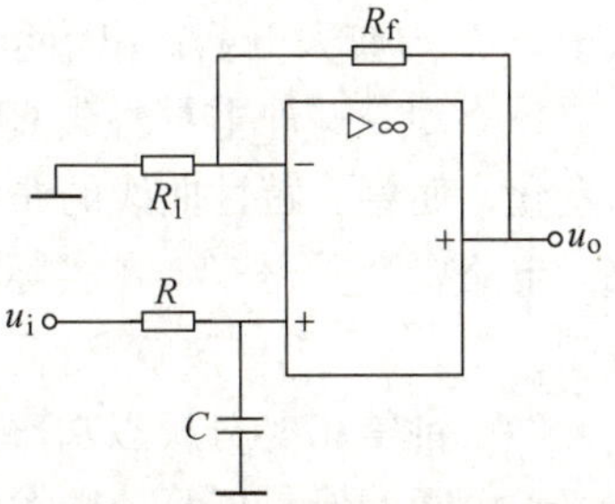

图 4-19　习题 4-7 图

任务5 音频放大器输出电路的制作——认识功率放大电路

模块1 必备知识

在电子设备和自动控制系统中，放大电路的末级或末前级一般是功率放大电路，以便将前置电压放大电路送来的电压信号进行功率放大，使电路能够给出足够大的功率，驱动执行单元工作。例如，外部音源信号经过前置放大电路、均衡电路（音调电路）后，输入最后的功率放大电路，然后再输出以驱动扬声器发出声音。

5.1 功率放大电路

5.1.1 功率放大电路概述

1. 功率放大电路的要求

功率放大电路的主要任务是在允许失真限度内，尽可能高效率地向负载提供足够大的功率。这一点与前面讨论的各种电压放大电路不同，因此，对功率放大电路的探讨内容和分析方法有以下一些要求：

（1）输出功率大　为此要求放大电路的输出电压和输出电流都要有足够大的变化量，所以，功放晶体管工作在极限状态，要求它的极限参数 I_{CM}、$U_{(BR)CEO}$、P_{CM} 等应满足实际电路工作时的需要，并要留有一定的裕量。

（2）具有较高的效率　放大电路输出给负载的功率是由直流电源提供的。在输出功率比较大的情况下，效率问题尤为突出。如果功率放大电路的效率不高，不仅造成能量的浪费，而且消耗在电路内部的电能将转换成为热量，使各元器件等温度升高，因而要求选用较大容量的功放晶体管和其他设备，很不经济。放大电路的效率为

$$\eta = \frac{P_o}{P_E} \times 100\%$$

式中，P_o 为放大电路输出给负载的功率；P_E 为直流电源所提供的功率。

（3）尽量减小非线性失真　由于在功率放大电路中，功放晶体管的工作点在较大范围内变化，使管子特性曲线的非线性问题充分暴露出来，因此输出波形的非线性失真比小信号放大电路要严重得多。在实际的功率放大电路中，应根据负载的要求来规定允许的失真度范围。

（4）性能指标分析以功率为主　着重计算输出功率、管子消耗功率、电源供给功率和效率。由于功放晶体管处于大信号工作状态，分析计算时只能采用图解法估算，不能用微变等效电路法分析。

（5）功放晶体管的散热问题　功放电路中很大一部分功率被集电结消耗掉，使结温上

升，为了在同样的结温下输出足够大的功率，散热非常重要，所以在使用时一般要加散热器，以降低结温，确保晶体管安全地工作。

2. 功率放大电路的种类

目前，功率放大电路有很多种形式，按功放晶体管的工作状态不同，可分为甲类、乙类、甲乙类、丙类、丁类和超甲类功放。设正弦波周期为 T，管子导通时间为 t。

（1）甲类功放　在输入正弦波电压信号的整个周期中，管子都处于导通状态。甲类工作时，$t=T$。

（2）乙类功放　$t=T/2$，管子只导通半个周期，另半个周期截止。

（3）甲乙类功放　$T/2<t<T$，管子导通时间大于半个周期，截止时间小于半个周期。

（4）丙类功放　$t<T/2$，管子的导通时间小于半个周期，大部分时间截止。

（5）丁类功放　又称开关型功放，管子工作于开关状态，即“饱和导通—完全截止”两个极端状态。

（6）超甲类功放　是对甲乙类的改进，即在甲乙类工作状态中，有一小段时间晶体管处于截止状态，而超甲类功放在这一小段时间中管子仍维持小电流导通状态。

目前，甲类、乙类和甲乙类功放在音频功率放大电路中应用广泛，几乎覆盖着半导体放大器的绝大多数；丙类功放一般用于射频放大，很难找到用于音频的实例；丁类功放是数字功放，理论上来说效率很高，可用于音频放大，但因其集电极电流失真严重，必须采取措施消除失真，所以实际应用时困难还是非常大的。

甲类放大电路的优点是波形失真小，但由于静态工作电流大，故管耗大，放大电路效率低，所以主要应用于小功率放大电路中。乙类与甲乙类放大电路由于管耗小，放大电路效率高，在功率放大器中已获得广泛的应用。

5.1.2　互补对称功率放大电路

1. 双电源互补对称功率放大电路——OCL电路

射极输出器有输入电阻高、输出电阻低、带负载能力强等特点，很适宜作为功率放大电路，但单管射极输出器静态功耗大，为了解决这个问题，多采用双电源互补对称功率放大电路，简称OCL电路。

采用正、负电源构成的乙类互补对称功率放大电路如图5-1b所示，VT_1 和 VT_2 分别为NPN型管和PNP型管，两管的基极和发射极分别连接在一起，信号从基极输入，从发射极输出，R_L 为负载。其中两管特性相同，且 $U_{CC}=U_{EE}$。

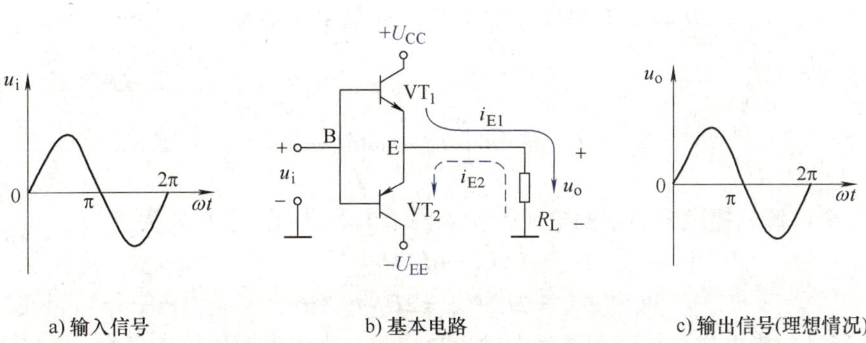

a) 输入信号　　b) 基本电路　　c) 输出信号(理想情况)

图5-1　乙类互补对称功率放大电路

静态时，即 $u_i=0$，VT_1、VT_2 发射结均零偏置，两晶体管的 I_{BQ}、I_{CQ} 均为零，因此输出电压 $u_o=0$，此时电路不消耗功率。

当放大电路有正弦信号 u_i 输入时，在 u_i 正半周，VT_2 因发射结反偏而截止，VT_1 发射结正偏导通，U_{CC} 通过 VT_1 向 R_L 提供电流 i_{E1}，产生输出电压 u_o 的正半周；在 u_i 的负半周，VT_1 发射结反偏截止，VT_2 发射结正偏导通，$-U_{EE}$ 通过 VT_2 向 R_L 提供电流 i_{E2}，产生输出电压 u_o 的负半周。由此可见，由于 VT_1、VT_2 轮流导通，相互补充对方缺少的半个周期，R_L 上仍得到与输入信号波形相近的输出信号波形，如图 5-1c 所示，故称这种电路为乙类互补对称放大电路。又因为静态时公共发射极电位为零，不必采用电容耦合，所以此电路也称为无输出电容的功率放大电路。由图 5-1b 可见，互补对称放大电路是由两个工作在乙类的射极输出器组成，所以输出电压 u_o 的大小基本与输入电压 u_i 大小相等，即 $u_i\approx u_o$。又因为射极输出器输出电阻很低，所以，互补对称放大电路具有较强的带负载能力，即它能向负载提供较大的功率，实现功率放大作用，所以又把这种电路称为乙类互补对称功率放大电路。电路参数计算如下。

（1）输出功率 P_o　负载 R_L 上的电流 i_o 和电压 u_o 有效值的乘积就是放大电路的输出功率，即

$$P_o=\frac{I_{om}}{\sqrt{2}}\times\frac{U_{om}}{\sqrt{2}}=\frac{1}{2}I_{om}U_{om} \tag{5-1}$$

由于 $I_{om}=U_{om}/R_L$，所以式（5-1）也可写成

$$P_o=U_{om}^2/(2R_L)=I_{om}{}^2R_L/2 \tag{5-2}$$

由图 5-1b 可知，乙类互补对称放大电路的最大不失真输出电压幅度为

$$U_{om}=U_{CC}-U_{CES}\approx U_{CC} \tag{5-3}$$

式中，U_{CES}为晶体管的饱和压降，通常很小，可以略去。

最大不失真输出电流的幅度为

$$I_{om}=U_{om}/R_L\approx U_{CC}/R_L \tag{5-4}$$

所以，放大电路最大输出功率为

$$P_{om}=\frac{I_{om}}{\sqrt{2}}\times\frac{U_{om}}{\sqrt{2}}\approx\frac{U_{CC}^2}{2R_L} \tag{5-5}$$

（2）直流电源供给功率　由于两个管子轮流导通半个周期，每个管子的集电极电流平均值为

$$I_{C1}=I_{C2}=\frac{1}{2\pi}\int_0^{\pi}I_{om}\sin\omega t\mathrm{d}(\omega t)=\frac{I_{om}}{\pi} \tag{5-6}$$

因为每个电源只提供半周期的电流，所以两个电源供给的总功率为

$$\begin{aligned}P_E&=I_{C1}U_{CC}+I_{C2}U_{EE}\\&=2I_{C1}U_{CC}=2U_{CC}I_{om}/\pi\end{aligned} \tag{5-7}$$

将式（5-4）代入式（5-7），得最大输出功率时，直流电源供给功率为

$$P_{Em}=2U_{CC}^2/\pi R_L \tag{5-8}$$

(3) 效率　效率是负载获得的信号功率 P_o 与直流电源供给功率 P_E 之比。则

$$\eta = P_o/P_E = \frac{\pi}{4} \times \frac{U_{om}}{U_{CC}} \tag{5-9}$$

乙类互补对称功放电路的最高效率为

$$\eta_m = \frac{\pi}{4} \times \frac{U_{om}}{U_{CC}} = \frac{\pi}{4} \times \frac{U_{CC}}{U_{CC}} \approx \frac{\pi}{4} \approx 78.5\% \tag{5-10}$$

实际的放大电路很难达到最高效率，由于受饱和压降及元器件损耗等因素的影响，乙类互补对称功放电路的效率仅能达到60%左右。

(4) 管耗　直流电源提供的功率除了使负载获得的功率外，其余的被 VT_1、VT_2 消耗，即管耗，用 P_V 表示。由式（5-8）和式（5-2）可得每个晶体管的管耗为

$$\begin{aligned} P_{V1} = P_{V2} &= (P_E - P_o)/2 = (1/2)(2U_{om}U_{CC}/\pi R_L - U_{om}^2/2R_L) \\ &= (U_{om}/R_L)(U_{CC}/\pi - U_{om}/4) \end{aligned} \tag{5-11}$$

可见，管耗 P_V 与输出电压 U_{om} 有关。为求管耗最大值与输出电压幅度的关系，令

$$\frac{dP_{V1}}{dU_{om}} = 0$$

则得

$$\frac{dP_{V1}}{dU_{om}} = \frac{1}{R_L}\left(\frac{U_{CC}}{\pi} - \frac{U_{om}}{2}\right) = 0 \tag{5-12}$$

由此可见，当 $U_{om} = 2U_{CC}/\pi \approx 0.6U_{CC}$ 时，P_{V1} 达到最大值，由式（5-9）可得此时的效率 $\eta = 50\%$，所以当管耗为最大时，而输出功率却不是最大，这一点必须注意。将此关系代入式（5-11）得每管的最大管耗为

$$P_{Vm} = U_{CC}^2/(\pi^2 R_L) \tag{5-13}$$

由于 $P_{om} = U_{CC}^2/2R_L$，所以最大管耗和最大输出功率的关系为

$$P_{Vm} = 2P_{om}/\pi^2 \approx 0.2P_{om} \tag{5-14}$$

由此可见，每管的最大管耗约为最大输出功率的1/5。因此在选择功放晶体管时，最大管耗不应超过晶体管的最大允许管耗，即

$$P_{Vm} = 0.2P_{om} < P_{CM} \tag{5-15}$$

由于上面的计算是在理想情况下进行的，所以应用式（5-15）选择管子时，还需留有充分裕量。

【例5-1】 互补对称功率放大电路如图5-1b所示，已知 $U_{CC} = U_{EE} = 24V$，$R_L = 6\Omega$，试估算该放大电路最大输出功率 P_{om} 及此时电源供给的功率 P_{Em} 和管耗 P_V，并说明该功率放大电路对功放晶体管的要求。

解：(1) 求 P_{om}、P_{Em} 及 P_V。

略去功放晶体管饱和压降，最大不失真输出电压幅度为 $U_{om} \approx U_{CC} = 24V$，所以最大输出功率为

$$P_{om} = \frac{U_{om}^2}{2R_L} = \frac{24^2}{2 \times 6} W = 48W$$

电源供给功率为

$$P_{Em} = \frac{2U_{CC}^2}{\pi R_L} = \frac{2 \times 24^2}{6\pi} W = 61.1W$$

此时每管的管耗为 $P_V = \frac{1}{2}(61.1 - 48)\text{W} = 6.6\text{W}$

（2）功放晶体管的选择。该功放晶体管实际承受的最大管耗 P_{Vm} 为

$$P_{Vm} = U_{CC}^2/\pi^2 R_L = (24^2/6\pi^2)\text{W} = 9.7\text{W}$$

因此，为了保证功放晶体管不损坏，要求功放晶体管的集电极最大允许损耗功率 P_{CM} 为

$$P_{CM} > P_{Vm} = 9.7\text{W}$$

由于乙类互补对称功率放大电路中一只晶体管导通时，另一只晶体管截止，由图 5-1b 可知，当输出电压 u_o 达到最大不失真输出幅度时，截止的晶体管所承受的反向电压最大，且近似等于 $2U_{CC}$。为了保证功放晶体管不致被反向电压所击穿，因此要求功放晶体管的集-射反向击穿电压为

$$U_{(BR)CEO} > 2U_{CC} = 2 \times 24\text{V} = 48\text{V}$$

放大电路在最大功率输出状态时，集电极电流幅度达最大值 I_{om}，为使放大电路失真不致太大，则要求功放晶体管最大允许集电极电流 I_{CM} 满足

$$I_{CM} > I_{om} = U_{CC}/R_L = 4\text{A}$$

严格来说，乙类双电源互补对称功率放大电路输入信号很小时，达不到功放晶体管的开启电压，功放晶体管不导电。因此在正、负半周交替过零处会出现一些非线性失真，这个失真称为交越失真，如图 5-2 所示。

为了消除交越失真，可分别给两只功放晶体管的发射结加很小的正偏电压，使两只功放晶体管处于微导通状态，即让管子工作在甲乙类工作状态，如图 5-3a 所示。两管轮流导通时，交替得比较平滑，从而减小了交越失真。

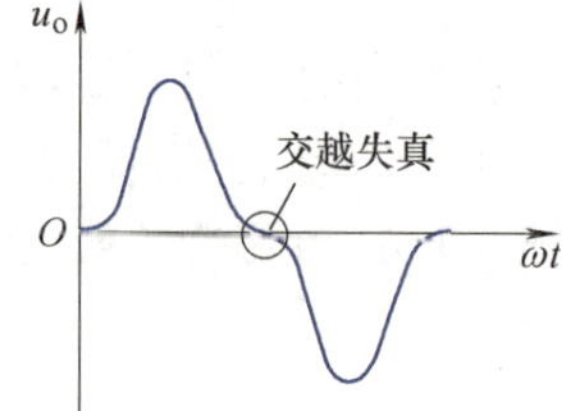

图 5-2　交越失真波形

5-3a 所示电路利用两只二极管的正向压降和电阻 R_3 上的直流压降作为两只功放晶体管基极间直流偏压，其值略大于两管（VT_1、VT_2）发射结开启电压之和，从而使两管处于微导通的甲乙类工作状态，它们的工作点都进入放大区。调整 R_3 可调整 VT_1、VT_2 发射结的偏压，从而改变 VT_1、VT_2 的静态工作电流，达到消除交越失真的目的。由于 I_{CQ} 的存在，甲乙类功放电路的效率较乙类推挽功放电路低一些。加上输入交流信号 u_i 后，由于二极管的动态电阻很小，而且电阻 R_3 阻值也很小，故 B_1 和 B_2 点之间的交流压降很小，这样可近似认为加在两管基极的电压相等，均为 u_i。在信号 u_i 作用下，i_{E1} 和 i_{E2} 的波形如 5-3b 所示。负载上获得的电流 i_o 为 i_{E1} 与 i_{E2} 之差，从图 5-3b 中可以看出负载上的电压波形得到改善，交越失真大大减小。

在实际电路中，静态电流通常取得很小，所以定量分析甲乙类互补对称功率放大电路时，仍可以用乙类互补对称功率放大电路的有关公式近似估算输出功率和效率等指标。

2. 单电源互补对称功率放大电路——OTL 电路

OCL 电路采用双电源供电，给使用和维修带来不便，为此可在放大电路输出端接入一个电容 C，利用这个电容的充放电来代替负电源，称为单电源互补对称功率放大电路（或无输出变压器功率放大电路），简称 OTL 电路。甲乙类单电源互补对称功率放大电路的组成如图 5-4a 所示。

两个晶体管 VT_1 和 VT_2 的发射极连在一起，然后通过大电容 C 接至负载电阻 R_L；两晶

体管的类型不同，分别为 NPN 型和 PNP 型；电路中只需用一路直流电源 U_{CC}；电阻 R_1、R_2 和 RP 的作用是确定放大电路的静态电位。

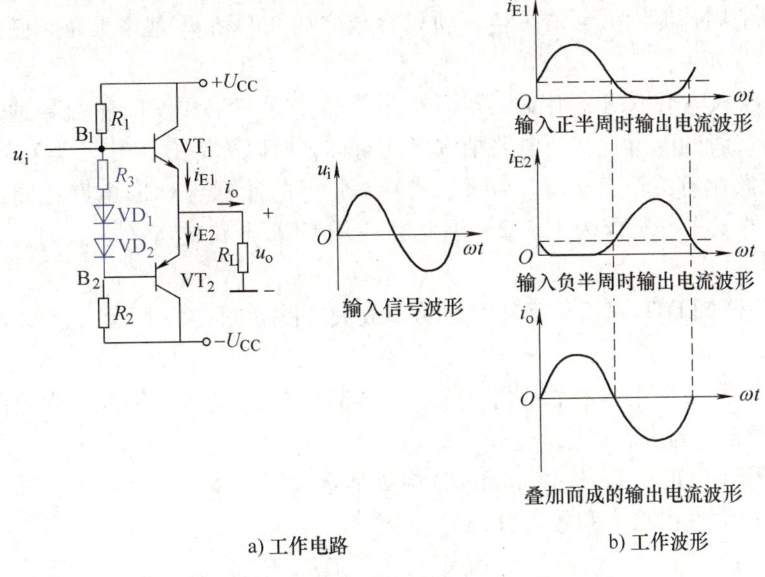

图 5-3　甲乙类互补对称功率放大电路

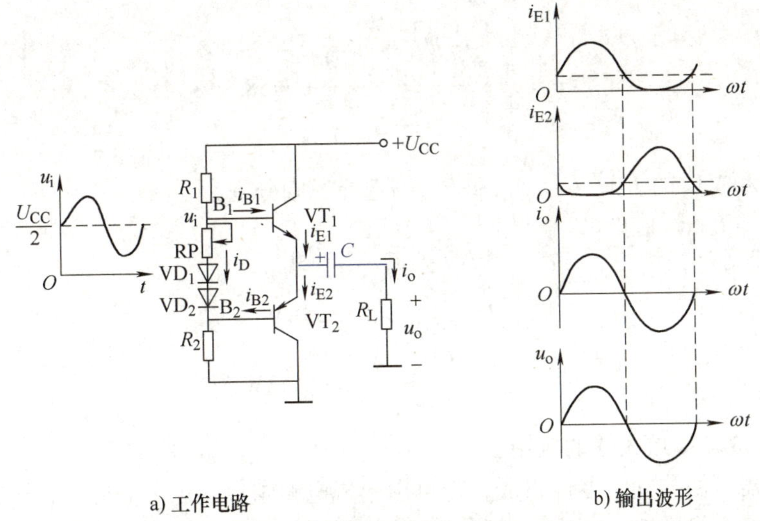

图 5-4　甲乙类单电源对称功率放大电路

假设调整电阻 RP 的值，使静态时两管的发射极电位为 $U_{CC}/2$，则电容 C 两端的电压 U_C 也等于 $U_{CC}/2$。加入正弦波输入电压 u_i 时，如果电容足够大，可认为当输入电压按正弦规律变化时，电容两端电压保持 $U_{CC}/2$ 的数值不变。在 u_i 的正半周，NPN 型晶体管 VT_1 导电，PNP 型晶体管 VT_2 截止。i_{E1} 经 VT_1 和电容后流过负载至公共端（接地端）。此时 VT_1 集电极回路的直流电源电压为 U_{CC} 与电容上电压之差，即等于 $U_{CC}/2$。在 u_i 的负半周，VT_2 导电，VT_1 截止。VT_2 导通依靠电容上的电压供电，i_{E2} 从电容的正端流出，经 VT_2 流至公共端，再流过负载，然后回到电容的负端。VT_2 集电极回路的电源电压等于 $-U_{CC}/2$。由图 5-4a 可见，无论 VT_1 或 VT_2，均工作在射极输出器状态。与 OCL 乙类互补对称电路类似，虽然 VT_1 和 VT_2 各导通半周，但因 $i_o=i_{E1}-i_{E2}$，所以合成之后，i_o 和 u_o 基本上是正弦波，如图 5-4b 所示。

由于这种放大电路不用输出变压器，且两个晶体管 VT_1 和 VT_2 轮流导通，每管导通角略大于 180°，二者的电流互补，电路结构形式对称，所以称为 OTL 甲乙类互补对称电路。

在 OTL 电路中有关输出功率、效率、管耗等指标的计算与 OCL 电路相同，但 OTL 电路中每只晶体管的工作电压仅为 $U_{CC}/2$，因此在应用 OCL 电路的有关公式时，应用 $U_{CC}/2$ 取代 U_{CC}。

【例 5-2】 已知 OTL 甲乙类互补对称功率放大电路如图 5-4a 所示，已知 $U_{CC}=24V$，$R_L=6\Omega$。

（1）若 VT_1 和 VT_2 的饱和管压降 $|U_{CES}|=3V$，输入电压足够大，则电路的最大输出功率 P_{om} 和效率 η 各为多少？

（2）VT_1 和 VT_2 的 I_{CM}、$U_{(BR)CEO}$ 和 P_{CM} 应如何选择？

解：（1）最大输出功率和效率分别为

$$P_{om}=\frac{\left(\frac{1}{2}U_{CC}-|U_{CES}|\right)^2}{2R_L}=6.75W$$

$$\eta=\frac{\pi}{4}\times\frac{\frac{1}{2}U_{CC}-|U_{CES}|}{\frac{1}{2}U_{CC}}\approx 58.9\%$$

（2）VT_1 和 VT_2 的 I_{CM}、$U_{(BR)CEO}$ 和 P_{CM} 的选择原则分别为

$$I_{CM}>\frac{U_{CC}/2}{R_L}=2A$$

$$U_{(BR)CEO}>U_{CC}=24V$$

$$P_{CM}>\frac{(U_{CC}/2)^2}{\pi^2 R_L}\approx 2.43W$$

5.1.3 常用集成功率放大器的应用

功率放大器可由分立元器件组成，也可由集成电路组成。由分立元器件组成的功放，如果电路设计得好，参数选择恰当，元器件性能优越，且制作和调试得好，则性能很可能高过较好的集成功放。许多优质功放均是分立元器件组成的，但其中只要有一个环节出现问题或者搭配不当，则性能很可能低于一般集成功放，为了不至于因过载、过电流、过热等损坏，还得加复杂的保护电路来保护功率放大管。现在市场上有许多性能优异的集成功放芯片，如 TDA2030A、LM1875、TDA1514 等。

1. 音频集成功率放大器 TDA2030A

TDA2030A 适用于收录机和有源音箱中，作为音频功率放大器，也可作为其他电子设备中的功率放大器。TDA2030A 的电气性能稳定，能适应长时间连续工作，芯片内部的放大电路和集成运放相似，其内部集成了过载保护和热切断保护电路，若输出过载、输出短路或管

芯温度超过额定值，均能立即切断输出电路，起保护作用，不致损坏功放电路。

TDA2030A 的主要性能参数如下：

电源电压 U_{CC}	$\pm 3 \sim \pm 18V$
输出峰值电流	3.5A
频响 BW	0～140kHz
静态电流	<60mA（测试条件：$U_{CC} = \pm 18V$）
谐波失真 THD	<0.5%
电压增益	30dB
输入电阻 R_i	>0.5MΩ

在电源为 ±15V、$R_L = 4\Omega$ 时，输出功率为 14W。

TDA2030A 采用 TO-220 封装结构，图 5-5 所示为其外形与引脚的排列图。各引脚功能如下：

1—同相输入端（+IN）

2—反相输入端（-IN）

3—负电源（$-U_{CC}$）

4—输出端（OUTPUT）

5—正电源（$+U_{CC}$）

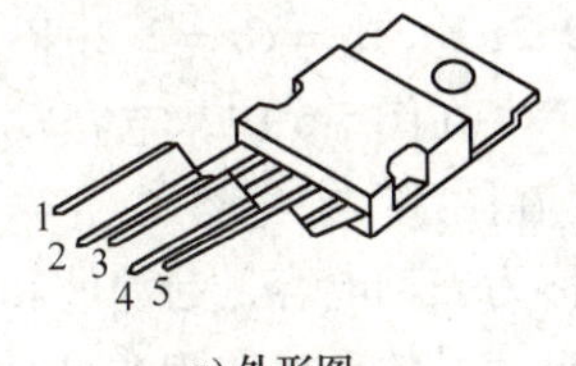

a) 外形图

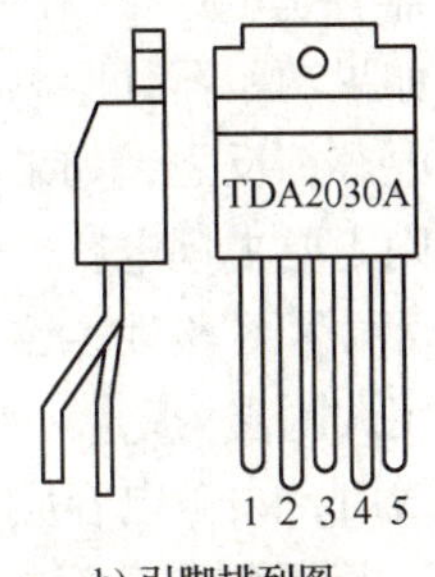

b) 引脚排列图

图 5-5　TDA2030A 外形与引脚排列

TDA2030A 是目前性价比比较高的一种集成功率放大器，与性能类似的其他功放相比，它的引脚少，使用时外接元器件也较少。其金属外壳与负电源引脚相连，所以在单电源使用时，金属外壳可直接固定在散热片上并与地线（金属机箱）相接，无需绝缘，使用很方便。其典型应用电路如下。

（1）双电源（OCL）应用电路　图 5-6 所示是 TDA2030A 构成的 OCL 电路。信号 u_i 由同相输入端输入，R_1、R_2、C_2 构成交流电压串联负反馈，VD_1、VD_2 用 1N4001。为了保持两输入端直流电阻平衡，使输入级偏置电流相等，选择 $R_3 = R_1$。若已知：$R_1 = R_3 = 22k\Omega$，$R_2 = 680\Omega$，$R_4 = 1\Omega$，$C_1 = C_2 = 22\mu F$，$C_3 = C_4 = 100pF$，$C_5 = 0.22\mu F$。则闭环电压放大倍数为

$$A_{uf} = 1 + \frac{R_1}{R_2} = 33$$

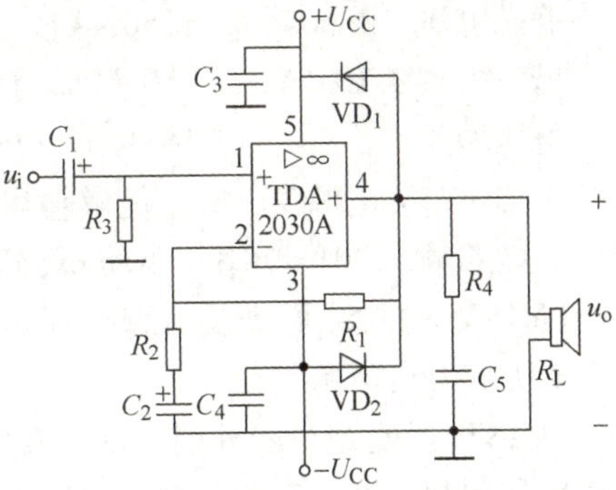

图 5-6　TDA2030A 构成的 OCL 电路

其中 R_4、C_5 为高频校正网络，用以消除自激振荡。VD_1、VD_2 起保护作用，用来泄放负载 R_L 产生的自感应电压，将输出端的最大电压钳位在（U_{CC} +0.7V）和（$-U_{CC}$ -0.7V）上。C_3、C_4 为退耦电容，用于减少电源内阻对交流信号的影响。C_1、C_2 为耦合电容，用于通交隔直。

（2）单电源（OTL）应用电路　对仅有一组电源的中、小型录音机的音响系统，可采用单电源连接方式，如图 5-7 所示。由于采用单电源，故同相输入端必须用 R_1、R_2 组成分压电路，K 点电位为 $U_{CC}/2$，该电位作为偏置电压通过 R_3 向输入级提供直流偏置，在静态时，同相、反相输入端和输出端电压皆为 $U_{CC}/2$。其他元件的作用与双电源电路相同。图中

$R_1 = R_2 = R_3 = 100\text{k}\Omega$，$R_4 = 150\text{k}\Omega$，$R_5 = 680\Omega$，$R_6 = 1\Omega$，$C_1 = 100\text{pF}$，$C_2 = 0.1\mu\text{F}$，$C_3 = 2.2\mu\text{F}$，$C_4 = C_5 = 2.2\mu\text{F}$，$C_6 = 0.22\mu\text{F}$，$C_7 = 2200\mu\text{F}$，VD1、VD2 用 1N4001。

在图 5-6 中，电容 C_3、C_4 分别并接在电源两端（在图 5-7 中电容 C_1、C_2 与电源并联），这些电容称为去耦电容，起滤波和蓄能的作用，主要是把输出信号的干扰作为滤除对象。去耦电容一般出现在功率器件旁边，但不是必需的，通常的取舍原则是：如果功率器件距离电源滤波电容较远，则增加去耦电容；反之，如果功率器件离电源滤波电容较近，则不要去耦电容。这个距离的远、近带有一定的人为性和经验性，例如在 TDA2030A 的参考守则中规定此距离为 3in（约 7.5cm）。另外，在 PCB 布局布线时，去耦电容应当尽量靠近相关功率器件的电源引脚。

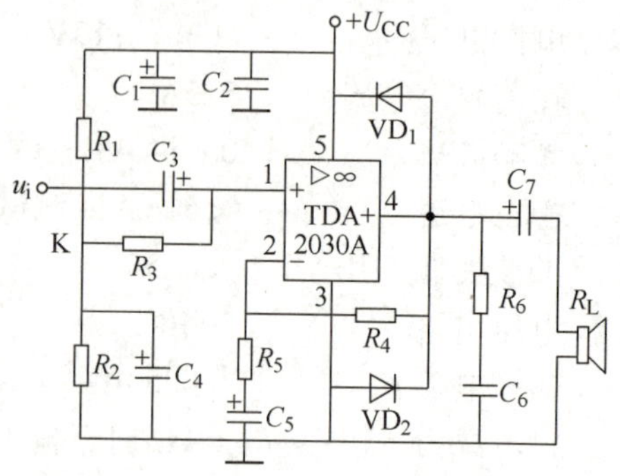

图 5-7 TDA2030A 构成的 OTL 电路

2. 音频集成功率放大器 LM1875

LM1875 是美国国家半导体公司（NS）推出的高保真集成电路，可用于高品质音频系统、电桥放大器、立体声唱机、伺服系统放大器、仪器放大器等。LM1875 采用先进的电路设计技术，可达到极小的失真度，即使在输出大功率电平时也是如此。LM1875 还具有高增益、快转换速率、宽功率带宽、大峰值电流和宽工作电压范围等特性，放大器采用内部补偿，使之在电压增益为 10dB 或更高时，输出功率均能稳定。

LM1875 的主要性能参数如下：

电源电压 U_{CC}	单电压：16～60V
静态电流	<50mA
谐波失真 THD	<0.02%（当 $f = 1\text{kHz}$，$R_L = 8\Omega$，$P_o = 20\text{W}$ 时）
电压增益	26dB（当 $f = 1\text{kHz}$ 时）

采用 ±25V 电源供电时，能够输出 20W 功率，驱动 4Ω 或 8Ω 负载，采用 ±30V 电源供电时，能够输出 30W 功率，驱动 8Ω 负载。

LM1875 的封装形式及引脚排列与 TDA2030A 类似，图 5-8 所示为其正视图。

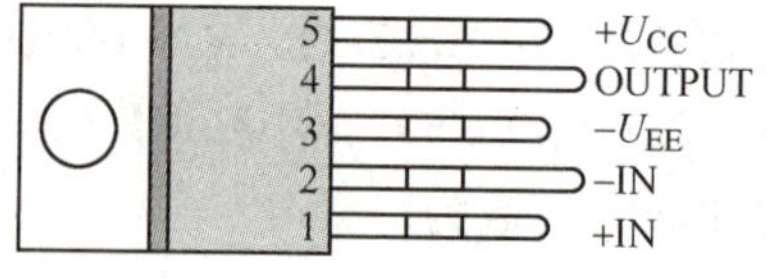

图 5-8 LM1875 的引脚排列

LM1875 具有最少的外围元件，其保护电路包括内部电流限制和热关断。其典型应用电路如下。

（1）双电源（OCL）应用电路 图 5-9 所示是 LM1875 构成的 OCL 电路。信号 u_i 由同相输入端输入，图中 $R_1 = 1\text{M}\Omega$，$R_2 = 22\text{k}\Omega$，$R_3 = 1\text{k}\Omega$，$R_4 = 20\text{k}\Omega$，$R_5 = 1\Omega$，$R_6 = 200\text{k}\Omega$，$C_1 = 2.2\mu\text{F}$，$C_2 = 22\mu\text{F}$，$C_3 = 0.22\mu\text{F}$。R_3、R_4、C_2 构成交流电压串联负反馈，因此闭环电压放大倍数为

$$A_{uf} = 1 + \frac{R_4}{R_3} = 21$$

R_5、C_3 为高频校正网络，用以消除自激振荡。C_1、C_2 为耦合电容。

（2）单电源（OTL）应用电路 LM1875 构成的单电源电路与双电源电路的基本工作原理相同，不同之处在于：单电源供电时，采用 R_1、R_2 分压，取 $U_{CC}/2$ 作为偏置电压，并经

过 R_3 加到同相输入端，使输出电压以 $U_{CC}/2$ 为基准上下变化，因此可以获得最大的动态范围。

图5-10是LM1875构成的OTL电路。图中 $R_1 = R_2 = R_3 = 22\text{k}\Omega$，$R_4 = 1\text{M}\Omega$，$R_5 = 10\text{k}\Omega$，$R_6 = 200\text{k}\Omega$，$C_1 = C_2 = C_3 = 10\mu\text{F}$，$C_4 = 2200\mu\text{F}$。

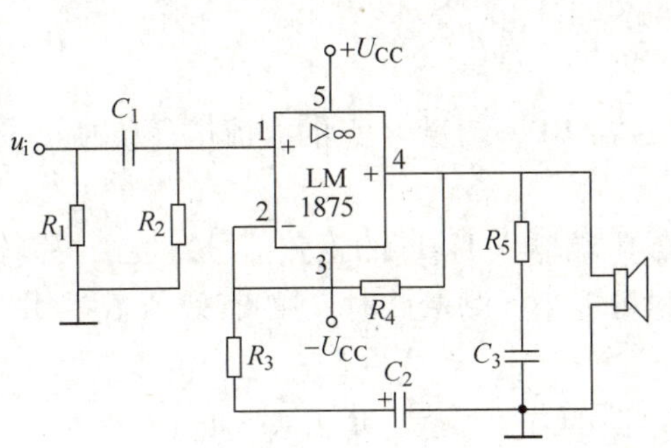

图5-9　LM1875构成的OCL电路

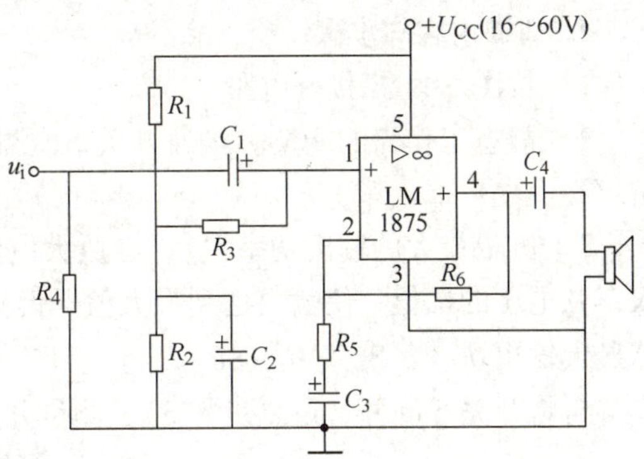

图5-10　LM1875构成的OTL电路

模块2　相关技能训练

5.2　功率放大电路的连接与测试

1. 训练目的

1）了解甲乙类互补对称功放电路的基本工作原理。

2）了解自举电路的原理及其在OTL功放电路中对性能改善的作用。

3）掌握功放电路的最大不失真输出功率的测量方法。

2. 设备与元器件

5V直流稳压电源、函数信号发生器、交流毫伏表、万用表、双踪示波器、二极管1N4001两个、晶体管［VT_1 选用9013（3DG12），VT_2 选用9012（3CG12），VT_3 选用9011（3DG6）］、电阻、电容。

3. 电路原理

图5-11所示功率放大电路中，由于各晶体管都接成射极输出器形式，因此具有输出电阻低、带负载能力强等优点，适合于作为功率输出级。调节RP，可以使 VT_1、VT_2 得到合适的静态电流而工作于甲乙类状态，以克服交越失真。静态时要求输出端中点K的电位 $U_K = U_{CC}/2$，可以通过调节RP来实现。由于RP的一端接在K点，因此在电路中引入了交、直流电压并联负反馈，该反馈既稳定了放大器的静态工作点，又改善了非线性失真。正弦交流信号 u_i 输入后，经 VT_3 放大、倒相后同时作用于 VT_1、VT_2 的基极。u_i 的

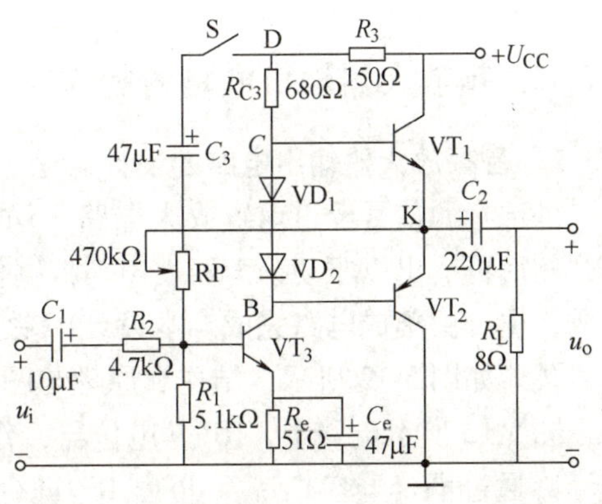

图5-11　OTL功率放大电路

负半周使 VT_2 导通（VT_1 截止），有电流通过负载 R_L，同时向电容 C_2 充电；在 u_i 的正半周，VT_1 导通（VT_2 截止），则已充好电的电容器 C_2 起着电源的作用，通过负载 R_L 放电，这样在 R_L 上就得到了完整的正弦波。C_3 和 R_3 构成自举电路，用于提高输出电压正半周的幅度，以增大动态范围。

4. 训练内容与步骤

1）按图 5-11 搭接好电路。

2）静态工作点的调整。接通开关 S，调节电位器 RP，测量 K 点的直流电压，使 $U_K = U_{CC}/2$。

3）测量最大的输出功率 P_{om}。在放大电路的输入端输入 1kHz 的正弦信号，逐渐提高输入正弦电压的幅值，使输出达到最大值，但失真尽可能小，测量此时 u_o 的有效值 U_o，并计算最大输出功率：$P_{om} = U_o^2/8R_L$。

再将开关 S 断开，重复步骤 3），测量并计算电路的有关参数，填入表 5-1 中。

表 5-1　测量最大输出功率

方式	U_i	U_o	R_L	$P_{om} = U_o^2/8R_L$
不加自举（S 断开）				
加自举（S 闭合）				

4）观察 VT_1、VT_2 有无正向偏压对交越失真的影响。先记录当前无交越失真的输出波形，然后将 B、C 两点短接，使 VT_1、VT_2 无正向偏压，再记录其输出波形。

5）观察自举电路对 OTL 功放电路性能的改善作用。不改变输入信号，接通和断开 S，观察自举电路的有无对输出波形幅值的影响，画出相应的输出波形。

5. 训练总结

1）整理、计算数据填入表中，画出相应波形。

2）分析交越失真产生的原因、现象和消除方法。

3）说明自举电路的作用。

模块 3　任务实现

5.3　音频放大器输出电路的制作

5.3.1　音频放大器输出电路的设计

外部音源信号经过前置放大电路、均衡电路（音调电路）后，输入最后的功率放大电路，然后再输出以驱动扬声器发声。根据任务要求，可供选择的功率放大器可由分立元器件组成，也可由集成电路完成。本设计中功率放大电路选用 TDA2030A 集成块，采用 OCL 电路，具体如图 5-12 所示，结构和原理与图 5-6 所示电路相似。

图 5-12 所示电路中，RP 是电位器，作用是进行音量调节。输入信号（均衡电路的输出信号）通过耦合电容 C_1 后，再由 RP 进行分压调节，连接到 TDA2030A 的同相输入端。电阻 R_1、R_2 组成反馈回路，与 TDA2030A 构成了一个同相比例放大电路。电容 C_2 是耦合电

容，对于直流信号，电容 C_2 相当于“开路”，此时电阻 R_2 不起作用，TDA2030A 和电阻 R_1 构成一个电压跟随器，由于电位器 RP 是通过电容 C_1 和前级电路耦合，因此 RP 上的直流电位一定为零，这样可以保证功率放大器的直流输出也一定为零，即有“零输入，零输出”的性质；对于交流信号，电容 C_2 相当于“短路”，此时电阻 R_1 和 R_2 组成同相比例放大器反馈回路，功率放大电路的交流电压放大倍数为

$$A_{uf}=1+\frac{R_1}{R_2}=21$$

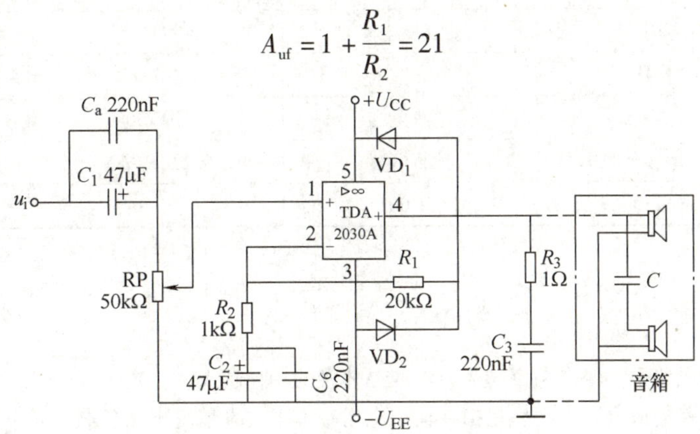

图 5-12 音频放大器功率放大电路

功率放大电路的输出信号接入音箱就可以发声了。图 5-12 中点划线框内的结构为音箱，一般多媒体音箱只有中低音和高音两个扬声器单元。这两个单元是并联的，但是它们的频率响应特性不一致，因此需要对音响的驱动信号进行“分频”处理，将其中的高频、低频信号分离出来，分别去驱动相应的扬声器单元，以提高音质。图 5-12 中高音单元的电路内串联了一只电容 C，这只电容就是分频电容，它和扬声器的内阻构成了一个 RC 高通滤波器，滤除驱动信号中的中低音信号，仅让高音信号进入。这种电容分频的方法是最简单、最经济的方法，也是效果最差的方法，在一些高档的音箱中，则采用电感、电容构成的 LC 滤波器进行分频，以提高音质。另外，现在还有电子分频技术，用信号处理电路将声音信号分为高、中、低三个（或更多）频段，然后分别对这些频段的信号进行功率放大，再分别输出去驱动高、中、低音的扬声器单元，这种方法效果最佳，但成本也最高。

5.3.2 元器件的选择及装调

耦合电容 C_1、C_2 的选择与 3.3.2 中的要求一样，可选择容量为 47μF 的铝电解电容；电容 C_a 和 C_b 同样是设计中预留的无极性电容，在实际电路焊接时可以根据情况取舍。分频电容 C 的取值一般在几个 μF 的量级上，一般采用铝电解电容即可。根据 TDA2030A 参考守则，VD$_1$、VD$_2$ 可选用 1A 的普通整流二极管 1N4001。在实际电路设计中，电阻 R_3 和电容 C_3 的取值一般不计算，而是通过经验来确定，或者由参考资料来确定。本设计中 R_3 和 C_3 的取值就是根据 TDA2030A 的参考守则来确定的。

表 5-2 为构成音频放大器功率放大电路的材料清单。

元器件检测好后，按照原理图在通用电路板上完成焊接，注意 TDA2030A 要加装散热片。检查无误后，接通 12V 直流电源，然后在输入端加入 1V 交流信号，用示波器观察输出波形，然后接通扬声器，看是否发声。

表 5-2　音频放大器功率放大电路的材料清单

序号	元器件名称	型号	规格	数量
1	集成功放	TDA2030A		1
2	电阻	金属膜电阻	20kΩ	1
3	电阻	金属膜电阻	1kΩ	1
4	电阻	金属膜电阻	1Ω	1
5	电位器		50kΩ	1
6	电容	电解电容	47μF/50V	2
7	电容	独石电容	0.22μF/63V	3
8	二极管	1N4001		2

习　题

5-1　判断题

（1）在功率放大电路中，输出功率越大，功放晶体管的功耗越大。（　）

（2）功率放大电路的最大输出功率是指在输出电压基本不失真情况下，负载上可能获得的最大交流功率。（　）

（3）当 OCL 电路的最大输出功率为 1W 时，功放晶体管的集电极最大耗散功率应大于 1W。（　）

（4）功率放大电路与电压放大电路、电流放大电路的共同点是：

1）都使输出电压大于输入电压；（　）

2）都使输出电流大于输入电流；（　）

3）都使输出功率大于信号源提供的输入功率。（　）

（5）功率放大电路与电压放大电路的区别是：

1）前者比后者电源电压高；（　）

2）前者比后者电压放大倍数大；（　）

3）前者比后者效率高；（　）

4）在电源电压相同的情况下，前者比后者的最大不失真输出电压大。（　）

（6）功率放大电路与电流放大电路的区别是：

1）前者比后者电流放大倍数大；（　）

2）前者比后者效率高；（　）

3）在电源电压相同的情况下，前者比后者的输出功率大。（　）

5-2　已知电路如图 5-13 所示，VT_1 和 VT_2 的饱和管压降 $|U_{CES}|=3V$，$U_{CC}=15V$，$R_L=8\Omega$，选择正确答案填入空内。

（1）电路中 VD_1 和 VD_2 的作用是消除______。

A. 饱和失真　　B. 截止失真　　C. 交越失真

（2）静态时，晶体管发射极电位 U_{EQ}______。

A. $>0V$　　B. $=0V$　　C. $<0V$

（3）最大输出功率 P_{OM}______。

A. ≈28W　　B. =18W　　C. =9W

（4）当输入为正弦波时，若 R_1 虚焊，即开路，则输出电压______。

A. 为完整正弦波　　B. 仅有正半周　　C. 仅有负半周

（5）若 VD_1 虚焊，则 VT_1 ______。

A. 可能因功耗过大而烧坏　　B. 始终饱和　　　C. 始终截止

5-3　如图5-13所示电路，已知 $U_{CC}=16V$，$R_L=4\Omega$，VT_1 和 VT_2 的饱和管压降 $|U_{CES}|=2V$，输入电压足够大。试问：

（1）最大输出功率 P_{om} 和效率 η 各为多少？

（2）晶体管的最大功耗 P_{Vm} 为多少？

（3）为了使输出功率达到 P_{om}，输入电压的有效值约为多少？

5-4　在图5-14所示电路中，已知二极管的导通电压 $U_D=0.7V$，晶体管导通时的 $|U_{BE}|=0.7V$，VT_2 和 VT_4 发射极静态电位 $U_{EQ}=0V$。试问：

（1）VT_1、VT_3 和 VT_5 基极的静态电位各为多少？

（2）设 $R_2=10k\Omega$，$R_3=100\Omega$。若 VT_1 和 VT_3 基极静态电流可忽略不计，则 VT_5 集电极静态电流为多少？静态时 u_i 为多少？

（3）若静态时 $i_{B1}>i_{B3}$，则应调节哪个参数可使 $i_{B1}=i_{B3}$？如何调节？

（4）电路中二极管的个数可以改为1个、3个、4个吗？你认为哪个最合适？为什么？

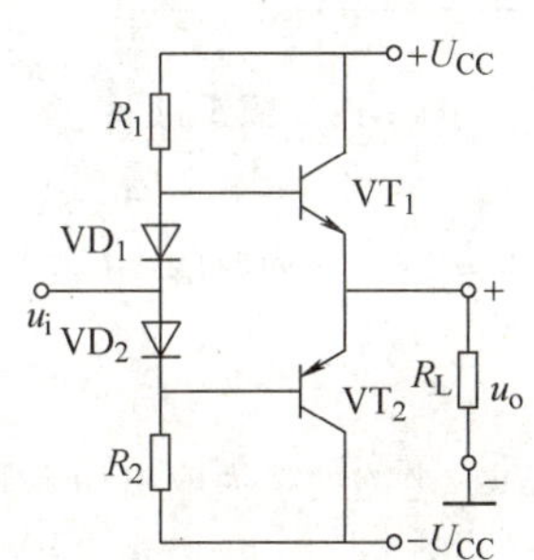

图5-13　题5-2、题5-3图

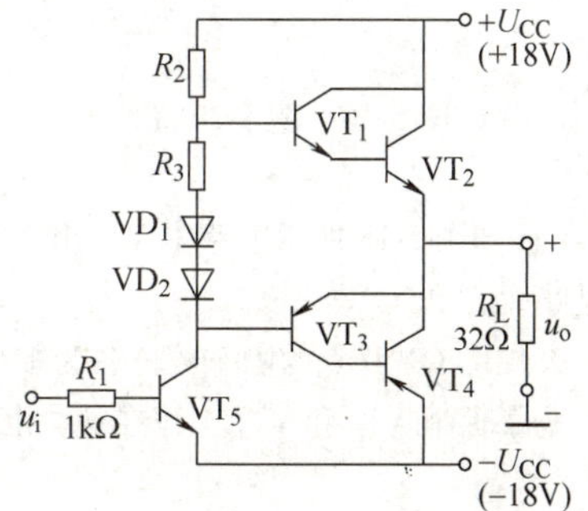

图5-14　题5-4、题5-5、题5-6、题5-7图

5-5　在图5-14所示电路中，已知 VT_2 和 VT_4 的饱和管压降 $|U_{CES}|=2V$，静态时输入信号的电流可忽略不计。试问负载上可能获得的最大输出功率 P_{om} 和效率 η 各为多少？

5-6　为了稳定输出电压，减小非线性失真，请通过电阻 R_f 在图5-14所示电路中引入合适的负反馈；并估算在电压放大倍数约为10的情况下，R_f 的取值。

5-7　估算图5-14所示电路中 VT_2 和 VT_4 的最大集电极电流、最大管压降和集电极最大功耗。

5-8　在图5-15所示电路中，已知 $U_{CC}=15V$，VT_1 和 VT_2 的饱和管压降 $|U_{CES}|=2V$，输入电压足够大。求：

（1）最大不失真输出电压的有效值；

（2）负载电阻 R_L 上电流的最大值；

（3）最大输出功率 P_{om} 和效率 η。

5-9　在图5-15所示电路中，R_4 和 R_5 可起短路保护作用。试问：当输出因故障而短路时，晶体管的最大集电极电流和功耗各为多少？

5-10　在图5-16所示电路中，已知 $U_{CC}=15V$，VT_1 和 VT_2 的饱和管压降 $|U_{CES}|=1V$，集成运放的最大输出电压幅值为 ±13V，二极管的导通电压为0.7V。

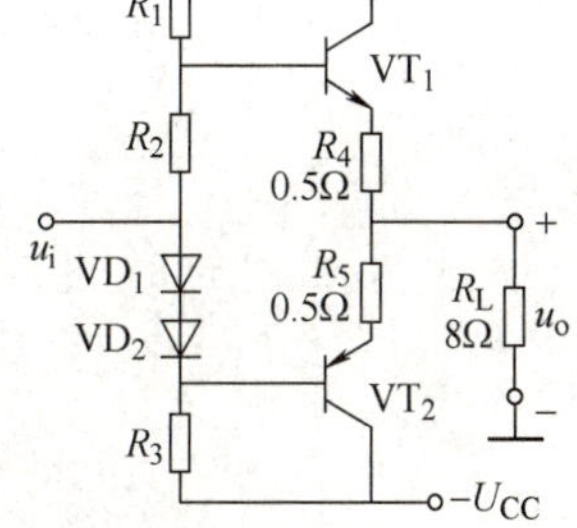

图5-15　题5-8、题5-9图

（1）若输入电压幅值足够大，则电路的最大输出功率为多少？

（2）为了提高输入电阻，稳定输出电压，且减小非线性失真，应引入哪种组态的交流负反馈？并画出相应电路图。

（3）若 $u_i=0.1V$ 时，$u_o=5V$，则反馈网络中电阻的取值约为多少？

5-11　OTL 电路如图 5-17 所示。

（1）为了使最大不失真输出电压幅值最大，静态时 VT_2 和 VT_4 的发射极电位应为多少？若不合适，则一般应调节哪个元件参数？

（2）若 VT_2 和 VT_4 的饱和管压降 $|U_{CES}|=3V$，输入电压足够大，则电路的最大输出功率 P_{om} 和效率 η 各为多少？

（3）VT_2 和 VT_4 的 I_{CM}、$U_{(BR)CEO}$ 和 P_{CM} 应如何选择？

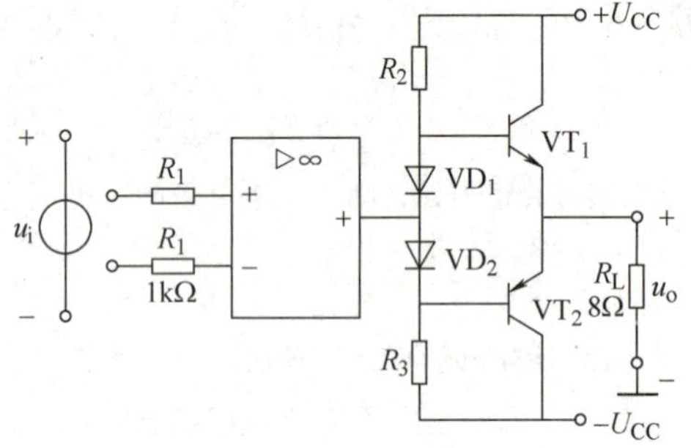

图 5-16　题 5-10 图

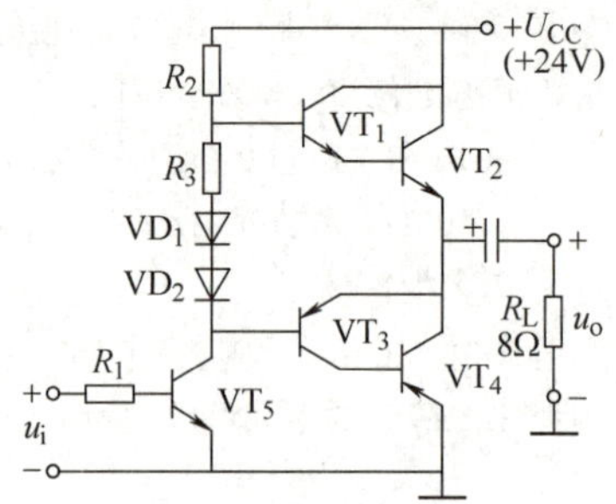

图 5-17　题 5-11 图

5-12　已知图 5-18 所示电路中 VT_1 和 VT_2 的饱和管压降 $|U_{CES}|=2V$，导通时的 $|U_{BE}|=0.7V$，输入电压足够大。

（1）A、B、C、D 点的静态电位各为多少？

（2）为了保证 VT_2 和 VT_4 工作在放大状态，管压降 $|U_{CE}|\geq 3V$，电路的最大输出功率 P_{om} 和效率 η 各为多少？

5-13　LM1877N-9 为 2 通道低频功率放大电路，单电源供电，最大不失真输出电压的峰-峰值 $U_{opp}=(U_{CC}-6)$ V，开环电压增益为 70dB。图 5-19 所示为 LM1877N-9 中一个通道组成的实用电路，电源电压为 24V，$C_1\sim C_3$ 对交流信号可视为短路；R_3 和 C_4 起相位补偿作用，负载为 8Ω。

（1）静态时 u_P、u_N、u_o 各为多少？

（2）设输入电压足够大，电路的最大输出功率 P_{om} 和效率 η 各为多少？

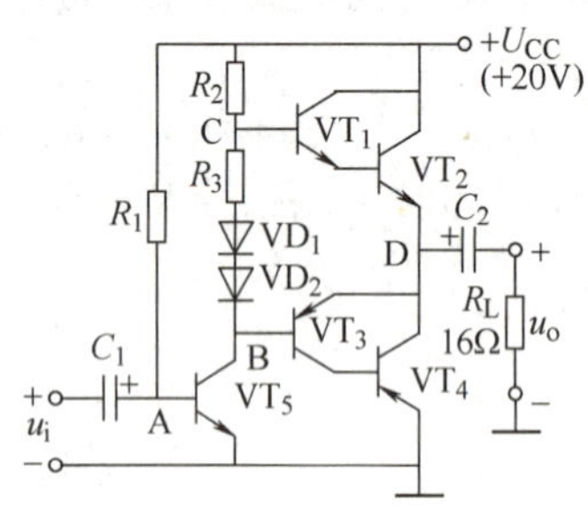

图 5-18　题 5-12 图

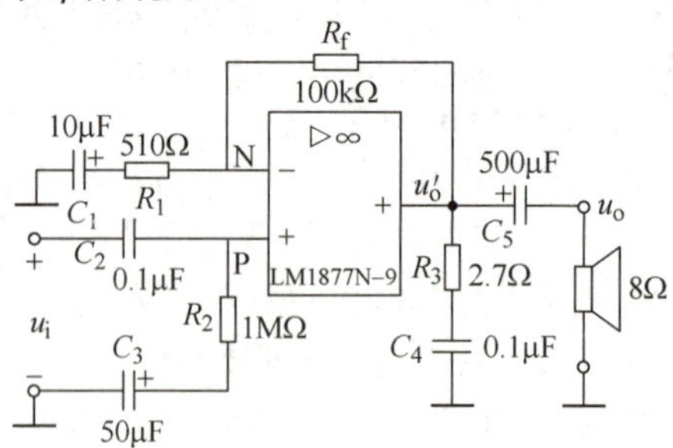

图 5-19　题 5-13 图

任务6 音频放大器电源部分的制作——认识直流稳压电源

模块1 必备知识

音频放大器的电源部分需要给负载提供直流电，许多电子产品和电气装置通常都要求用直流电源供电，一般电子设备所需的直流稳压电源都由电网中的50Hz/220V交流电转化而来。在本任务中，先来认识直流稳压电源的基本知识，然后介绍音频放大器电源部分的设计与制作。

6.1 直流稳压电源

将交流电转换成直流电，一般要经过整流、滤波和稳压三个过程。首先50Hz/220V的交流电经变压器变换为整流电路所需要的交流电，然后由二极管组成的整流电路整流成脉动的直流电，再经滤波电路平滑成有一定纹波的直流电压，对于性能要求不高的电子电路，滤波后的直流电压就可以应用了，但对于稳压性能要求较高的电子电路，滤波后需再加一级集成稳压电路，这样加到负载上的直流电压纹波就非常低了。图6-1为线性直流稳压电源的结构框图。

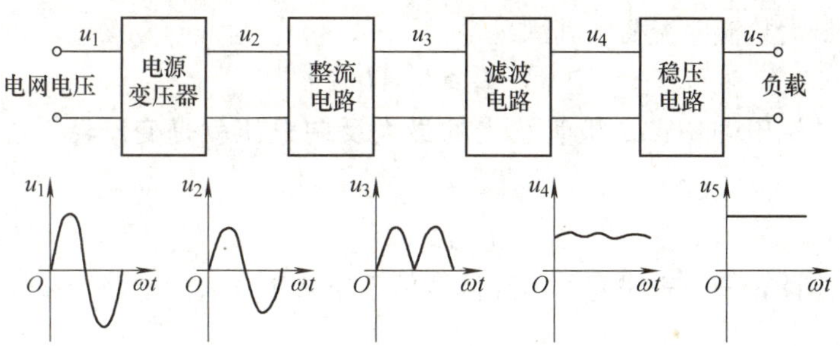

图6-1 线性直流稳压电源的结构框图

6.1.1 整流电路

二极管具有单向导电性，利用这一特点可以构成整流电路。单相整流电路分为半波整流、全波整流、桥式整流及倍压整流等。

1. 单相半波整流电路

（1）电路的组成和工作原理 图6-2a所示为一个最简单的单相半波整流电路，图中T为电源变压器，VD为整流二极管，R_L为负载。变压器把市电电压u_1（多为220V）变换为所需要的交变电压u_2，VD再把交流电变换为脉动直流电。

在变压器二次电压u_2为正的半个周期内，二极管导通，如忽略二极管的正向压降，则

此时输出电压 u_o 等于 u_2；在 u_2 为负的半个周期内，二极管截止，如忽略二极管的反向饱和电流，则输出电压等于零。因此，u_o 是单向的脉动电压，波形如图 6-2b 所示。

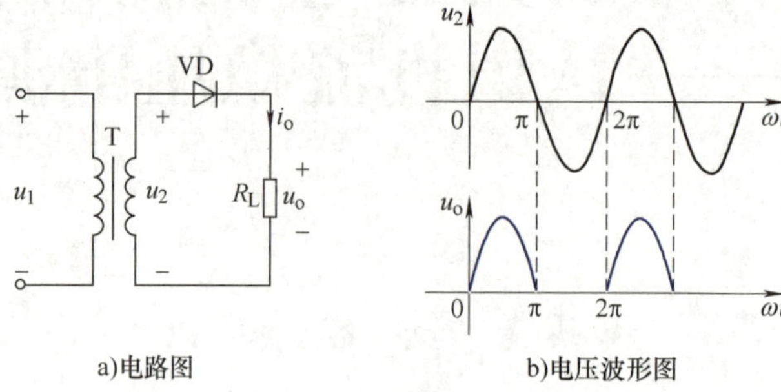

图 6-2　单相半波整流电路及波形图

（2）负载上的直流电压和电流的计算　直流电压是指一个周期内脉动电压的平均值。半波整流电路中

$$U_L = \frac{1}{2\pi}\int_0^{2\pi} u_2 \mathrm{d}(\omega t) = \frac{1}{2\pi}\int_0^{\pi} \sqrt{2}U_2 \sin\omega t \mathrm{d}(\omega t)$$

即

$$U_L = \frac{2\sqrt{2}}{2\pi}U_2 \approx 0.45U_2 \tag{6-1}$$

负载电流平均值为

$$I_L = \frac{U_L}{R_L} \approx 0.45\frac{U_2}{R_L} \tag{6-2}$$

（3）二极管的选择　在单相半波整流电路中流经二极管的电流 I_D 与负载电流 I_L 相等，故选用二极管的最大整流电流要求其满足

$$I_F \geqslant I_D = I_L \tag{6-3}$$

在单相半波整流电路中，二极管承受的最大反向电压就是变压器二次电压 u_2 的最大值，即

$$U_{RM} \geqslant \sqrt{2}U_2 \tag{6-4}$$

根据 I_F 和 U_{RM} 计算值，查阅有关半导体器件手册选用合适的二极管型号，使其接近或略大于计算值。

【例 6-1】　图 6-3 所示是一个电热毯电路，试分析其工作原理。

解： 当电路中开关在“1”的位置时是低温挡，220V 市电经二极管半波整流后接到电热毯，电热毯两端所加电压为

$$U_L \approx 0.45U_2 = 0.45 \times 220\text{V} = 99\text{V}$$

此时，电热毯发热量不多，所以是保温或低温状态。

当电路中开关在“2”的位置时，220V 市电直接加在电热毯上，所以是高温状态。

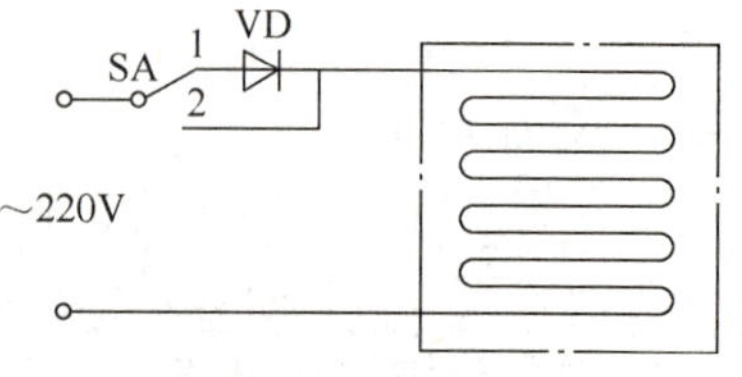

图 6-3　例 6-1 电路图

2. 单相桥式整流电路

单相半波整流电路只利用了交流电的半个周期，这显然是不经济的，同时整流电压的脉

动较大，克服这些不足的是全波整流电路，最常用的全波整流电路是图6-4所示的单相桥式整流电路。电路中采用了4只二极管，接成电桥形式，故称为桥式整流电路，电路的工作过程如下。

在u_2的正半周，VD_1、VD_3导通，VD_2、VD_4截止，流过负载的电流的实际方向与参考方向相同，$u_o>0$；在u_2的负半周，VD_2、VD_4导通，VD_1、VD_3截止，i_o的方向不变，u_o仍大于零。忽略二极管的正向压降和反向饱和电流，输出电压u_o的波形如图6-5所示。

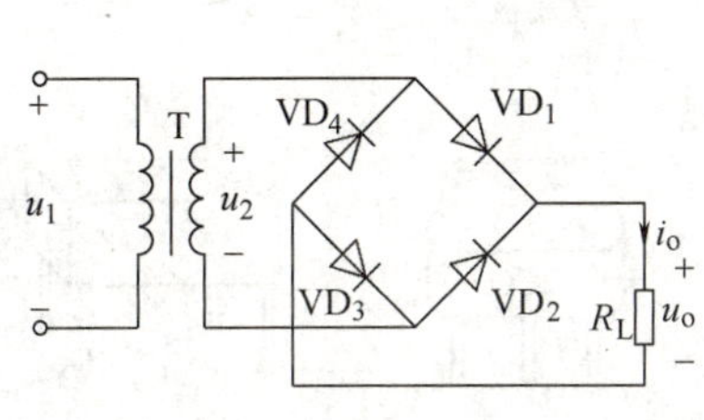

图6-4　单相桥式整流电路

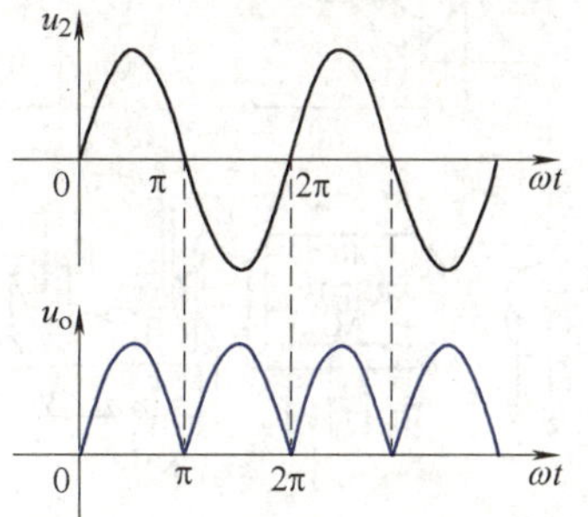

图6-5　桥式整流电路的波形图

与半波整流电路相比，桥式整流电路中负载电压平均值是半波整流时的2倍，即

$$U_L \approx 0.9U_2 \tag{6-5}$$

$$I_L \approx 0.9\frac{U_2}{R_L} \tag{6-6}$$

在桥式整流电路中，四个二极管两两轮流导通，故其电流平均值为负载上电流平均值的一半，即

$$I_F \geqslant I_D = \frac{1}{2}I_L \tag{6-7}$$

二极管承受的最大反向电压就是变压器二次电压u_2的最大值，即

$$U_{RM} \geqslant \sqrt{2}U_2 \tag{6-8}$$

图6-6a所示为桥式整流电路的另一种常用画法，图6-6b所示为简化表示法。

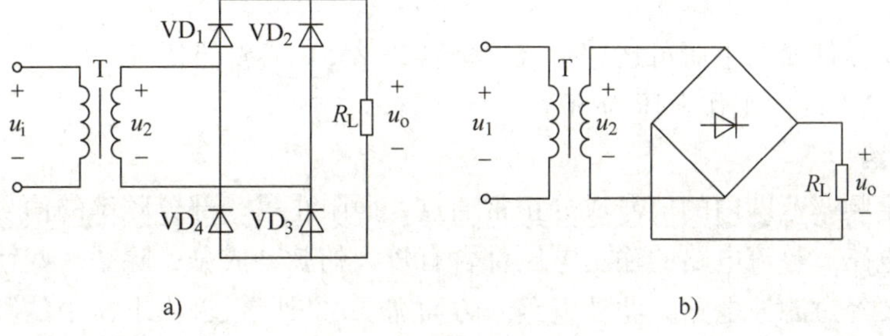

图6-6　单相桥式整流电路的其他画法

实际应用中，常将桥式整流电路的二极管制作在一起，封装成一个整流组合器件，称为整流桥堆。整流桥堆一般用在全波整流电路中，它又分为全桥与半桥。全桥是由4只整流二极管按桥式全波整流电路的形式连接并封装为一体，正向电流有0.5A、1A、1.5A、2A、

2.5A、3A、5A、10A、20A、25A、50A 等多种规格，耐压值（最高反向电压）有 50V、100V、200V、400V、600V、800V、1000V 等多种规格。半桥是由两只整流二极管封装在一起构成的，它有 4 端和 3 端之分，4 端半桥内部的两只二极管各自独立，而 3 端半桥内部的两只整流二极管的负极与负极相连或正极与正极相连。图 6-7 所示为常用整流桥堆的内部电路及外形。

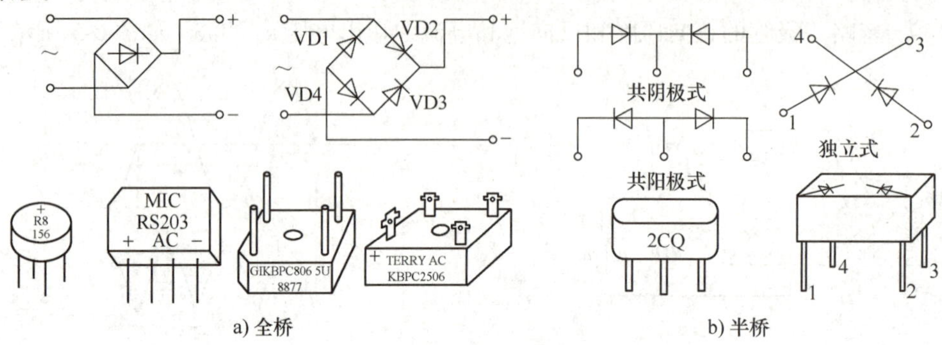

a) 全桥　　b) 半桥

图 6-7　常用整流桥堆的内部电路及外形

【例 6-2】　已知负载电阻 $R_L = 10\Omega$，负载电压 $U_L = 16V$。今采用单相桥式整流电路，试求负载电流和电源变压器二次电压的有效值，选择整流二极管的型号。

解：（1）负载电流

$$I_L = \frac{U_L}{R_L} = \frac{16}{10}A = 1.6A$$

每只二极管通过的平均电流

$$I_D = \frac{1}{2}I_L = 0.8A$$

（2）变压器二次电压的有效值为

$$U_2 = \frac{U_L}{0.9} = \frac{16V}{0.9} = 17.8V$$

于是

$$U_{RM} \geqslant \sqrt{2}U_2 = \sqrt{2} \times 17.8V = 25.2V$$

查常用电子器件简明手册可选用整流二极管 2CZ55B 或整流桥堆 DB101，它们的最大整流电流为 1A，最大反向工作电压为 50V。

6.1.2　滤波电路

只允许一定频率范围内的信号成分正常通过，而阻止另一部分频率的信号成分通过的电路，叫做滤波电路。整流电路的输出电压都含有较大的脉动成分，除了一些特殊的场合使用外，通常都需要经过滤波电路。滤波电路一方面需要尽量降低输出电压中的脉动成分，另一方面又要尽量保留其中的直流成分，使输出电压接近于理想的直流电压。稳压电源中的滤波器一般由储能元件电容和电感组成。

1. 电容滤波电路

图 6-8a 所示为单相半波整流电容滤波电路。其工作原理如下：

当 u_2 的正半周开始时，若 $u_2 > U_C$（电容两端电压），整流二极管 VD 因正向偏置而导通，电容 C 被充电，由于充电回路电阻很小，因而充电很快，u_C 和 u_2 变化同步。当 $\omega t=\pi/2$ 时，u_2 达到峰值，电容 C 两端的电压也近似充至 $\sqrt{2}U_2$。

当 u_2 由峰值开始下降，使得 $u_2<U_C$ 时，二极管截止，电容 C 向 R_L 放电，由于放电时间常数很大，故放电速度很慢。当 u_2 进入负半周后，二极管仍处于截止状态，电容 C 继续放电，输出电压也逐渐下降。

当 u_2 的第二个周期的正半周到来时，C 仍在放电，直到 $u_2>U_C$ 时，二极管又因正偏而导通，电容又再次充电，这样不断重复第一周期的过程。输出波形如图 6-8b 所示。

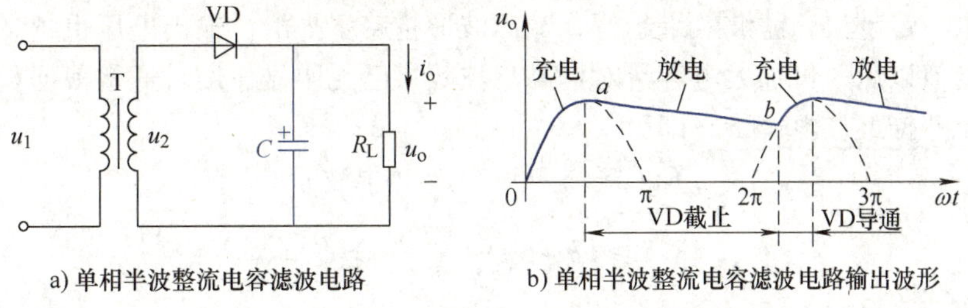

a) 单相半波整流电容滤波电路　　b) 单相半波整流电容滤波电路输出波形

图 6-8　单相半波整流电容滤波电路及输出波形

桥式整流电容滤波电路与半波整流电容滤波电路工作原理是一样的，不同点是在 u_2 的全周期内，电路中总有二极管导通，所以 u_2 对电容 C 充电两次，电容器向负载放电的时间缩短，输出电压更加平滑，输出电压平均值也自然升高，这里不再赘述。桥式整流电容滤波电路及输出波形如图 6-9 所示。

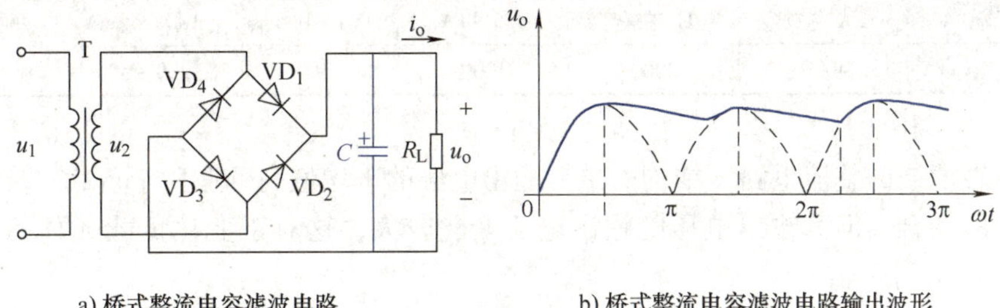

a) 桥式整流电容滤波电路　　b) 桥式整流电容滤波电路输出波形

图 6-9　桥式整流电容滤波电路及输出波形

根据以上分析可知，采用电容滤波后，负载电压中的脉动成分降低了许多。同时，负载电压的平均值也有所提高。在 R_L 一定时，滤波电容越大，U_L 越大。工程估算时可按下式进行。

$$U_L\approx(1\sim1.1)U_2\qquad(\text{半波})\tag{6-9}$$

$$U_L\approx1.2U_2\qquad(\text{全波})\tag{6-10}$$

由图 6-8b 和图 6-9b 可知，电容滤波电路中二极管的导通角远远小于 180°，即整流二极管的导通时间缩短了，而且电容放电时间常数越大，放电时间越长，导通角越小。由于加了电容滤波电路后，平均输出电流提高了，而导通角却减小了，因此，整流二极管在短暂的导通时间内流过一个很大的冲击电流，所以必须选择较大电流容量的整流二极管。

二极管的最大整流电流可按下式选择，即

$$I_F \geqslant I_D = I_L \quad （半波） \tag{6-11}$$

$$I_F \geqslant I_D = \frac{1}{2} I_L \quad （全波） \tag{6-12}$$

在半波整流电容滤波电路中，二极管的最高反向工作电压为

$$U_{RM} \geqslant 2\sqrt{2}U_2 \tag{6-13}$$

而在桥式整流电容滤波电路中，则为

$$U_{RM} \geqslant \sqrt{2}U_2 \tag{6-14}$$

显然，电容量越大，滤波效果越好，输出波形越趋于平滑，输出电压也越高。但是，电容量达到一定值以后，再加大电容量对提高滤波效果已无明显作用。通常根据负载电阻和输出电流的大小选择最佳电容量，即

$$R_L C \geqslant (3 \sim 5)T \quad （半波） \tag{6-15}$$

$$R_L C \geqslant (3 \sim 5)\frac{T}{2} \quad （全波） \tag{6-16}$$

式中，T 为输入信号电压的周期。

当然，这只是一般的选用原则，在实际的应用中，如条件（空间和成本）允许，通常都选取 $C \geqslant (3 \sim 5)T/R_L$。

表 6-1 中还列出了实际应用中滤波电容容量和输出电流的关系，可供参考。电容耐压通常选（1.5 ~2）U_2。

表 6-1　滤波电容容量和输出电流的关系

输出电流	2A 左右	1A 左右	0.5 ~1A	0.1 ~0.5A	100 ~50mA	50mA 以下
滤波电容/μF	4000	2000	1000	500	200 ~500	200

采用电容滤波的整流电路，结构简单，输出电压的平均值高，适用于负载电流较小且其变化也较小的场合，但其输出电压随输出电流变化较大，这对于变化负载（如乙类推挽电路）来说是很不利的。

【例 6-3】 有一单相桥式整流电容滤波电路，已知负载电阻 $R_L = 200\Omega$，负载电压 $U_L = 30V$。试选择合适的整流二极管的型号及滤波电容（交流电频率为工频）。

解：（1）选整流二极管。负载电流为

$$I_L = \frac{U_L}{R_L} = \frac{30V}{200\Omega} = 150mA$$

流经每个二极管电流的平均值为

$$I_D = \frac{1}{2} I_L = 75mA$$

根据式（6-10），则变压器二次电压的有效值为

$$U_2 = \frac{U_L}{1.2} = \frac{30}{1.2}V = 25V$$

二极管所承受的最高反向电压为

$$U_{RM} \geqslant \sqrt{2}U_2 = \sqrt{2} \times 25V = 35V$$

根据 I_D 和 U_{RM} 的数值，可选用整流二极管 2CZ53B，它的最大整流电流为 300mA，最高反向工作电压为 50V。

（2）选滤波电容。根据式（6-6），取

$$R_L C = 5 \times \frac{T}{2} = 5 \times \frac{0.02}{2}\text{s} = 0.05\text{s}$$

$$C = \frac{0.05\text{s}}{R_L} = \frac{0.05\text{s}}{200\Omega} = 250\mu\text{F}$$

电容耐压应大于 $\sqrt{2}U_2 = 35\text{V}$，故可选用 330μF/50V 的电解电容器。

2. 电感滤波电路

利用储能元件电感 L 的电流不能突变的性质，把电感 L 与整流电路的负载 R_L 相串联，也可以起到滤波的作用。电感滤波电路如图 6-10a 所示。u_o 的波形如图 6-10b 所示。整流滤波电路输出的电压可以看做是由直流分量和交流分量叠加而成的。因电感线圈的直流电阻很小，交流电抗很大，故直流分量顺利通过，交流分量将全部降落到电感线圈上，这样在负载 R_L 上可以得到比较平滑的直流电压。

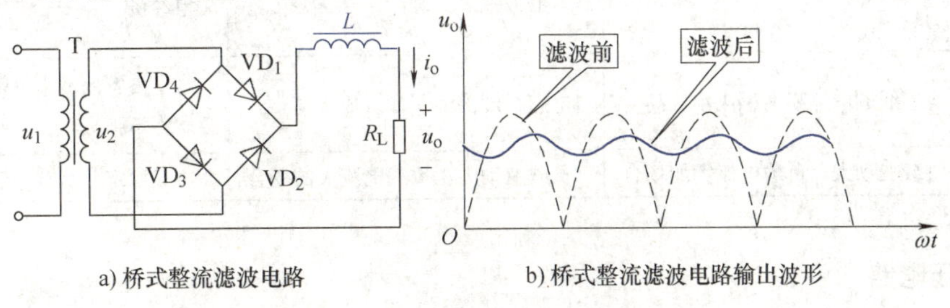

a) 桥式整流滤波电路　　b) 桥式整流滤波电路输出波形

图 6-10　桥式整流电感滤波电路及波形

电感滤波电路的输出电压为

$$U_o = 0.9U_2 \tag{6-17}$$

采用电感滤波后，延长了整流二极管的导通角，因此避免了过大的冲击电流。当在 u_2 正半周时，VD_1、VD_3 导通，电感中的电流将滞后 u_2。当在负半周时，电感中的电流将经由 VD_2、VD_4 提供。因桥式电路的对称性及电感中电流的连续性，四个二极管 VD_1、VD_3 和 VD_2、VD_4 的导通角都是 180°。电感线圈的电感量越大，负载电阻越小，滤波效果越好，因此，电感滤波器适用于负载电流较大的场合。其缺点是电感量大、体积大、成本较高。

3. 复式滤波电路

为了进一步减少脉动，提高滤波效果，常将电容滤波电路和电感滤波电路组合成复式滤波电路，这样经双重滤波后输出电压更加平直。图 6-11 就是常见的几种复式滤波电路。

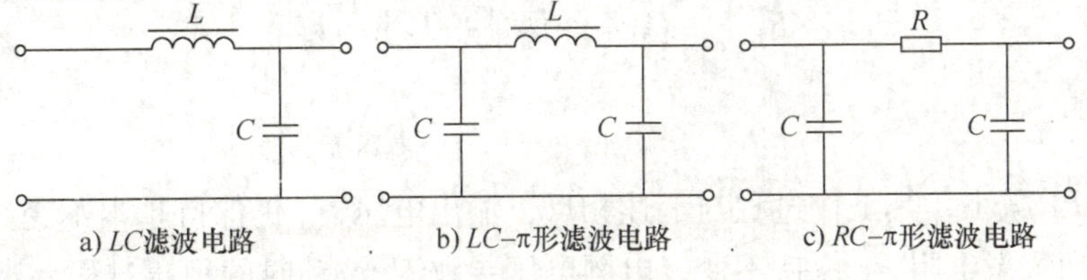

a) *LC* 滤波电路　　b) *LC*-π 形滤波电路　　c) *RC*-π 形滤波电路

图 6-11　复式滤波电路

LC、*LC*-π 形滤波电路适用于负载电流较大，要求输出电压脉动较小的场合。在负载较轻时，经常采用电阻替代笨重的电感，构成 *RC*-π 形滤波电路，同样可以获得脉动很小的输出电压。由于电阻对交、直流均有压降和功率损耗，故只适用于负载电流较小的场合。

表 6-2 列出了几种复式滤波电路的形式、性能特点及适用场合。

表 6-2　几种复式滤波电路的性能比较

名称	*LC* 滤波	*LC*-π 形滤波	*RC*-π 形滤波
电路形式	L, C, R_L	L, C_1, C_2, R_L	R, C_1, C_2, R_L
U_o	$\approx 0.9U_2$	$\approx 1.2U_2$	$\approx 1.2\frac{R_L}{R+R_L}U_2$
优点	电路结构简单，运行可靠性高，流过二极管的峰值电流小，带负载能力较强	直流输出电压纹波小，输出电压高，滤波效果更好	滤波效果较好，体积较小，结构简单经济
缺点	电感线圈的体积大，成本较高	电感线圈的体积大，成本高	对二极管的冲击电流较大，带负载能力不强
适用场合	负载变动大、负载电流大的场合	负载变动大、负载电流大的场合	负载稳定、负载电流小的场合

6.1.3　稳压电路

交流电经过整流滤波可以变成直流电，但是它的电压是不稳定的，这是因为供电电压的变化或用电电流的变化，都能引起电源电压的波动。要获得稳定不变的直流电源，还必须再增加稳压电路。

1. 硅稳压管并联稳压电路

图 6-12 是由硅稳压管组成的稳压电路，其中 R 起限流和电压调整作用，负载电阻 R_L 与稳压二极管 VS 并联，所以又称为并联型稳压电路。

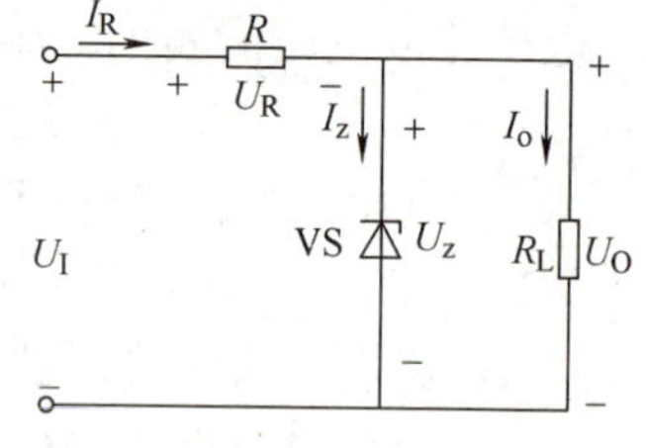

图 6-12　硅稳压管并联型稳压电路

首先分析稳压电路的输入电压 U_I 保持不变，负载电阻 R_L 改变时电路的稳压过程。设由于负载减少使 R_L 增大时，输出电压 U_O 将升高，稳压管两端的电压 U_Z 上升，电流 I_Z 将迅速增大，流过 R 的电流 I_R 也增大，导致 R 上的压降 U_R 上升，从而使输出电压 U_O 下降。此过程可简单表述如下：

$$R_L\uparrow \to U_O\uparrow \to U_Z\uparrow \to I_Z\uparrow \to I_R\uparrow$$

$$\downarrow$$

$$U_O\downarrow \leftarrow U_R\uparrow$$

如果负载 R_L 减小，其工作过程与上述相反，输出电压 U_O 仍保持基本不变。

现在分析当负载电阻 R_L 保持不变，电网电压导致 U_I 波动时的稳压过程。当电源电压减小，即 U_I 下降时，输出电压 U_O 也将随之下降，但此时稳压管的电流 I_Z 急剧减小，则在电

阻 R 上的压降减小，以此来补偿 U_I 的下降，使输出电压基本保持不变。此过程简单表述如下：

$$U_I\downarrow \rightarrow U_O\downarrow \rightarrow I_Z\downarrow \rightarrow I_R\downarrow$$
$$\downarrow$$
$$U_O\uparrow \leftarrow U_R\downarrow$$

如果输入电压 U_I 升高，其工作过程与上述相反，R 上压降增大，输出电压 U_O 仍保持基本不变。

由以上分析可知，硅稳压管稳压原理是利用稳压管两端电压 U_Z 的微小变化，引起电流 I_Z 的较大的变化，通过电阻 R 起电压调整作用，保证输出电压基本恒定，从而达到稳压作用。

稳压管的型号有2CW、2DW等系列，在实际应用中，如果选择不到稳压值符合需要的稳压管，可以选用稳压值较低的稳压管，然后进行串并连接，把稳定电压提高到所需数值。这里有的稳压管利用硅二极管的正向压降为0.6～0.7V的特点来进行稳压的。因此，硅二极管在电路中必须正向连接，这是与稳压管不同的。

图6-12所示电路简单可靠，但是稳定电压不能调整，负载电流太小，一般多用做电路前级的稳压和其他电源的参考电压。

采用两级硅稳压管稳压电路，可以输出两种稳定电压 U_{O1} 和 U_{O2}，并能进一步提高稳压效果。电路如图6-13所示。

2. 晶体管串联型稳压电路

串联型稳压电路框图如图6-14所示。负载与调整器件串联，输出电压等于输入电压与调整器件两端电压之差。取样电压与基准电压比较放大后控制调整器件的输出电压，当输入电压升高时，调整器件电压也随之升高，从而使输出电压基本不变。

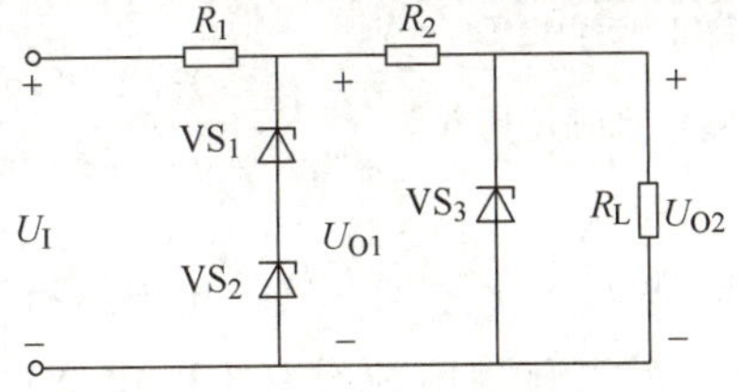

图6-13　两级硅稳压管并联型稳压电路

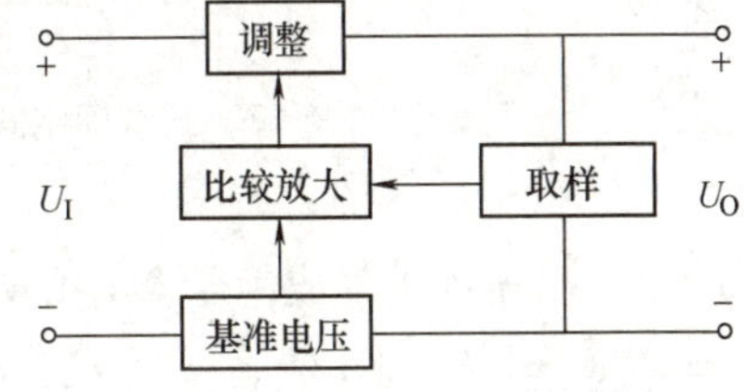

图6-14　串联型稳压电路框图

图6-15所示为一个由集成运放和晶体管构成的串联型稳压电路。比较放大环节本质上就是一个运算放大电路，基准电压输入比较放大电路的同相输入端。而调整器件的本质则是一只晶体管，也叫做调整管，要求其工作在放大状态。在电路中，调整管和比较放大环节复合在一起可以简单地看成是具有大电流输出能力的运算放大电路。电阻 R_1 和 R_2 构成的采样电路，其本质就是同相比例放大电路中的反馈电阻。这样，整体电路就可以看成是具有大电流输出能力的同相比例放大电路，其输出电压为

$$U_O=\left(1+\frac{R_1}{R_2}\right)U_Z \tag{6-18}$$

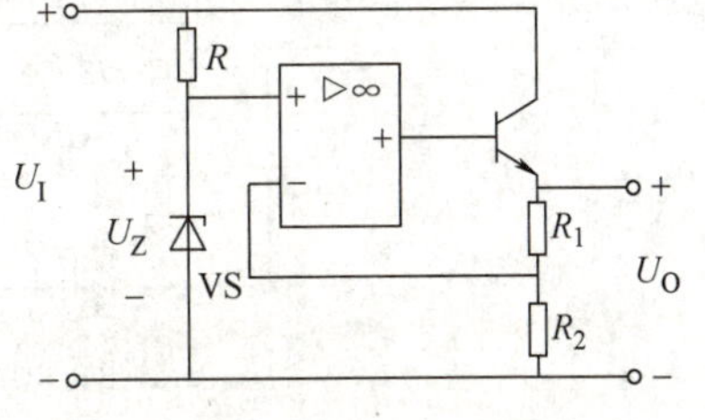

图6-15　串联型稳压电路图

当外部的输入电压发生变化时，只要基准电压不变，则输出的电压也不会发生变化，调整电阻 R_1 和 R_2 的取值，则可以调整输出电压。

3. 集成稳压器

集成稳压器是模拟集成电路中的重要部件，它将调整、基准电压、比较放大、启动和保护等环节都做在一块芯片上，具有稳定性高、体积小、成本低、使用方便等优点，已得到越来越广泛的应用。

集成稳压器的种类很多，常见的有三端固定式、三端可调式、多端可调式及单片开关式。

（1）三端固定式集成稳压器　三端固定式集成稳压器是一种串联调整式稳压器，其输出电压固定不变，不用调节。通用产品有 CW78××正电压系列、CW79××负电压系列。

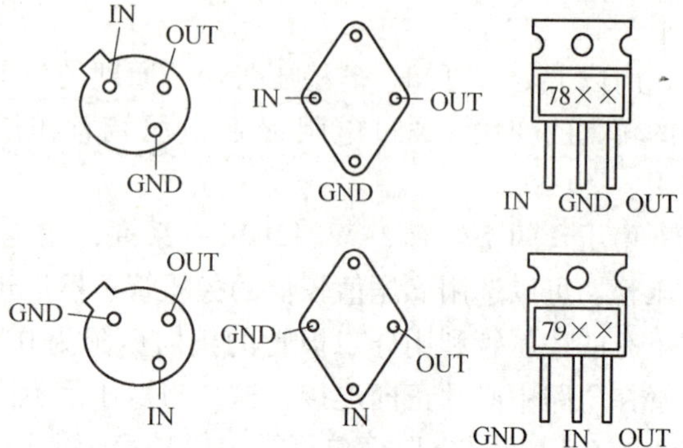

图 6-16　三端固定式集成稳压器的外形及引脚排列

三端固定式集成稳压器的外形和引脚排列如图 6-16 所示。由于它只有输入、输出和接地端三个端子，故称为三端稳压器。

三端固定式集成稳压器的型号组成及其意义如图 6-17 所示。

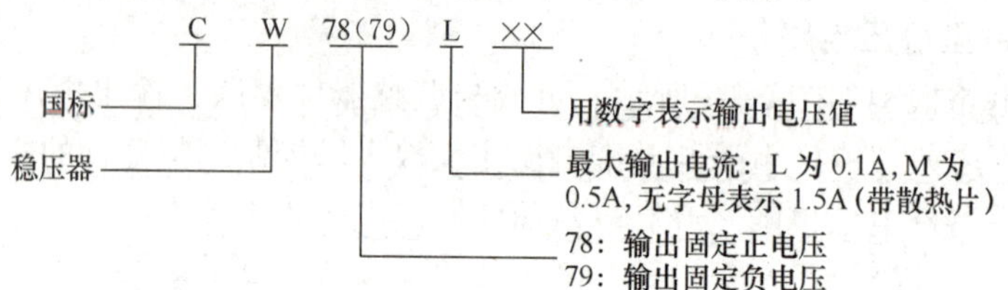

图 6-17　三端固定式集成稳压器的型号组成及其意义

国产的三端固定式集成稳压器有 CW78××系列和 CW79××系列，其输出电压有 ±5V、±6V、±8V、±9V、±12V、±15V、±18V、±24V，最大输出电流有 0.1A、0.5A、1A、1.5A、2.0A 等。

如将三端固定式集成稳压器与适当的外接元器件配合，可组成许多应用电路。图 6-18a 为 CW78××的应用电路原理图，为保证稳压器正常工作，其最小输入、输出电压差应为 2V，该电路输出为正电压。图 6-18b 为 CW79××的应用电路原理图，该电路输出为负电压。

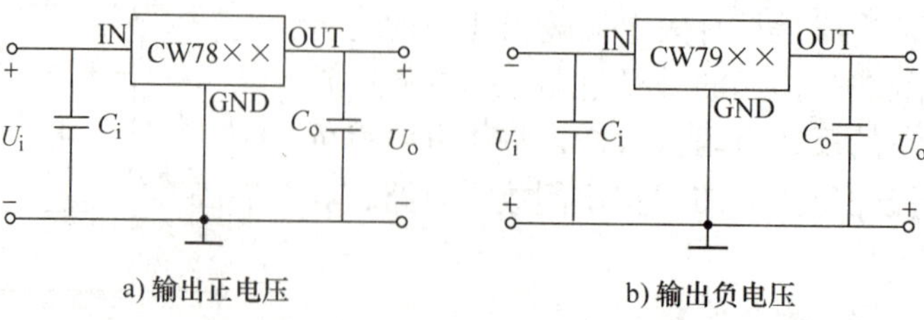

图 6-18　三端固定式集成稳压器的应用

其中，电容 C_i 为输入滤波电容，可以减小输入电压的纹波，也可以抵消输入端产生的电感效应，以防止自激振荡。输出端电容 C_o 用以改善负载的瞬态响应和消除电路的高频噪声。

将 CW78××和 CW79××稳压器合并使用，可同时输出正、负两组电压，如图 6-19 所示。由图可见，电源变压器带有中心抽头并接地，两块稳压器的公共端连接在一起，具有公共接地端，即可输出大小相等、极性相反的电压。

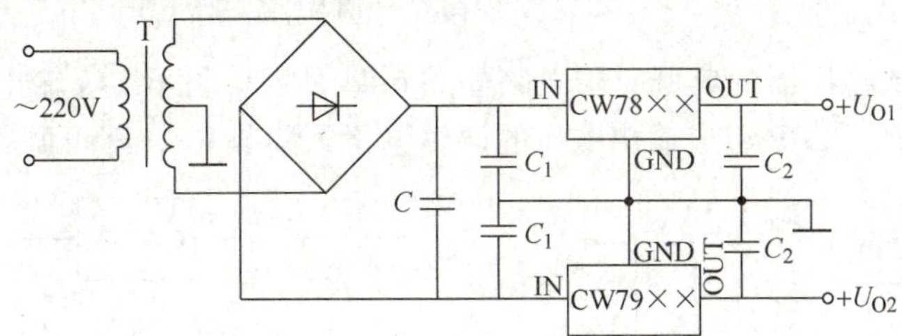

图 6-19　输出正负对称电压的稳压电路

若要提高输出电压或增大输出电流，可分别采用外接稳压管和晶体管的方法，电路分别如图 6-20 及图 6-21 所示。

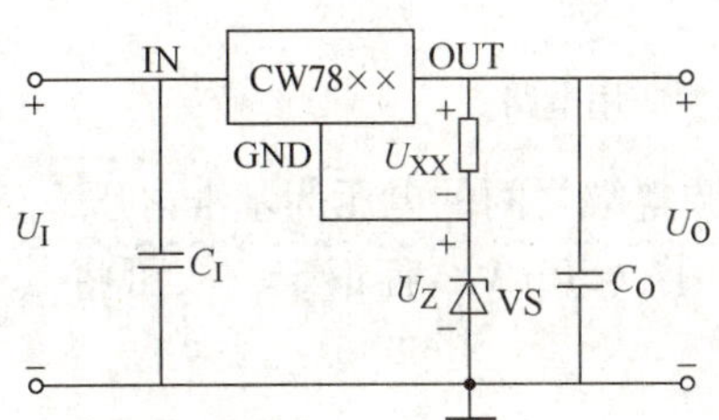

图 6-20　提高输出电压的稳压电路

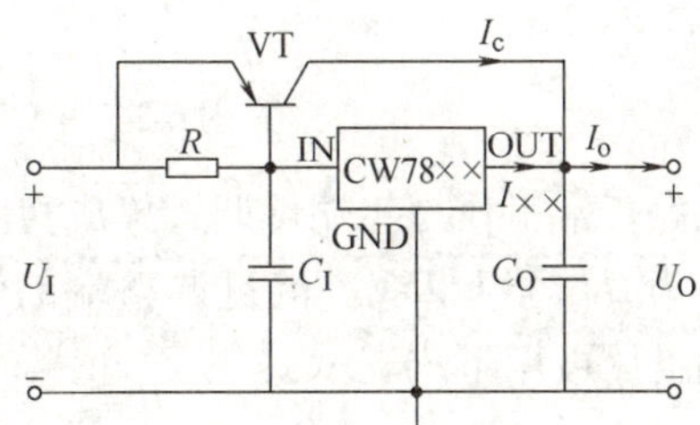

图 6-21　增大输出电流的稳压电路

（2）三端可调式集成稳压器　三端可调式集成稳压器是在三端固定式稳压器基础上发展起来的第二代新产品，它除了具备三端固定式集成稳压器的优点外，还可用少量的外接元件，实现大范围输出电压的连续调节（调节范围为 1.2～37V），应用更为灵活。

三端可调式集成稳压器是一种悬浮式串联调整稳压器，其典型产品有输出正电压的 CW117/CW127/CW317 系列，输出负电压的 CW137/CW237/CW337 系列。按输出电流的大小，每个系列又分为 L 型、M 型。命名方法由五部分组成，其意义如图 6-22 所示。

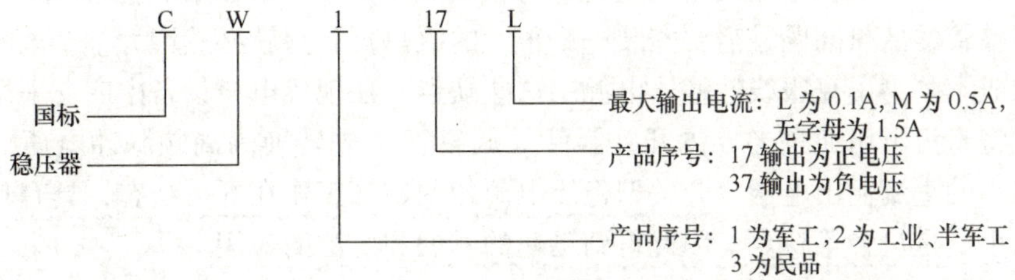

图 6-22　三端可调式集成稳压器的型号组成及其意义

图 6-23 为塑料封装与金属封装三端可调式集成稳压器的外形及引脚排列图。同一系列的内部电路和工作原理基本相同，只是工作温度不同。

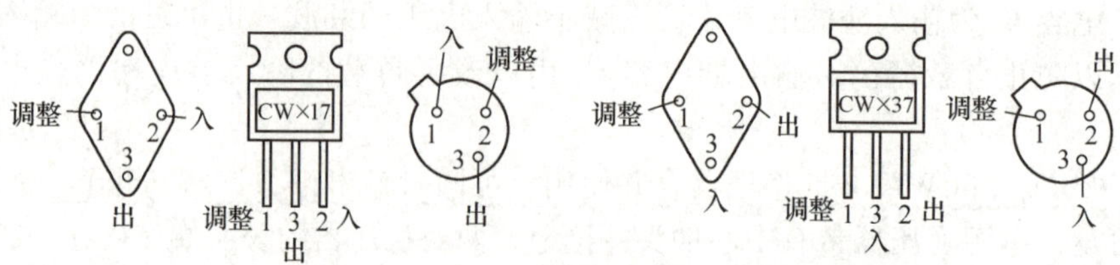

图 6-23　CW317 和 CW337 外形及引脚排列图

三端可调式集成稳压器的典型应用电路如图 6-24 所示。图 6-24a 输出正电压，图 6-24b 输出负电压。其中 R_1 和 RP 组成输出电压的调整电路，调节 RP，即可调整输出电压的大小。

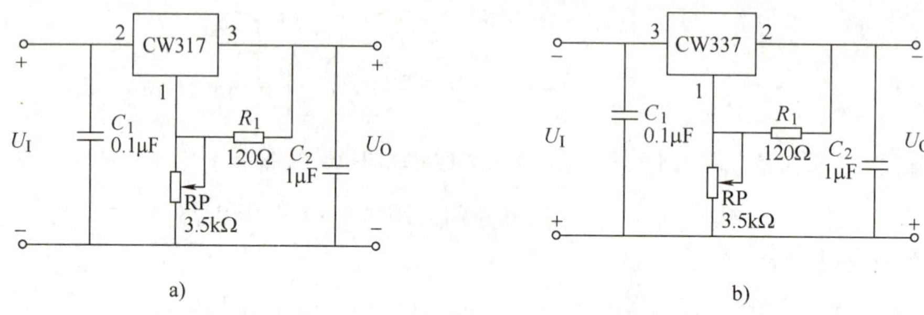

图 6-24　CW317 和 CW337 典型应用电路

电路正常工作，三端可调式集成稳压器输出端与调整端之间的电压为基准电压 U_{REF}，其典型值为 $U_{REF}=1.25V$。流过调整端的输出电流非常小（50μA）且恒定，故可将其忽略，则输出电压可用下式表示：

$$U_o=\left(1+\frac{R_P}{R_1}\right)\times 1.25V \tag{6-19}$$

式中，R_P 为电位器 RP 串在电路中的电阻。

其中 R_1 一般取值 120～240Ω（此值保证稳压器在空载时也能正常工作），调节 RP（R_P 的取值视 R_L 和输出电压的大小而定）可改变输出电压的大小。

6.1.4　高频开关型稳压电源介绍

前面介绍的线性稳压电源优点是稳定性强，纹波小，可靠性高，易做成多路输出连续可调的电源。但是线性稳压电源有一个共同的特点就是它的功率器件调整管工作在线性区，靠调整管极间的电压降来稳定输出，调整管静态损耗大，故效率较低，甚至仅为 30%～40%。为了解决调整管的散热问题，需要安装一个很大的散热器，这就必然增大整个电源设备的体积、重量和成本。为了克服线性稳压电源的这些缺点，在现代电子设备中广泛采用开关型稳压电源，它将直流电压通过半导体开关器件（调整管）先转换为高频脉冲电压，再经滤波得到纹波很小的直流输出电压。开关型稳压电源的调整管工作在开关状态，具有功耗小、效率高、体积小、重量轻等特点，因此得到迅速的发展和广泛的应用。

1. 高频开关型稳压电源的组成

高频开关型稳压电源的结构框图如图 6-25 所示，从交流电网输入到直流输出的全过程包括：输入滤波电路、整流滤波电路、开关调整电路、输出整流滤波电路和脉宽调制（PWM）电路等环节。

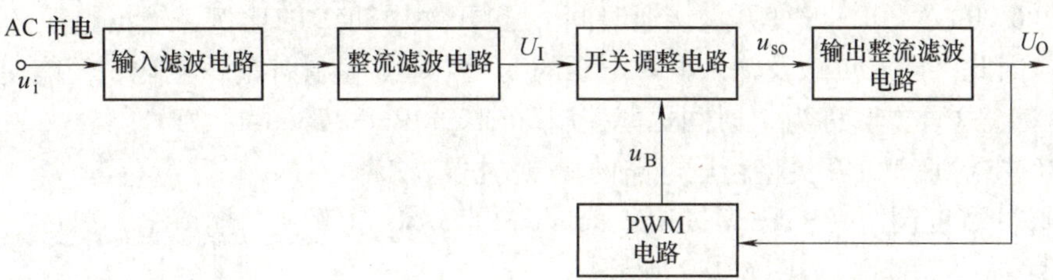

图 6-25 高频开关型稳压电源的结构框图

输入滤波电路的作用是将电网存在的杂波过滤，同时也阻碍本机产生的杂波反馈到公共电网。整流滤波电路将电网交流电源变换为较平滑的直流电 U_I，供下一级变换。开关调整电路又称高频变换器，负责将整流后的直流电变为高频交流电 u_{so}，这是高频开关电源的核心部分，频率越高，体积、重量与输出功率之比越小。输出整流滤波电路的作用是根据负载需要，向负载提供稳定可靠的直流电源。脉宽调制电路从输出端取样，经与设定标准进行比较后，得到脉冲控制信号 u_B，去控制开关调整电路中调整管的开关时间，改变其输出频率或脉宽，达到输出稳定。

2. 开关型稳压电源原理

开关型稳压电源的原理图如图 6-26 所示。电子开关 VT 在控制脉冲 u_B 的作用下以一定的时间间隔重复地接通和断开，当控制脉冲 u_B 出现时，电子开关闭合，$u_{so}=U_I$，并通过整流滤波电路提供给负载 R_L，在整个开关接通期间，输入电源 U_I 向负载提供能量；无控制脉冲时，电子开关断开，$u_{so}=0$，输入电源 U_I 便中断了能量的提供。可见，输入电源 U_I 向负载提供能量是断续的，为使负载能得到连续的能量，开关稳压电源必须要有一套储能装置，在开关接通时将一部分能量储存起来，在开关断开时，向负载释放。在图 6-26 中，由电感 L、电容 C_2 和二极管 VD 组成的电路，就具有这种功能。电感 L 用以储存能量，在开关断开时，储存在电感 L 中的能量通过二极管 VD 释放给负载，使负载得到连续而稳定的能量。因为二极管 VD 使负载电流连续不断，所以称为续流二极管。

电路中电子开关的输出波形如图 6-27 所示。开关的开通时间 t_{on} 与开关周期 T 之比称为脉冲电压 u_{so} 的占空比。输出电压平均值 U_O 的大小与占空比成正比，其公式为

$$U_O=\frac{t_{on}}{T}U_i \tag{6-20}$$

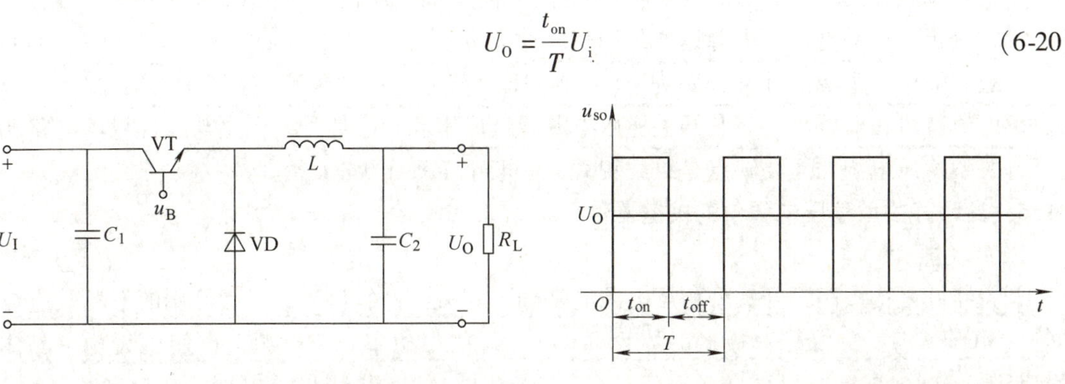

图 6-26 开关型稳压电源原理图

图 6-27 u_{so} 的波形

由式（6-20）可知，改变开关接通时间 t_{on} 和开关周期 T 的比例，输出电压的平均值也随之改变，因此，随着负载及输入电源电压的变化自动调整脉冲的占空比，便能使输出电压 U_O 维持不变。这种方法称为“时间比率控制”（Time Ratio Control，TRC）。

按 TRC 控制原理，开关型稳压电路的控制方式有三种：

（1）脉冲宽度调制（Pulse Width Modulation，PWM） 开关周期恒定，通过改变脉冲宽度来改变占空比的方式，如图 6-28a 所示。

（2）脉冲频率调制（Pulse Frequency Modulation，PFM） 导通脉冲宽度恒定，通过改变开关工作频率来改变占空比的方式，如图 6-28b 所示。

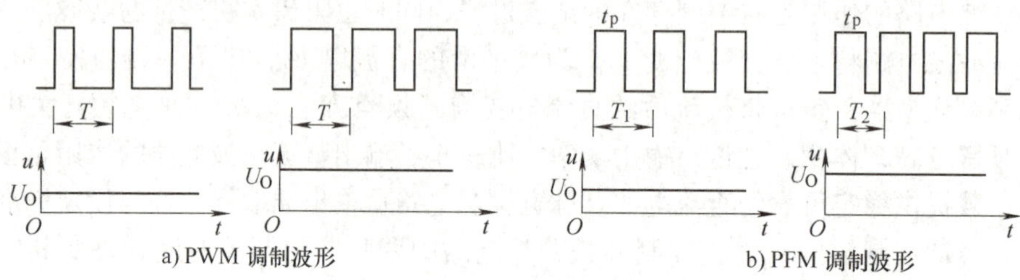

图 6-28 开关型稳压电路调制波形

（3）混合调制 脉冲宽度和开关工作频率均不固定，彼此都能改变的方式，它是以上两种方式的混合。

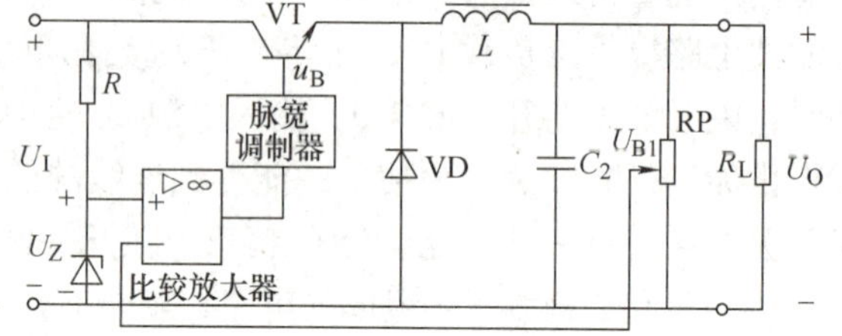

图 6-29 串联降压型开关稳压电源

图 6-29 所示为一串联降压型开关稳压电源，当输入电压 U_I 或负载 R_L 发生变化时，若引起输出电压 U_O 上升，导致取样电压 U_{B1} 增加，则比较放大电路输出电压下降，控制脉宽调制器的输出信号 u_B 的脉宽变窄，开关调整管的导通时间减小，经滤波电路滤波后使输出电压 U_O 下降。通过上述调整过程，使输出电压 U_O 基本保持不变。同理，输出电压 U_O 降低时，脉宽调制器的输出信号 u_B 的脉宽变宽，开关调整管的导通时间增加，使输出电压 U_O 基本保持不变。

综上分析，开关型稳压电源是通过调整脉冲的宽度（占空比）来保持输出电压 U_O 的稳定，一般开关稳压电源的开关频率为 10～100kHz，产生的脉冲频率较高，所需的滤波电容和电感的值就可相对减小，有利开关稳压电源降低成本和减小体积。但是与线性稳压电路相比，开关型稳压电源的主要缺点是纹波较大，一般小于等于 1% $U_{op\text{-}p}$。

6.1.5 高频开关型稳压电源中的关键器件

1. 开关器件

开关器件是构成高频开关型稳压电源的基础，开关器件有许多，经常使用的有场效应晶体管（MOSFET）、绝缘栅双极型晶体管（IGBT），在小功率开关电源上也使用大功率晶体管（GTR）。

（1）大功率晶体管（GTR） 大功率晶体管（GTR）也称巨型晶体管，是三层结构的双极全控型大功率高反压晶体管，它具有自关断能力，控制十分方便，并有饱和压降低和比较宽的安全工作区等优点。在开关型稳压电源中，GTR 主要工作在开关状态。GTR 是一种电流控制型器件，即在其基极注入电流 I_B 后，集电极便能得到放大了的电流 I_C。对于工作在开关状态的 GTR，关键的技术参数是反向耐压 U_{CE} 和正向导通电流 I_C。由于 GTR 不是理想的开关，当饱和导通时，有管压降 U_{CES}，关断时有漏电流 I_{CEO}；加之开关转换过程中具有开通时间 t_{on} 和关断时间 t_{off}，因此使用 GTR 时，对其集电极功耗 P_C 与结温 T_{jm} 也应给予足够的重视。

（2）功率 MOSFET　功率 MOSFET 也称 VMOS，除少数应用于音频功率放大器，工作于线性范围外，大多数用作开关和驱动器，工作于开关状态，耐压从几十伏到上千伏，工作电流可达几安培到几十安培。功率 MOSFET 都是增强型 MOSFET，它具有优良的开关特性。

功率 MOSFET 可分成两类：P 沟道及 N 沟道，其电路符号如图 6-30a 所示。它有三个极：漏极（D）、源极（S）及栅极（G）。有一些功率 MOSFET 内部在漏源极之间并接了一个二极管或肖特基二极管，这是在接电感负载时，防止反电动势损坏 MOSFET，如图 6-30b 所示。这两类 MOSFET 的工作原理相同，仅电源电压的极性相反。

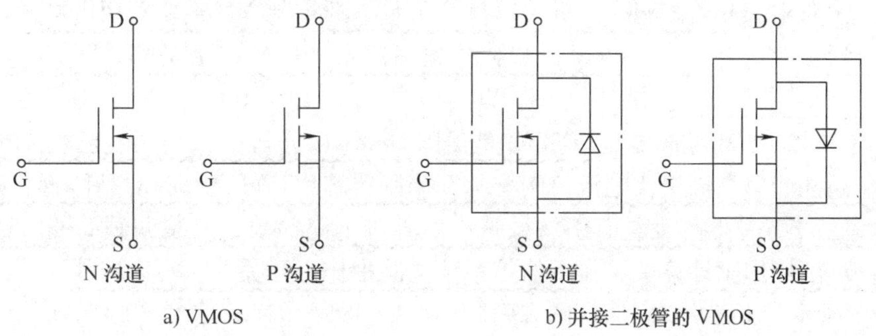

图 6-30　VMOS 的图形符号

VMOS 是电压控制型器件，输入栅极电压 U_G 控制着漏极电流 I_D，即一定条件下，漏极电流 I_D 取决于栅极电压 U_G。增强型 VMOS 具有下述主要特点：输入阻抗极高，最高可达 $10^{15}\Omega$；噪声低；没有少数载流子存储效应，因而作为开关时不会因存储效应而引起开关时间的延迟，开关速度高；没有偏置残余电压，用做斩波器时可提高斩波电路的性能；可用做双向开关电路；当 $U_{GS}=0$ 时，$U_{DS}=0$，导通时其导通电阻很小（目前可做到几个毫欧）。另外，其损耗小，是较理想的开关，并且可在小尺寸封装时输出较大的开关电流，而无需加散热片。

VMOS 的主要极限参数有：最大漏-源电压 U_{DS}、最大栅-源电压 U_{GS}、最大漏极电流 I_D，最大功耗 P_D。在使用中不能超过极限值，否则会损坏器件。主要电特性参数有：开启电压 $U_{GS(th)}$，栅极电压为零时的 I_{DSS} 电流，在一定的 U_{GS} 条件下的导通电阻 $R_{DS(ON)}$。

（3）绝缘栅双极型晶体管（IGBT）　绝缘栅双极型晶体管（IGBT）是一种 VMOS 与晶体管复合的器件。由 N 沟道 VMOS 和 PNP 型晶体管构成的 IGBT 理想等效电路如图 6-31 所示，是晶体管和 VMOS 进行达林顿连接后形成的单片 Bi-MOS 晶体管。因此，在门极-发射极间外加正向电压使 VMOS 导通时，PNP 型晶体管的基极-集电极间呈低电阻状态，从而使 PNP 型晶体管处于导通状态。当门极-发射极间电压为 0V 时，首先 VMOS 处于断路状态，

PNP 型晶体管的基极电流被切断，从而处于关断状态。所以，IGBT 和 VMOS 一样，可以通过电压信号控制开通和关断动作，是一种压控器件。

综上所述，IGBT 既有功率 VMOS 易于驱动、控制简单、开关频率高的优点，又有大功率晶体管导通电压低、通态电流大、损耗小的显著优点。如 1200V/100A 的 IGBT 的导通电阻是同一耐压规格的 VMOS 的 1/10，而开关时间是同规格 GTR 的 1/10。由于这些优点，IGBT 广泛应用于高频开关型稳压电源的设计中。

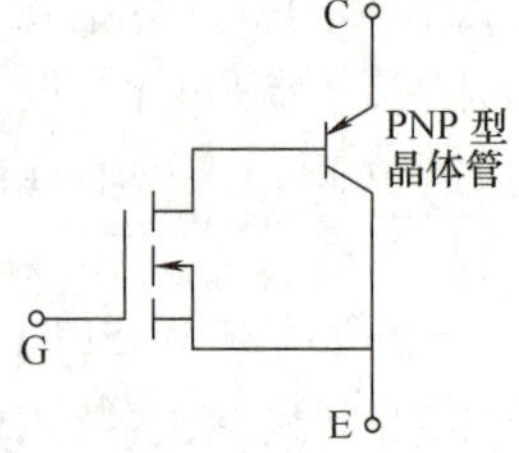

图 6-31　IGBT 等效电路

上述各开关器件在使用时要有相应的驱动电路，以保证其正常工作。将功率开关器件和驱动电路集成在一起，而且还内藏有过电压、过电流和过热等故障检测电路，就构成了智能开关模块（IPM）。IPM 一般使用 IGBT 作为功率开关器件，正以其高可靠性，使用方便等特点赢得越来越大的市场。

2. 控制器件

前面已经介绍，开关电源中，开关器件开关状态的控制方式主要采用占空比控制，占空比控制又包括脉冲宽度控制（PWM）和脉冲频率控制（PFM）两大类。目前，集成开关电源大多采用 PWM 控制方式。

（1）UC3842 PWM 控制器　UC3842 是美国 Unitrode 公司（该公司现已被 TI 公司收购）生产的一种高性能单端输出式电流控制型脉宽调制器芯片，可直接驱动晶体管、MOSFEF 和 IGBT 等功率型半导体器件，具有引脚数量少、外围电路简单、安装调试简便、性能优良等诸多优点，广泛应用于计算机、显示器等系统电路中作为开关电源驱动器件。

图 6-32 所示为 UC3842 内部框图和引脚图，UC3842 采用固定工作频率脉冲宽度可控调制方式，共有 8 个引脚，各脚功能如下：

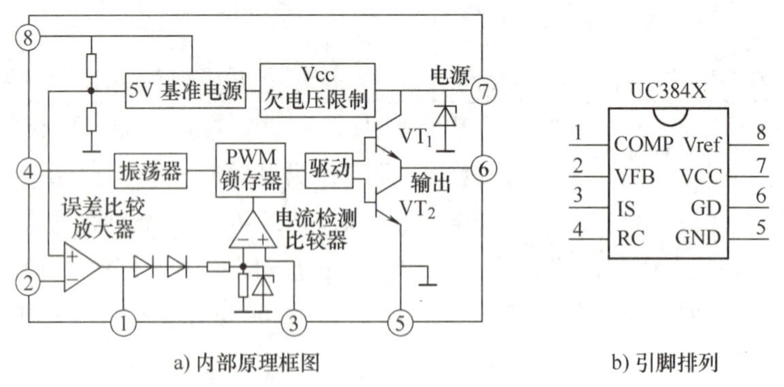

a) 内部原理框图　　b) 引脚排列

图 6-32　UC3842 内部框图和引脚图

①脚是误差放大器的输出端，外接阻容元件用于改善误差放大器的增益和频率特性；

②脚是反馈电压输入端，此脚电压与误差放大器同相端的 2.5V 基准电压进行比较，产生误差电压，从而控制脉冲宽度；

③脚为电流检测输入端，当检测电压超过 1V 时缩小脉冲宽度使电源处于间歇工作状态；

④脚为定时端，内部振荡器的工作频率由外接的阻容时间常数决定，$f=1.8/(R_T C_T)$；

⑤脚为公共地端；

⑥脚为推挽输出端，内部为图腾柱式，上升、下降时间仅为50ns，驱动能力为±1A；

⑦脚是直流电源供电端，具有欠、过电压锁定功能，芯片功耗为15mW；

⑧脚为5V基准电压输出端，有50mA的负载能力。

电路上电时，外接的启动电路通过引脚7提供芯片需要的启动电压。在启动电压的作用下，芯片开始工作，脉冲宽度调制电路产生的脉冲信号经6脚输出，驱动外接的开关功率管工作。功率管工作产生的信号经取样电路转换为低压直流信号反馈到3脚，维护系统的正常工作。电路正常工作后，取样电路反馈的低压直流信号经2脚送到内部的误差比较放大器，与内部的基准电压进行比较，产生的误差信号送到PWM锁存器，完成脉冲宽度的调制，从而达到稳定输出电压的目的。如果输出电压由于某种原因变高，则2脚的取样电压也变高，脉宽调制电路会使输出脉冲的宽度变窄，则开关功率管的导通时间变短，输出电压变低，从而使输出电压稳定，反之亦然。振荡器产生周期性的锯齿波，其周期取决于4脚外接的*RC*网络。所产生的锯齿波送到脉冲宽度调制器，作为其工作的周期信号，脉宽调制器输出的脉冲周期不变，而脉冲宽度则随反馈电压的大小而变化。

由UC3842构成的高频开关电路如图6-33所示。

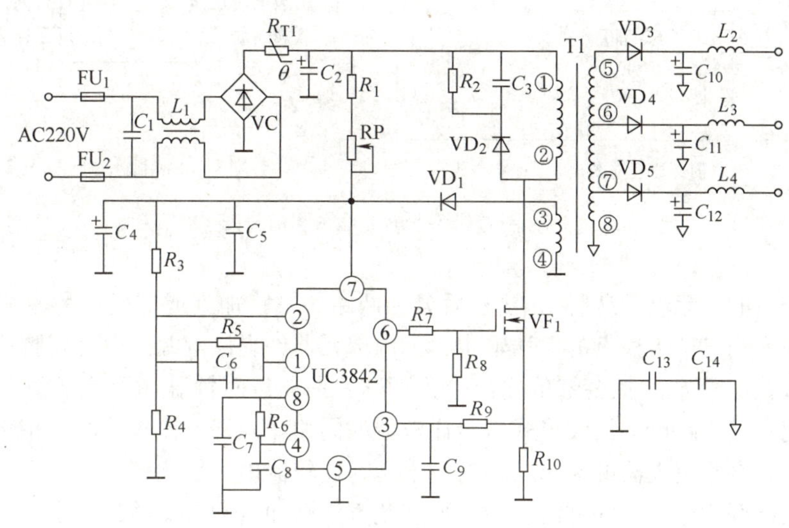

图6-33　采用UC3842控制的高频开关电路

220V市电由C_1、L_1滤除电磁干扰，负温度系数的热敏电阻R_{T1}限流，再经VC整流、C_2滤波，电阻R_1、电位器RP降压后加到UC3842的供电端（⑦脚），为UC3842提供启动电压，电路启动后变压器的二次绕组③④的整流滤波电压一方面为UC3842提供正常工作电压，另一方面经R_3、R_4分压加到误差放大器的反相输入端②脚，为UC3842提供负反馈电压，其规律是此脚电压越高驱动脉冲的占空比越小，以此稳定输出电压。④脚和⑧脚外接的R_6、C_8决定了振荡频率，其振荡频率的最大值可达500kHz。R_5、C_6用于改善增益和频率特性。⑥脚输出的方波信号经R_7、R_8分压后驱动MOSFET功率管，变压器一次绕组①②的能量传递到二次侧各绕组，经整流滤波后输出各数值不同的直流电压供负载使用。电阻R_{10}用于电流检测，经R_9、C_9滤波后送入UC3842的③脚形成电流反馈。所以由UC3842构成的电源是双闭环控制系统，电压稳定度非常高，当 UC3842 的③脚电压高于 1V 时振荡器停振，保护功率管不至于过电流而损坏。

（2）SG3525 PWM 控制器　SG3525 是美国硅通用半导体公司推出一种性能优良、功能齐全和通用性强的单片集成 PWM 控制芯片，它简单可靠及使用方便灵活，输出驱动为推拉输出形式，增加了驱动能力；内部含有欠电压锁定电路、软起动控制电路、PWM 锁存器，有过电流保护功能，频率可调，同时能限制最大占空比。图 6-34 所示为 SG3525 内部框图和引脚图。

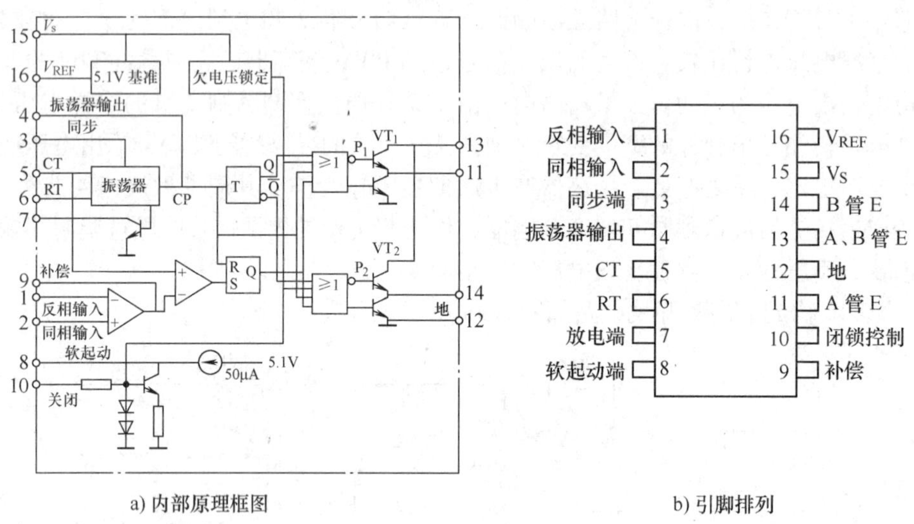

a) 内部原理框图　　b) 引脚排列

图 6-34　SG3525 内部框图和引脚图

整流滤波后的直流电源从脚 15 接入后分为两路：一路加到或非门；另一路送到基准电压稳压器的输入端，产生稳定的电压输出，为内部元器件提供电源。振荡器脚 5 须外接电容 C_T，脚 6 须外接电阻 R_T。振荡器的输出分为两路：一路以时钟脉冲形式送至双稳态触发器及两个或非门；另一路以锯齿波形式送至比较器的同相输入端，比较器的反相输入端接误差放大器的输出，误差放大器的输出与锯齿波电压在比较器中进行比较，输出一个随误差放大器输出电压高低而改变宽度的方波脉冲，再将此方波脉冲送到或非门的一个输入端。或非门的另两个输入端分别为双稳态触发器和振荡器锯齿波。双稳态触发器的两个输出互补，交替输出高低电平，将 PWM 脉冲送至晶体管 VT_1 及 VT_2 的基极，锯齿波的作用是加入死区时间，保证 VT_1 及 VT_2 不同时导通。最后，VT_1 及 VT_2 分别输出相位相差为 180°的 PWM 波。

采用 SG3525 控制的开关型稳压电源如图 6-35 所示。交流市电经 L_1、L_2、L_3、L_4 和 C_1、C_2、C_3 滤波后，去除干扰成分，再经 FI_1 和 C_4 整流滤波后，可获得近 300V 的直流电压，供给由 T_1（高频变压器）、VF_1 和 VF_2 组成的主变换电路使用。降压变压器 T_2 与 FI_2、C_5 组成的桥式整流滤波电路可输出 +15V 的直流电压送至 SG3525 的 15 脚，作为其驱动级电源。同时，+15V 电压还经 R_2、R_3 分压后送至集成运放的同相输入端，与反相输入端的 5.1V 基准电压进行比较后输出电压送至 SG3525 的 10 脚，若 R_3 上分得的电压大于 5.1V，则运放输出为高电平，关断 SG3525，使之得到保护。SG3525 工作时，11 脚和 14 脚轮流输出高、低电平，从而使 VF_1、VF_2 轮流导通，输出电流经 T_1 耦合后转换成交变脉冲输出，再经 VD_2、

VD_3、C_{10}和L_5整流滤波后输出稳定的直流电压U_O。T_1的二次绕组GH负责对输出电压的波动量进行采样，并将结果经FI_3、C_9和RP送到SG3525的1脚，对脉冲宽度进行调制，达到稳定输出电压的目的。

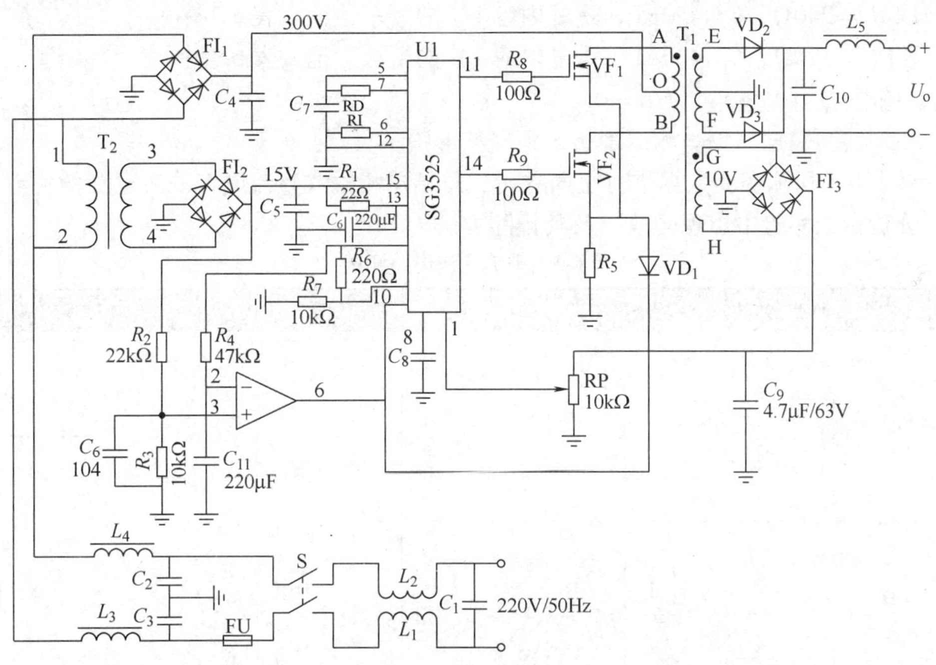

图6-35 采用SG3525控制的高效率开关型稳压电源

模块2 相关技能训练

6.2 整流滤波电路的连接与测试

1. 训练目的

1）研究单相桥式整流电容滤波电路的特性。

2）熟悉常用电子仪器及模拟电路实验设备的使用。

2. 设备与元器件

可调工频电源、双踪示波器、交流毫伏表、直流电压表、万用表、二极管1N4007、滑线变阻器300Ω/1A、电阻器、电容器。

3. 电路原理

图6-36所示的整流滤波电路为单相桥式整流电容滤波电路，带电容滤波时直流输出电压$U_L=1.2U_2$，不带电容滤波时直流输出电压$U_L=0.9U_2$。

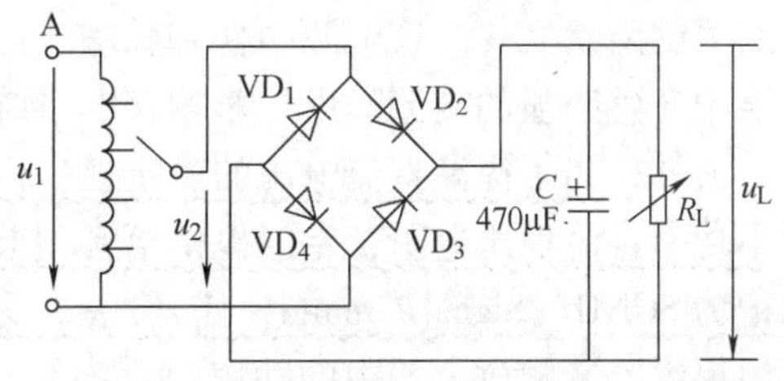

图6-36 整流滤波电路

4. 训练内容与步骤

按图6-36所示连接实验电路。取可调工频电源电压为16V，作为整流电路输入电压u_2。

1）取 $R_L = 240\Omega$，不加滤波电容，测量直流输出电压 U_L 及纹波电压（指在额定负载条件下，输出电压中所含交流分量的有效值）$\widetilde{U}_L$，并用示波器观察 u_2 和 u_L 波形，记入表 6-3 中。

2）取 $R_L = 240\Omega$，$C = 470\mu F$，重复内容 1）的要求，记入表 6-3 中。

3）取 $R_L = 120\Omega$，$C = 470\mu F$，重复内容 1）的要求，记入表 6-3 中。

5. 训练总结

1）整理实验数据，填写测试表格，画出波形图。

2）对表 6-3 所测实验数据进行全面分析，总结单相桥式整流电容滤波电路的特点。

3）分析讨论实验中出现的故障及其排除方法。

表 6-3　整流滤波电路测试

电路形式		U_L/V	$\widetilde{U}_L$/V	u_L 波形
$R_L = 240\Omega$	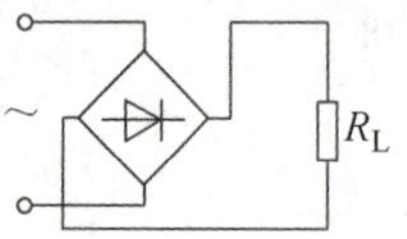			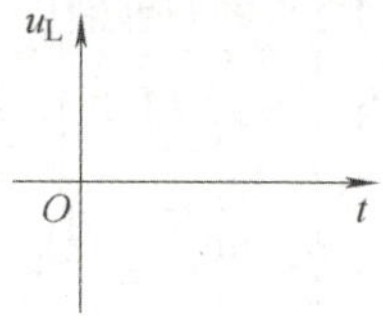
$R_L = 240\Omega$ $C = 470\mu F$	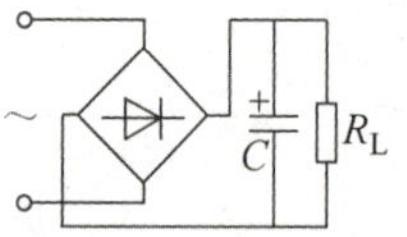			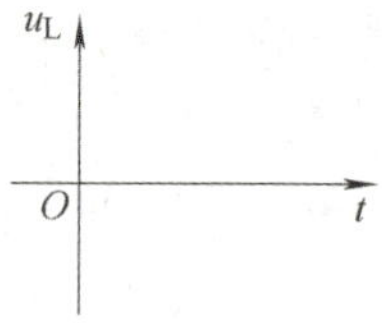
$R_L = 120\Omega$ $C = 470\mu F$	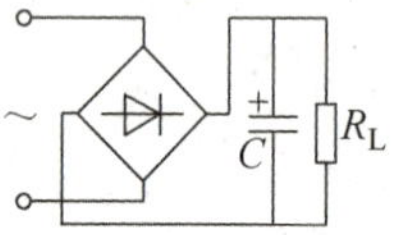			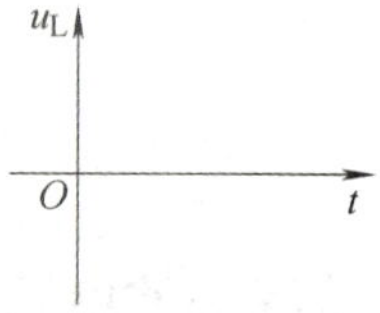

模块 3　任　务　实　现

6.3　音频放大器电源电路的制作

6.3.1　音频放大器电源电路的设计

音频放大器的各个单元电路中都要用到直流电源，良好的直流电源是提高音频放大器品质的关键因素之一。若电源中含有脉动成分，则脉动信号会被作为干扰信号逐级放大，在扬声器中产生明显的交流噪声，影响音响系统的保真度。

另外，为了提高直流电源的稳定性，许多功率放大器常常设计两组稳压电源，其中一组为小功率直流稳压电源，专门提供给音频放大器中的前置放大电路和音调电路使用，其地线标记为 SGND（Signal Ground，信号地）；另一组设计为具有较大输出功率的直流稳压电源，专门提供给音频放大器中的功率放大部分使用，其地线标记为 PGND（Power Ground，功率地）。这两组地线的本质是连通的，但功率地会流过大电流，而信号地则只有小电流流过，电路设计时将其分开，在PCB板布线后将它们在某处（通常是在电源输入端口）连接起来，这样做的好处在于可以避免功率地上流过的大电流对小信号放大电路产生影响，提高放大性能。

1. 整流滤波电路的设计

两组直流稳压电源在设计上的不同之处在于稳压电路部分，其整流滤波部分可共用一个电路。在本设计中，采用桥式整流滤波电路，同时，由于音频放大电路部分需要对称的双电源，因此必须选择二次绕组有三端抽头（双绕组）的变压器，如图6-37所示，220V市电经桥式电路整流和电容 $C_1 \sim C_4$ 滤波后，输出对称的正负电源 DC_+ 和 DC_-。

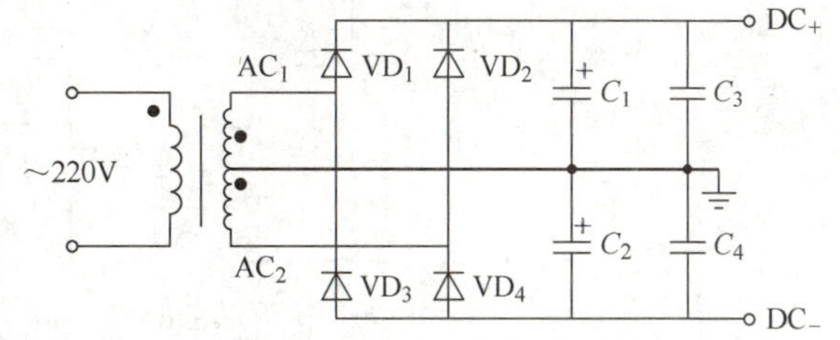

图6-37　音频放大电路中的整流滤波电路

需要说明的是，在图6-37中，滤波电路采用两只电容并联的方法，其中一只是容量较大的电解电容（常采用铝电解电容），另一只是容量较小的无极性电容（可以采用瓷片电容、涤纶电容、聚酯膜电容等）。这样做的原因在于电解电容的容量可以做得很大，但是高频特性差，滤除不了高频纹波信号；而无极性电容的容量虽然难以做大，但是高频特性较好，并联上去后可以增强电路的高频滤波特性。

从理论上来说，这些电容的容量越大，则电源的稳定性越好，但成本也会越高，因此其容量的选择是按照输出电流来确定的，在工程设计中，一般根据经验选取。另外，所有电容的耐压都必须保证一定的裕量，例如图6-38中的 $C_5 \sim C_8$，因为MC7815和MC7915的输出电压为15V，因此耐压应该大于 $15 \times \sqrt{2} = 21.2\text{V}$，电解电容可以选取耐压50V的类型，无极性电容选取耐压63V的类型。

2. 大功率稳压电路的设计

要构成线性直流稳压电源，最简单的方法就是采用三端集成稳压器。这里采用常用的MC78××/MC79××系列，其输出功率较大，输出标称电流为1A。根据放大电路的电源要求，可选择一只MC7815和一只MC7915集成块，按图6-38连接，就可以产生+15V和−15V的稳压电源输出。正负电源输出在电路中的节点标记为 PV_{CC} 和 PV_{EE}。

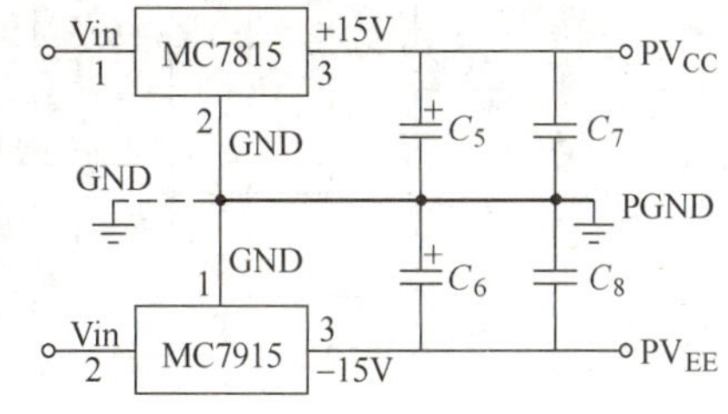

图6-38　大功率稳压电路

图6-38中电容 $C_5 \sim C_8$ 也是滤波电容，起蓄能和稳压的作用。

3. 小功率稳压电路的设计

可以利用串联型稳压电路构成本项目中的小功率稳压电路，如图6-39所示。

其中2.5V的基准电压由带隙式基准源TL431和电阻 R 串联产生，TL431是一种常用的基准源模块，其使用方法类似于稳压二极管，按照图6-39所示的方法进行连接的电路，输出端电压为2.5V。另外在使用中还要注意，要使TL431正常工作，输出稳定的基准电压，必须保证TL431上的电流大于0.7mA，一般可以按照1mA计算，并由此确定电阻 R 的取值。

运算放大器 A_1 和一只NPN（采用S9013）型晶体管以及电阻 R_1、R_2 构成了一个同相比

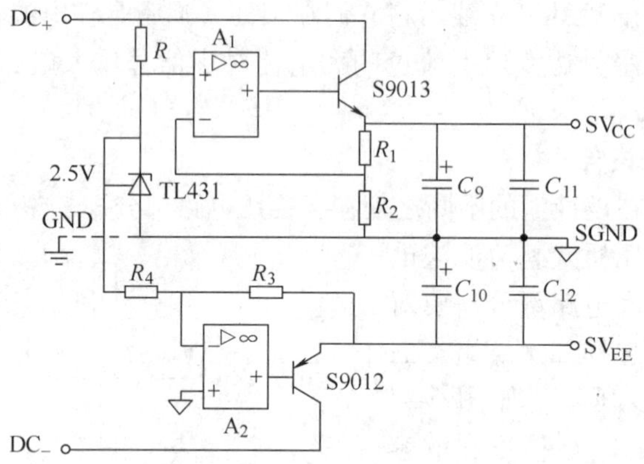

图 6-39　小功率稳压电路

例放大器，输出端就是稳压直流电源的正电源部分（电路中节点标号为 SV_{CC}）。运算放大器 A_2 和一只 PNP（采用 S9012）型晶体管以及电阻 R_3、R_4 构成了一个反相比例放大器，输出端就是稳压直流电源的负电源部分（电路中节点标号为 SV_{EE}）。

为了保证正负电源的对称，则必须保证 A_1、A_2 构成的同相比例放大器和反相比例放大器的放大倍数相等，因此电阻取值必须满足：

$$1+\frac{R_1}{R_2}=\frac{R_3}{R_4}$$

由以上分析可得音频放大器电源部分原理图如图 6-40 所示。

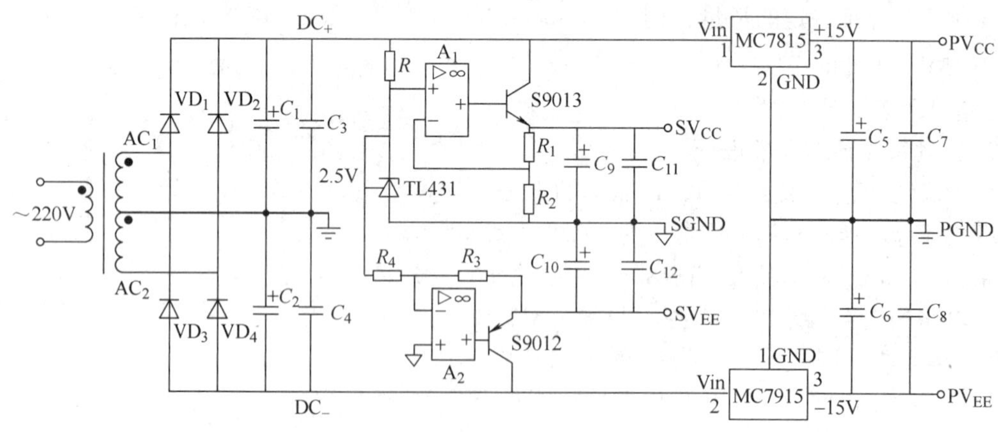

图 6-40　音频功率放大器电源部分原理图

6.3.2　元器件的选择

一般多媒体音箱的输出功率为 10～20W，电路的主要功耗在音频放大电路中的功率放大部分，本项目中功率放大器选择 TDA2030，当供电为 ±15V 时，该集成块的最大输出功率约 14W，左右两声道共 28W，再考虑到效率，整流变压器可选取输出功率为 40V·A，输出电压为 15V 的双绕组变压器。

变压器输出的交流有效值为 15V，则由式（6-14）可得

$$U_{RM}\geqslant\sqrt{2}U_2=1.4\times15V=21V$$

整流滤波电路输出电压的最大值也为$\sqrt{2}U_2=21V$，则四只整流二极管的耐压值必须大于$2\times21V=42V$。整流电流应当大于40W/42V≈0.95A。

因此可以用50V/2A的二极管或整流桥。本设计中选用的是整流桥KBP2005G，其主要技术参数如下：

反向击穿电压　　50V

正向压降（电流2A时）　　1.1V

反向电流　　5μA

平均正向电流　　2A

在桥式整流电路和三端集成稳压器后接的滤波蓄能电容$C_1\sim C_8$可选择50V/2200μF的铝电解电容和63V/220nF的无极性电容，如果条件允许，也可以适当增大这些电容的容量。在小功率稳压电路中，由于输出电流较小，因此滤波电容$C_9\sim C_{12}$可选择25V/47μF的铝电解电容和63V/220nF的无极性电容。

三端集成稳压器采用MC7915和MC7815，输出电压为±15V。

小功率稳压电路的设计中电阻取标称值$R_1=40.2k\Omega$，$R_2=10k\Omega$，$R_3=51k\Omega$，$R_4=10k\Omega$，则SV_{CC}和SV_{EE}为±12V左右。集成运放可选DIP8封装的双运放LM358。

表6-4为构成音频放大器电源电路的材料清单。

表6-4　音频放大器电源电路的材料清单

序号	元器件名称	型号	规格	数量
1	三端集成稳压器	MC7815		1
2	三端集成稳压器	MC7915		1
3	电阻	金属膜电阻	40.2kΩ	1
4	电阻	金属膜电阻	10kΩ	2
5	电阻	金属膜电阻	51kΩ	1
6	电阻	金属膜电阻	5.1kΩ	1
7	硅整流桥	KBP2005G		1
8	晶体管	S9012		1
9	晶体管	S9013		1
10	电容	电解电容	2200μF/50V	4
11	电容	独石电容	0.22μF/63V	6
12	电容	电解电容	47μF/25V	2
13	发光二极管			1
14	基准源	TL431		1
15	集成运放	LM358		1
16	通用电路板			1

6.3.3　音频放大器电源电路的组装与调试

1. 元器件的检测

在对电路进行组装之前需要进行相关元器件检测，避免将已损坏的元器件装入电路，造成电路调试失败。

（1）常规元器件的检测　对于电阻、电容、普通二极管等常规元器件，首先清点其数量和标称值是否和表6-4中所列一致，然后按任务1的步骤进行检测。

（2）MC7815、MC7915的检测　将万用表置于电阻$R\times1k\Omega$挡，分别测量输入端和调整端、输出端和调整端之间的电阻，若电阻值很小或接近于0，则说明MC7815、MC7915已经损坏。

（3）整流桥KBP2005G的检测　可用数字式万用表的二极管检测挡逐一检查四个引脚之间的二极管是否正常，只要发现一个或一个以上二极管损坏，就应该更换整流桥。

（4）集成运放的检测　先检查集成运放的型号是否和表6-4中所列一致，然后按任务3的步骤进行检测。

2. 电路的焊接

按照原理图6-40，在电路板上焊接安装全部元器件。在元器件安装完毕后，要对电路逐一做详细检查，检查是否有元器件引脚错误安装之处，有无虚焊点，有无焊接短路点等。

3. 通电检查

确定电路的焊接安装正确无误后，接通电源，观察是否有冒烟或发出焦味等情况。如出现这些情况，应立即关闭电源，重新检查电路，直至找出错误并加以纠正。

4. 电路的调试

通电检查无误后开始调试。接通电源后，用万用表分别测量各部分正、负输出电压，即电路中的DC_+和DC_-、SV_{CC}和SV_{EE}、PV_{CC}和PV_{EE}，看其是否为设计值，若不是，则说明电路没有正常工作，此时要查找问题所在，直到输出电压均正确。

习　　题

6-1　填空题

（1）直流稳压电源的功能是________。

（2）硅稳压二极管的稳压电路中，硅稳压二极管必须与负载电阻________。限流电阻不仅有________作用，也有________作用。

（3）开关型稳压电路的调整管工作在________。

（4）直流稳压电源由________、________、________和________组成。

（5）电路如图6-41所示，已知直流电压表读数为9V，负载电阻$R_L=750\Omega$。忽略二极管的正向压降，则直流电流表的读数为________，交流电压表的读数为________。

（6）在如图6-42所示的电路中，调整管为________，取样电路由________组成，基准电路由________构成，比较放大电路由________组成。

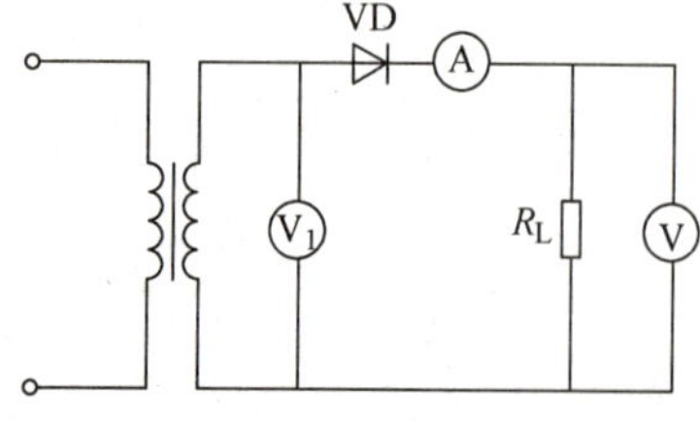

图6-41　题6-1第（5）题电路图

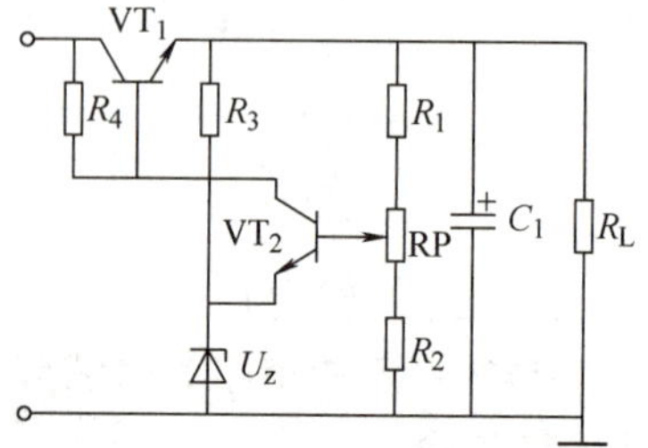

图6-42　题6-1第（6）题电路图

6-2　判断题

（1）单相桥式整流电感滤波电路中，负载电阻 R_L 上的直流平均电压等于 $1.2U_2$。（　　）

（2）整流输出电压经电容滤波后，电压波动性减小，故输出电压也下降。（　　）

（3）串联型晶体管稳压电路，被比较放大器放大的量是取样电压。（　　）

（4）当工作电流超过最大稳定电流 I_{zmax} 时，稳压二极管将不起稳压作用，但并不损坏。（　　）

（5）稳压二极管的动态电阻是指稳压管的稳定电压与额定工作电流之比。（　　）

（6）硅稳压二极管的动态电阻越大，说明其反向特性曲线越陡，稳压性能越好。（　　）

（7）三端集成稳压器的输出电压是不可调的。（　　）

（8）开关型稳压电源是通过调整脉冲的宽度来实现输出电压的稳定。（　　）

6-3　如果将图6-2所示单相半波整流电路中的二极管反方向接入，能否起到整流作用？试用波形图进行分析，并指出负载电压极性。

6-4　分别判断图6-43所示各电路能否实现桥式整流，简述理由。

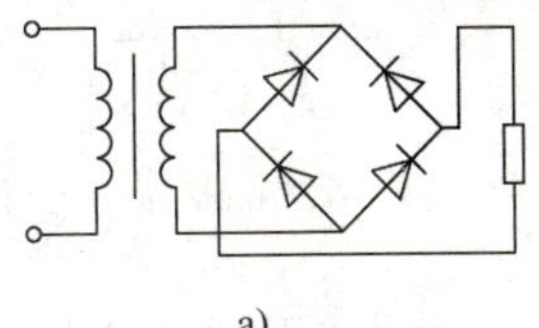

a)

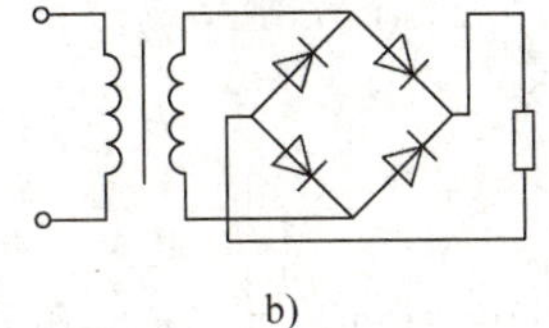

b)

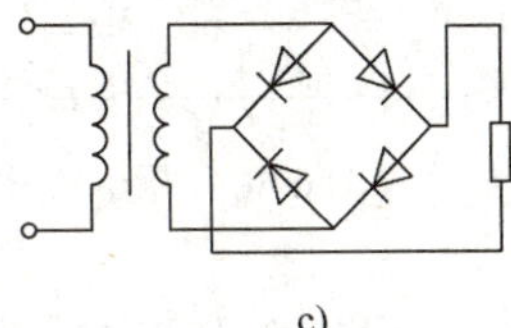

c)

图6-43　题6-4电路图

6-5　如图6-44所示，已知稳压管的稳定电压 $U_Z=12V$，硅稳压管稳压电路输出电压为多少？R 值如果太大时能否稳压？R 值太小又如何？

6-6　在下面几种情况中，可选用什么型号的三端集成稳压器？

（1）$U_O=+12V$，R_L 最小值为 15Ω；

（2）$U_O=+6V$，最大负载电流 $I_{Lmax}=300mA$；

（3）$U_O=-15V$，输出电流范围 I_O 为 $10\sim80mA$。

6-7　在图6-45所示电路中，已知变压器二次电压有效值 $U_2=20V$，问：（1）开关 S_1 闭合，S_2 断开时电压表的读数；（2）开关 S_1、S_2 均闭合时电压表的读数。

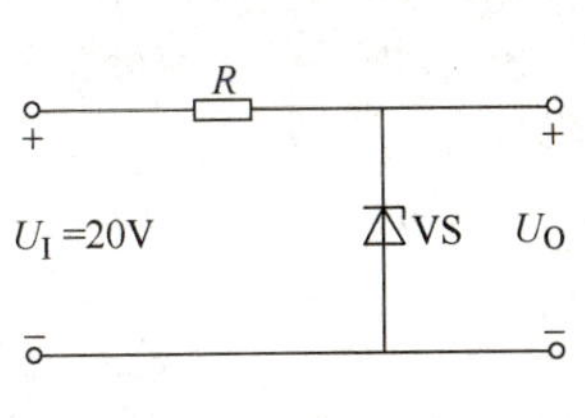

图6-44　题6-5电路图

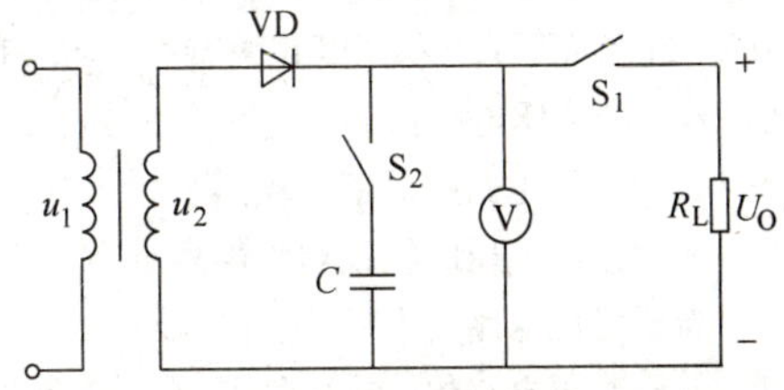

图6-45　题6-7电路图

6-8　有一单相半波整流电路，已知负载电阻 $R_L=750\Omega$，变压器二次电压 $U_2=20V$，试求 U_O、I_O 及 U_{RM}，并选择合适的二极管。

6-9　单相桥式整流电路的变压器二次电压 $U_2=110V$，负载电阻 $R_L=0.9k\Omega$，试计算整流电路输出电压 U_O 及流过二极管的平均整流电流 I_D。若加上电容滤波后输出电压又为多少？

6-10　已知桥式整流电路负载 $R_L=20\Omega$，需要直流电压 $U_O=36V$。试求变压器二次电压、二次电流及流过整流二极管的平均电流。

6-11　在桥式整流电容滤波电路中，已知 $R_L=120\Omega$，$U_O=30V$，交流电源频率 $f=50Hz$。试选择整流二极管，并确定滤波电容的容量和耐压值。

6-12 如图6-46所示，三端集成稳压器静态电流为 $\dot{I}_O=6\text{mA}$，RP为电位器，为了得到10V的输出电压，应将RP调到多大?

6-13 在图6-47所示电路中，$U_2=20\text{V}$，$U_Z=9\text{V}$。在工程实践中如果出现以下情况：

(1) 用直流电压表分别测得 U_I 为18V、9V、24V、28V四种值，试说明产生的原因；

(2) VD_2 和VS脱焊，画出输出电压波形并估算 U_O 的值；

(3) 电路正常工作时 U_O 的值。

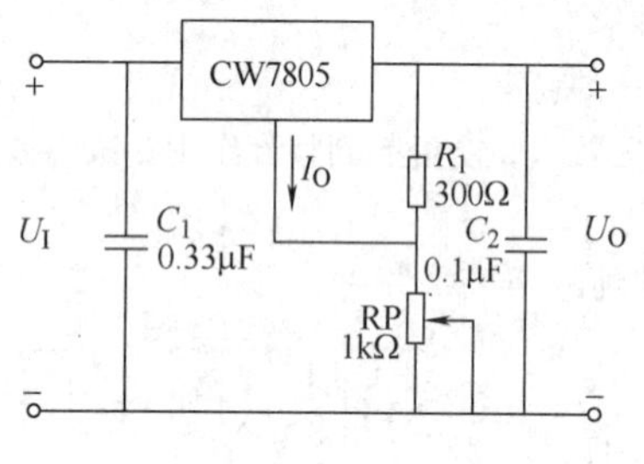

图6-46 题6-12电路

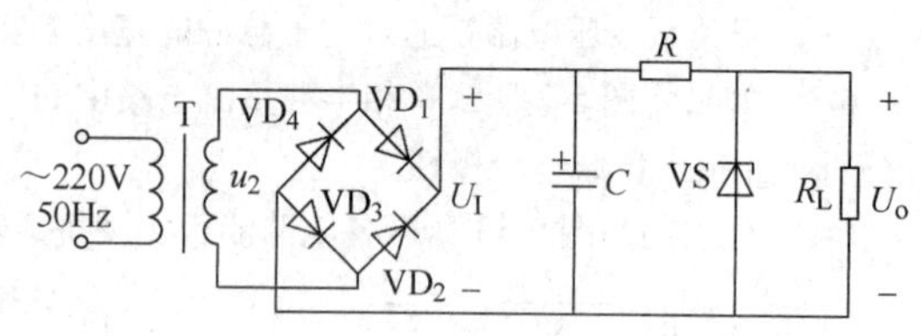

图6-47 题6-13电路

6-14 由CW317组成的稳压电路如图6-48所示，设负载电压 $U_L=10\text{V}$，负载电阻 $R_L=12.5\Omega$。试确定：(1) 电阻 R_2 的阻值；(2) 直流电压 U_I 的数值。

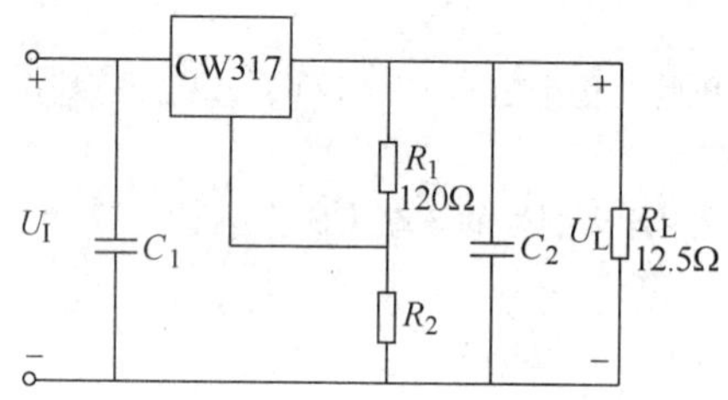

图6-48 题6-14电路图

6-15 利用三端稳压器设计一个输出电压为±12V的稳压电源，画出其原理图。

6-16 试说明开关型稳压电路的特点、组成以及各部分的作用。在下列情况下，应分别采用线性稳压电路还是开关型稳压电路?

(1) 希望稳压电路的效率比较高。

(2) 希望输出电压的纹波和噪声尽量小。

(3) 希望稳压电路的重量轻、体积小。

(4) 希望稳压电路的结构尽量简单，使用的元器件少，调试方便。

任务7 音频放大器的设计与装调

任务要求：设计一个可供多媒体音箱使用的音频放大器，具体要求如下：

1）前置放大电路由集成运放构成，并选取反相比例运算放大电路。

2）音频功率放大电路由集成功放构成，并具有简单分频能力。

3）音调电路中心频率 $f_0 = 1\text{kHz}$；低频频率 $f_L = 100\text{Hz}$；高频频率 $f_H = 10\text{kHz}$。

4）电源电路要具有大（输出电压为 ±15V）、小（输出电压为 ±10V）两组功率稳压电路。

7.1 整体电路的设计

7.1.1 音频放大电路和直流电源电路的设计

音频放大器功能框图如图 0-1 所示，可分为音频放大和直流电源两大部分。音频放大部分的左右声道是完全对称的，可以分为前置放大、均衡电路和功率放大三个部分。为了提高直流电源的稳定性，设计中要求有两组稳压电路：一组具有较大的输出功率，由三端集成稳压器构成，专供音频放大器中的功率放大部分使用；一组则为小功率输出，由运放、基准源等分立元器件构成，专供音频放大电路中的前置放大电路和均衡电路使用。

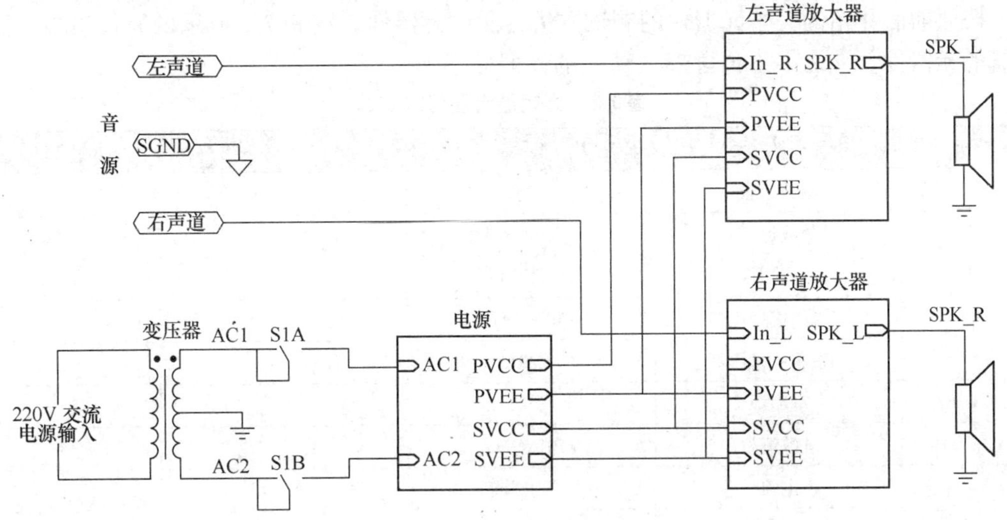

图 7-1 音频放大器整体结构原理图

音频放大器的整体结构原理如图 7-1 所示，对于图 7-1 中各单元电路的设计和制作，任务 2 ~ 任务 6 中已经做了具体介绍，本任务主要完成对其整体电路的设计与安装。

根据音频放大器的设计要求，结合任务 3 ~ 任务 6 的任务实现部分对各个单元电路的具体设计，可设计出如图 7-2 所示的音频放大器线性直流稳压电源原理图和图 7-3 及图 7-4 所示的左、右声道原理图。

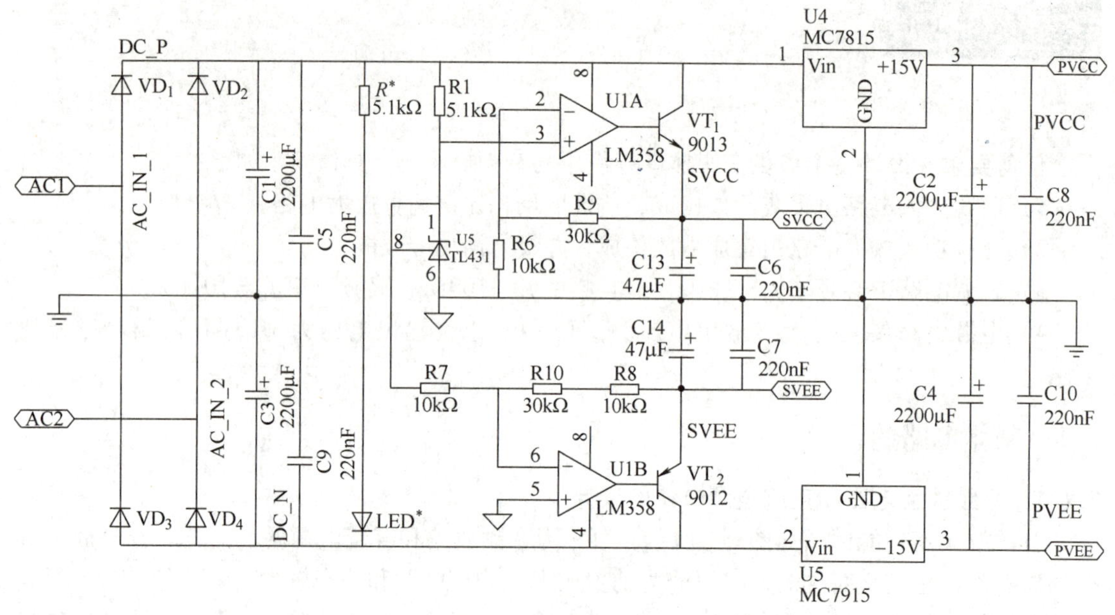

图 7-2　音频放大器线性直流稳压电源原理图

7.1.2　元器件的选取

按照前面介绍的关于元器件的测试方法，测试元器件。按表 7-1 所示的元件清单，选取所需的元器件。该表中不包含带“＊”的元器件。

表 7-1　音频放大器材料清单

序号	元器件名称	型号	规格	数量
1	集成运放	LF353		2
2	集成运放	LM358		1
3	集成功放	TDA2030A		2
4	三端集成稳压器	MC7815		1
5	三端集成稳压器	MC7915		1
6	基准源	TL431		1
7	硅整流桥	KBP2005G		1
8	电阻	金属膜电阻	30kΩ	4
9	电阻	金属膜电阻	10kΩ	3
10	电阻	金属膜电阻	5. 1kΩ	7
11	电阻	金属膜电阻	2kΩ	2
12	电阻	金属膜电阻	20kΩ	2

（续）

序号	元器件名称	型号	规格	数量
13	电阻	金属膜电阻	1kΩ	2
14	电阻	金属膜电阻	1Ω	2
15	电阻	金属膜电阻	100kΩ	2
16	电位器		50 kΩ	6
17	电容	电解电容	47μF/50V	6
18	电容	电解电容	2200μF/50V	4
19	电容	电解电容	47μF/25V	2
20	电容	独石电容	0.22μF/63V	8
21	电容	独石电容	62nF/63V	4
22	电容	独石电容	4.7nF/63V	2
23	晶体管	9012		1
24	晶体管	9013		1
25	发光二极管			1
26	二极管	1N4001		4
27	电路板			1

7.2 电路的装调

7.2.1 音频放大器的安装

将图 7-2、图 7-3、图 7-4 所示电路原理图导入 PCB，然后进行元器件合理布局并手工布线。布线时注意元器件的摆放位置，大信号电路（或功率电路）部分和小信号电路部分尽量分开布局。同时将焊盘尽量调大，线尽量布粗，电源线和地线要比信号线稍微粗一点，而且尽量避免线经过焊盘，以免焊接时出现短路。功率地线和信号地线要分开，各个单元电路采用一点接地，将各自的地线分别单独连接到电源滤波电容的接地端，地线（特别是信号地线）不能在 PCB 中构成闭合回路，以防止电磁感应干扰。保证大功率的发热元器件散热和通风良好，电解电容尽量不要靠近发热元器件和散热器，制作好的 PCB 图如图 7-5 所示。值得注意的是：在电路原理图和实验 PCB 上，可以看到一些带“*”标示的元件，这些元件对电路原理没有影响，仅仅是为了提高电路品质或完善功能而预留的，在实验电路制作时可以不焊接。

7.2.2 音频放大器的调试

在元器件安装完毕后，要对电路逐一做详细检查，检查是否有元器件引脚错误安装之处，有无虚焊点，有无焊接短路点等。确认电路安装无误后方可通电进行调试，调试时需按电路的功能模块进行分级调试。

1. 静态调试

将信号输入端对地短路，用万用表或示波器测量每一级电路中关键点的直流电压是否正常，是否和理论计算值相同。例如对于线性直流稳压电源，输出电压是否为设计值；又如所有信号放大电路中的运放，由于是正、负双电源对称供电，若输入信号为“零”，则输出点直流电位也应为“零”。如果发现故障，检查并排除。另外，还可以用示波器检查电路中是否有自激振荡现象存在。

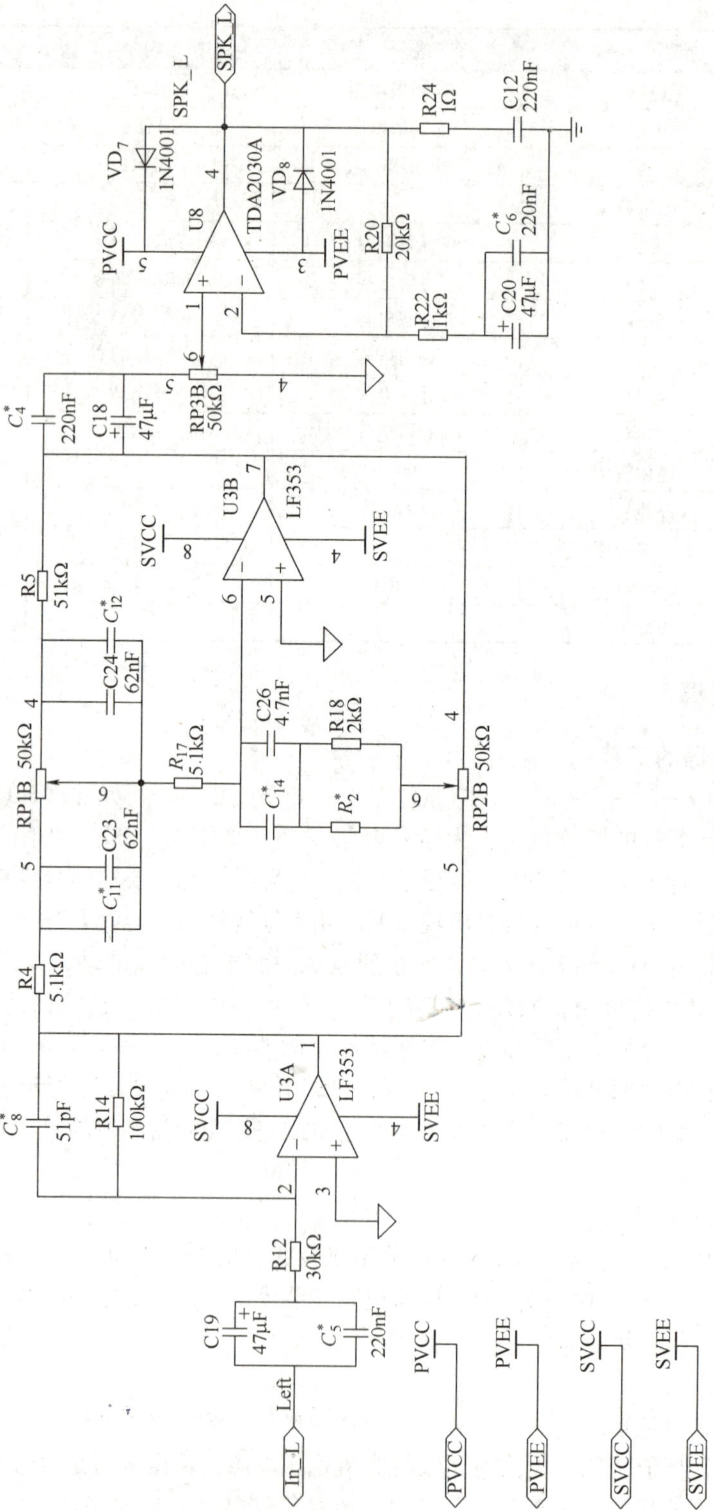

图 7-3　音频放大器左声道原理图

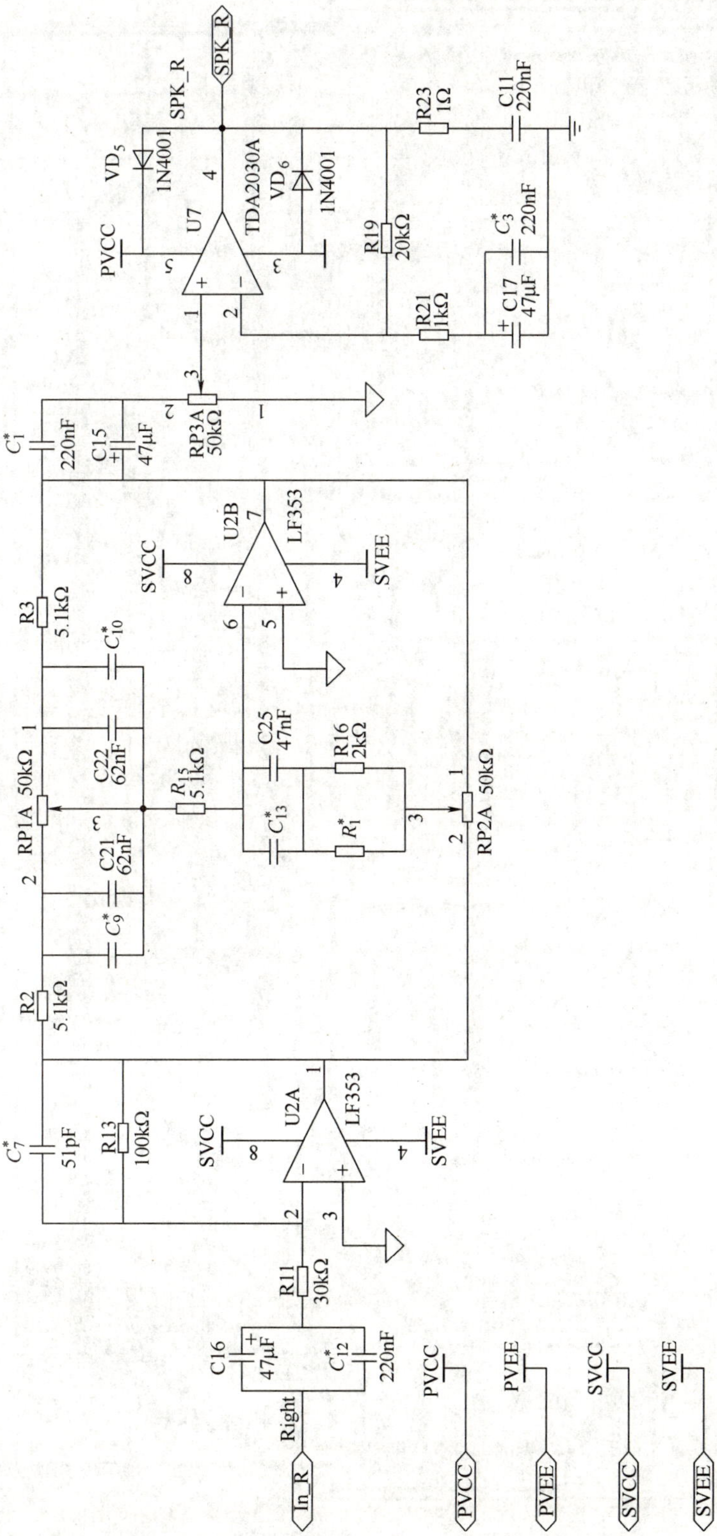

图 7-4　音频放大器右声道原理图

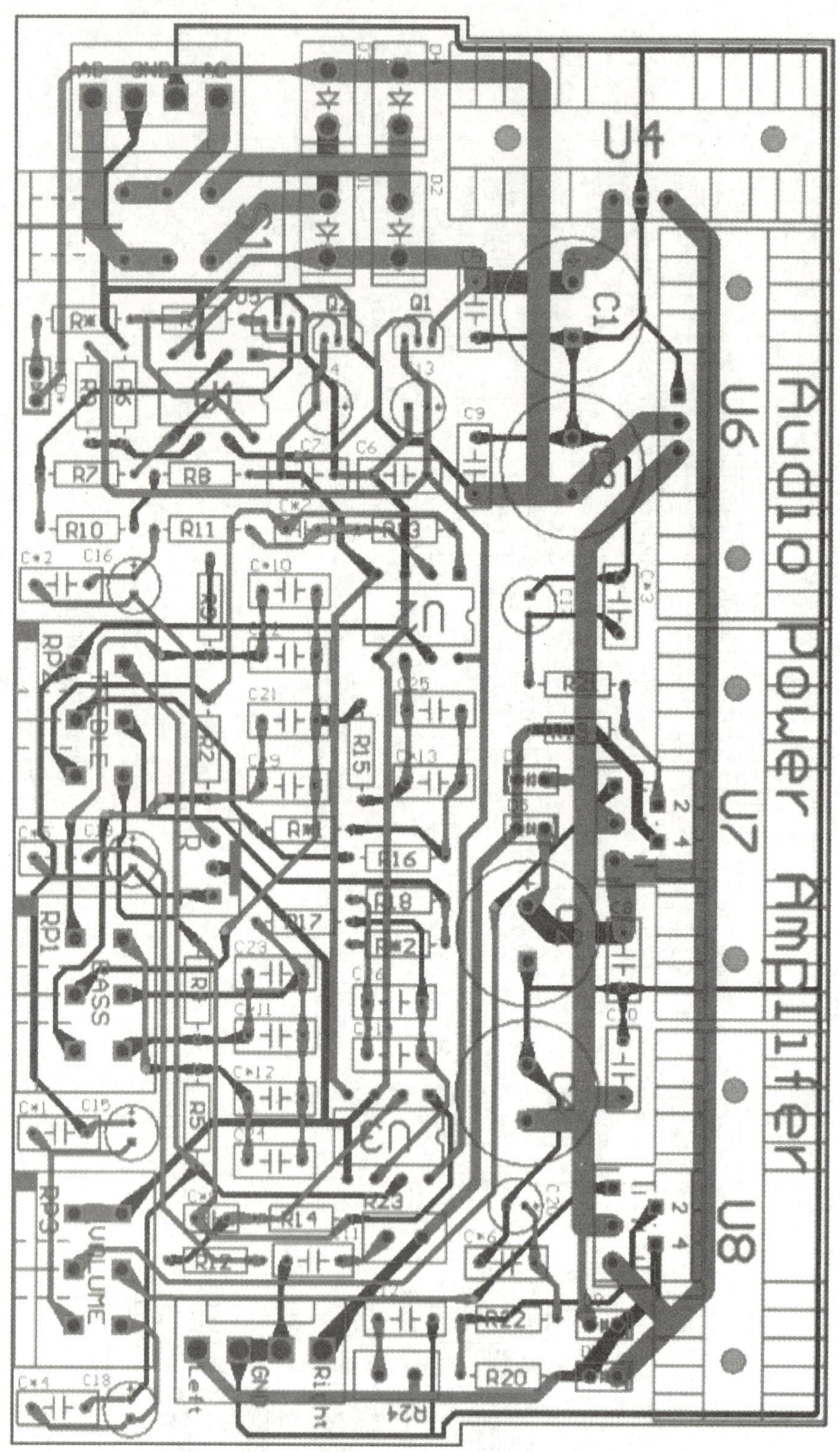

图 7-5　PCB 表面元器件布局排列图和布线图

2. 动态调试

在电路的输入端加上输入信号（一定幅度和频率的正弦信号），观察每一级放大器的输出信号是否正常，信号有无失真，信号的放大幅度是否与设计值相同等。还可以在输入端加入不同频率的正弦信号，调节各个电位器，检查信号是否受控，受控是否正确等。如果发现故障，则应当从第一级电路开始，逐级向后检查，找出原因并排除故障。在进行完以上的调试工作后，就可以在输入端加入音源信号，接通音箱，检查并试听各项功能。

习　题

7-1　参照本任务，自己完成一份音频放大器设计及装调的实训报告。

7-2　在本任务调试过程中，选择自己认为重要的数据进行记录并分析。

7-3　谈谈自己在音频放大器装调过程中的收获和体会。

项　目　2

正弦波信号发生器的设计与制作

项目介绍：波形发生电路在测量、自动控制、通信、无线电广播和遥测遥感等许多技术领域中有着广泛的应用。如无线发射机中的载波信号源，超外差接收机中的本振信号源，电子测量仪器中的正弦波信号源，数字系统中的时钟信号源等。波形发生电路又称为振荡器或振荡电路，包括正弦波振荡电路和非正弦波振荡电路，它们不需要外加输入信号就能产生各种周期性的连续波形，例如正弦波、方波、三角波和锯齿波等。在本项目中，主要研究正弦波信号发生器的设计与制作。

任务8 正弦波信号发生器的设计与制作——认识波形产生电路

模块1 必备知识

在音频放大器的制作中，可利用正弦波信号发生器产生的正弦波对电路进行调试。

8.1 正弦波振荡电路

8.1.1 正弦波振荡电路概述

正弦波振荡电路是一种不需外加信号作用，就能够输出不同频率正弦波信号的自激振荡电路。图8-1所示为应用比较广泛的反馈式正弦波振荡电路的原理框图。

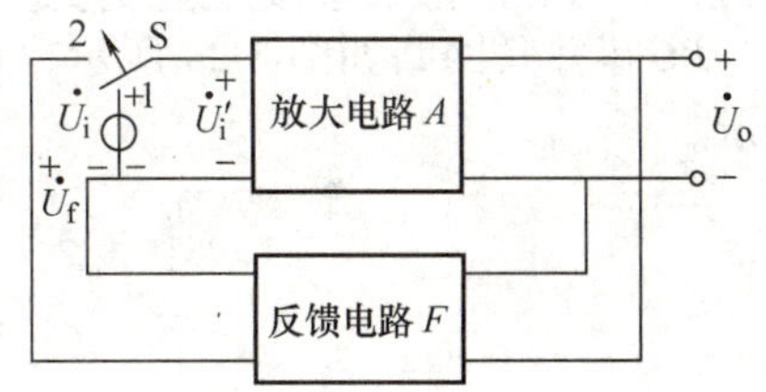

图8-1 反馈式正弦波振荡电路原理框图

当开关S打在端点1处时，放大电路没有反馈，其输入电压为外加输入信号（设为正弦波信号）$\dot{U}_i$，经放大后，输出电压为 $\dot{U}_o$，如果通过正反馈引入的反馈信号 $\dot{U}_f$ 与净输入信号 $\dot{U}_i'$的幅值和相位相同，即 $\dot{U}_f=\dot{U}_i'$，那么，可以用反馈电压代替外加输入电压，这时如果将开关S打到2上，即使去掉输入信号 $\dot{U}_i$，仍能维持稳定输出。这时电路就成为不需要输入信号就可以输出信号的自激振荡电路。

由框图可知，产生振荡的基本条件是反馈信号与输入信号大小相等、相位相同，即

$$\dot{U}_f=\dot{U}_i\Rightarrow\dot{U}_f=F\dot{U}_o=FA\dot{U}_i=\dot{U}_i\Rightarrow AF=1$$

具体可表述为以下两点：

1）相位平衡条件：u_f 与 u_i 必须同相位，也就是要求反馈信号与输入信号，相位差是180°的偶数倍，即

$$\varphi_A+\varphi_F=2n\pi(n=0,1,2,3,\cdots) \tag{8-1}$$

式中，φ_A 为开环增益的相角；φ_F 为反馈系数的相角。

2）幅值平衡条件：u_f 与 u_i 必须大小相等，即

$$|AF|=1 \tag{8-2}$$

式中，A 是放大电路的开环增益；F 是反馈电路的反馈系数。

凡是振荡电路，均不需要外加输入信号，那么，电路接通电源后是如何产生自激振荡的呢？这是由于在电路中存在着各种电的扰动（如通电时的瞬变过程、无线电干扰、工业干扰及各种噪声等），使振荡电路输入端有一个扰动信号。这个不规则的扰动信号可用傅氏级数展开成一个直流信号和多次不同频率正弦波叠加。如果电路本身具有选频、放大及正反馈能力，电

路会自动从扰动信号中选出适当的频率分量，经正反馈后放大，再正反馈，使$|AF|>1$，从而使微弱的振荡信号不断增大，自激振荡就逐步建立起来。自激振荡建立的过程称为起振。

振荡建立起来后，由于放大电路中晶体管本身的非线性或反馈支路自身输出与输入关系的非线性，当振荡幅度增大到一定程度时，A 或 F 便会降低，使$|AF|>1$逐渐转变成$|AF|=1$，此时振荡电路就会稳定在某一振荡幅度。振荡电路稳定的过程称为稳幅。

根据振荡电路对起振、稳幅和振荡频率的要求，一般振荡电路由以下部分组成：

1）放大电路。具有放大信号作用，并将直流电源的能量转换成振荡电路的能量。

2）反馈网络。形成正反馈，为振荡提供相位平衡条件。

3）选频网络。选择某一频率 f_0，使之满足振荡条件，形成单一频率的振荡。

4）稳幅电路。用于稳定振幅，改善波形。有利用放大电路非线性的内稳幅和利用其他元器件非线性的外稳幅，即振荡电路中必须包含具有非线性特性的环节。

通常根据选频网络组成的元件不同，可将正弦波振荡电路分为 RC、LC 和石英晶体振荡电路。

8.1.2 RC 振荡电路

RC 正弦波振荡电路适用于低频振荡，它一般用来产生零点几赫到数百千赫的低频信号。目前常用的低频信号源大多采用 RC 桥式振荡电路，它以 RC 串并联网络作为选频网络。

RC 串并联网络如图 8-2a 所示，它具有选频作用，其低频、高频等效电路如图 8-2b、c 所示。

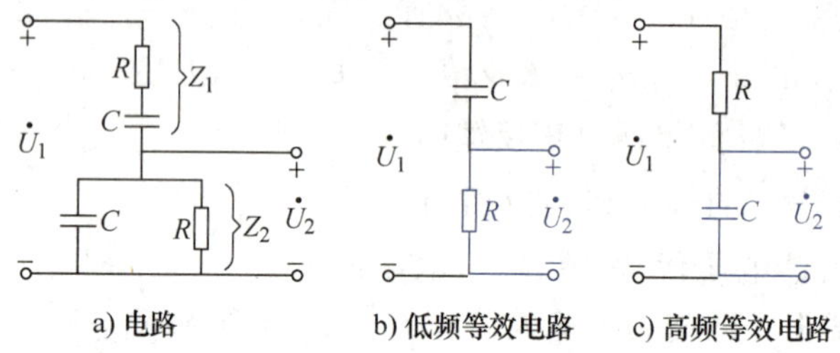

图 8-2　RC 串并联网络

输入信号频率低时，选频网络可以看做 RC 高通电路，频率越低，输出电压越小。

输入信号频率高时，选频网络可以看做 RC 低通电路，频率越高，输出电压越小。

RC 串并联选频网络的幅频特性及相频特性曲线如图 8-3 所示。可以证明，在 $\omega=\omega_0=1/RC$ 时，$F=U_2/U_1$ 达最大值，等于 1/3，即输出电压是输入电压的 1/3；经推导可知，在 RC 正弦波振荡电路中的 $R=X_C$ 时，相位角 $\varphi_F=0$，即输出电压与输入电压正好同相位，满足相位平衡条件。

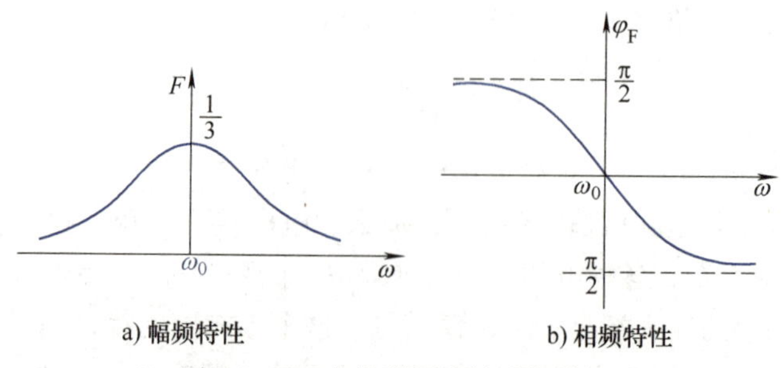

图 8-3　RC 串并联网络的选频特性

图 8-4 所示的是 RC 正弦波振荡电路，它由集成运放构成放大电路，RC 串并联网络作为选频电路，同时还作为正反馈电路。R_2 组成的负反馈电路作为稳幅电路，并能减小失真。该电路中，RC 串并联网络的串联支路和并联电路以及反馈支路的 R_2、R_1 恰好组成电桥电路，因而又称为 RC 桥式振荡器或文氏电桥振荡器。

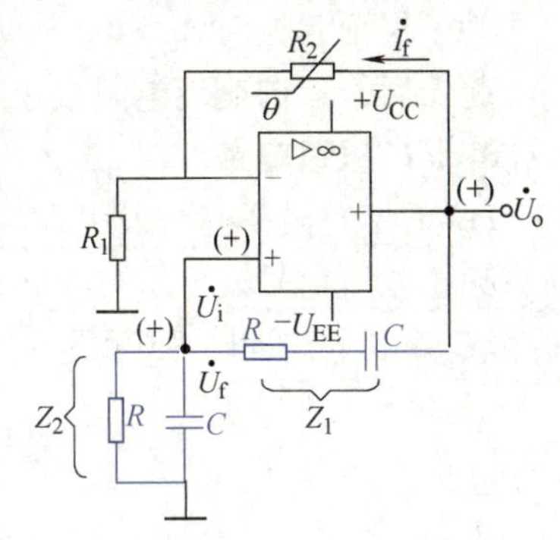

图 8-4　RC 桥式振荡器

用瞬时极性法判断可知，当 $\omega=\omega_0=1/RC$ 时，电路满足相位条件。即

$$\varphi_A+\varphi_F=2n\pi(n=0,1,2,3\cdots)$$

由前文可知此时 $|F|=\dfrac{1}{3}$，考虑到起振条件 $|A_uF|>1$，所以要求图 8-4 所示的电压串联负反馈放大电路的电压放大倍数 $A_u=1+\dfrac{R_2}{R_1}$ 应略大于 3，即若 R_2 略大于 $2R_1$，就能顺利起振；若 $R_2<2R_1$，即 $A_u<3$，电路不能振荡；若 $A_u>>3$，输出 U_o 的波形失真，变成近于方波。

RC 正弦波振荡电路的振荡频率为

$$f_o=\frac{1}{2\pi RC} \tag{8-3}$$

可见，改变 R、C 的参数值，就可以调节振荡频率。为了保证相位角 $\varphi_F=0$，必须同时改变 R_1 和 R_2 的值或 C_1 和 C_2 的值，可采用双联电位器或双联可变电容器来实现。

电路中 R_2 采用负温度系数的热敏元件，作为放大电路的负反馈元件，以实现外稳幅。

【例 8-1】　图 8-5 所示为 RC 桥式振荡器的实用电路。(1) 求电路的振荡频率；(2) 说明二极管的作用；(3) 电路在不失真的前提下起振时，RP 应如何调节（注：图中 R_2 为电位器串入电路的部分电阻）。

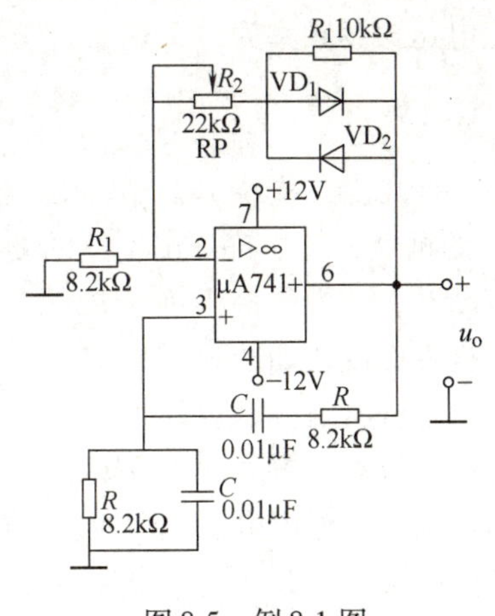

图 8-5　例 8-1 图

解：(1) $f_o=\dfrac{1}{2\pi RC}$

$$=\frac{1}{2\times3.14\times8.2\times10^3\times0.01\times10^{-6}}\text{Hz}$$

$$=1.94\text{kHz}$$

(2) 在负反馈电路中，二极管 VD_1、VD_2 与电阻 R_3 并联，所以不论输出信号是正半周还是负半周，总有一个二极管导通，放大倍数为

$$A_u=1+\frac{R_2+(R_3/\!/R_{VD})}{R_1}$$

式中，R_{VD} 是二极管 VD_1、VD_2 的正向交流电阻。

起振时，输出电压较小，二极管的正向交流电阻较大，负反馈较弱，使 A_u 略大于 3，有利于起振。起振后，输出电压增大，二极管的正向交流电阻逐渐减小，负反馈增强，A_u 下降为 3，保持稳幅振荡，达到自动稳定输出的目的。

（3）因为起振时，二极管的正向交流电阻较大，则有 $R_3 // R_{VD} \approx R_3$。

为了保证起振时 $A_u > 3$，则 $R_2 > 2R_1 - R_3$；

起振后，正向交流电阻很小，为了使输出波形不产生严重失真，则 $R_2 < 2R_1$。

8.1.3 *LC* 振荡电路

LC 正弦波振荡电路采用 *LC* 并联电路作为选频网络。它主要用来产生频率为 1MHz 以上的高频正弦波信号。

LC 并联电路如图 8-6 所示。由电工知识可得电路的谐振频率为

$$f_o = \frac{1}{2\pi\sqrt{LC}}$$

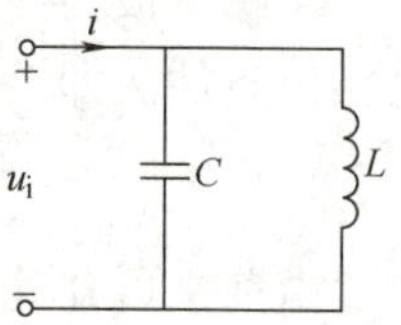

图 8-6　*LC* 并联电路

当 $f = f_o$ 时，*LC* 并联电路发生谐振，阻抗最大。当 $f < f_o$ 或 $f > f_o$ 时，电路失谐，阻抗很小。*LC* 并联电路具有区别不同频率信号的能力，即具有选频特性。

按反馈电路形式的不同，常见的 *LC* 正弦波振荡电路有变压器反馈式、电感三点式、电容三点式。

1. 变压器反馈式 *LC* 振荡电路

图 8-7 所示电路是采用高频变压器构成的变压器反馈式 *LC* 正弦波振荡电路。该电路采用分压式负反馈偏置的共发射极放大电路，起放大和控制振荡幅度作用。L_1C 并联谐振网络接在集电极，构成选频网络，能选择振荡频率，使得电路在谐振频率处获得振荡电压输出。该电压振荡频率为

$$f_o \approx \frac{1}{2\pi\sqrt{L_1C}} \tag{8-4}$$

变压器二次绕组 L_2 作为反馈绕组。为了使振荡电路自激起振，必须正确连接反馈绕组 L_2 的极性，使之符合正反馈的要求，满足相位平衡条件。其过程可表示为：假设反馈端 K 点断开，并引入输入信号 u_i 为（+），则各点的瞬时极性的变化如图 8-7 所示。

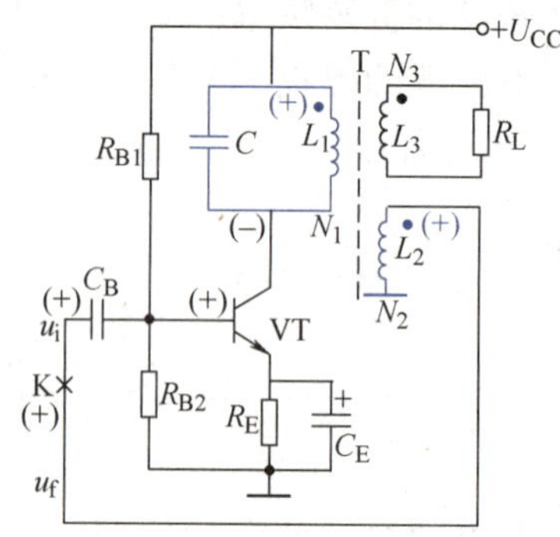

图 8-7　变压器反馈式 *LC* 正弦波振荡电路

经分析可知，电路振荡时，$f = f_o$，L_1C 回路的谐振阻抗是纯电阻性，由图中 L_1 及 L_2 同名端可知，反馈信号与输出电压极性相反，即 $\varphi_F = 180°$。于是 $\varphi_A + \varphi_F = 360°$，保证了电路的正反馈，满足振荡的相位平衡条件。图中若 L_1、L_2 的同名端接错，则为负反馈，就不满足相位平衡条件，不能自激振荡。

对频率 $f \neq f_o$ 的信号，L_1C 回路的阻抗不是纯阻抗，而是感性或容性阻抗。此时，L_1C 回路对信号会产生附加相移，造成 $\varphi_F \neq 180°$，于是 $\varphi_A + \varphi_F \neq 360°$，不能满足相位平衡条件，电路也不可能产生振荡。由此可见，L_1C 振荡电路只有在 $f = f_o$ 时，才有可能振荡。

反馈信号 u_f 的大小由匝数比决定，当变压器的匝数比和其他电路参数选择合适时，电路很容易满足幅值条件和起振条件 $|AF| \geq 1$。反馈线圈匝数越多，耦合越强，电路越容易起振。

变压器反馈式 *LC* 振荡电路的优点是容易起振，若用可变电容器代替固定电容 *C*，则调

频比较方便，缺点是输出波形不理想。由于反馈电压取自电感两端，它对高次谐波的阻抗大，反馈也强，因此在输出波形中含有较多高次谐波成分。振荡频率不太高，变压器反馈式 LC 振荡电路通常用来产生几兆赫到十几兆赫的正弦信号。

2. 电感三点式 LC 振荡电路

把并联 LC 回路中的 L 分成两个，则 LC 回路就有三个端点。把这三个端点分别与晶体管的三个极相连，就形成了电感三点式 LC 正弦波振荡电路。

图 8-8 所示电路为一电感三点式 LC 正弦波振荡电路，又称哈特莱振荡电路。

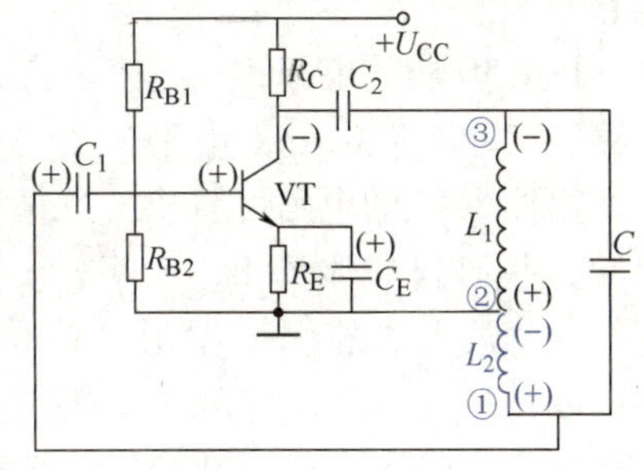

图 8-8　电感三点式 LC 正弦波振荡电路

从图 8-8 可以看出，反馈电压是取自电感 L_2 两端，加到晶体管 B、E 间的。设基极瞬时极性为正，由于放大器的倒相作用，集电极电位为负，与基极相位相反，则电感的 3 端为负，2 端为公共端，1 端为正，各瞬时极性如图 8-8 所示。反馈电压由 1 端引至晶体管的基极，故为正反馈，满足相位平衡条件。

改变线圈抽头的位置，即改变 L_2 的大小，就可调节反馈电压的大小。当满足 $|AF|>1$ 的条件时，电路便可起振。

通常晶体管电流放大系数 β 为几十，取 $L_1/L_2=N_1/N_2\approx3\sim7$ 时即可满足振幅平衡条件。

电路的振荡频率为

$$f_o=\frac{1}{2\pi\sqrt{LC}}=\frac{1}{2\pi\sqrt{(L_1+L_2+2M)C}} \tag{8-5}$$

式中，(L_1+L_2+2M) 为 LC 回路的总电感，M 为 L_1 与 L_2 间的互感系数。若将 LC 回路中的电容改为可变电容，则可以很方便地改变电路的振荡频率。

电感三点式 LC 振荡电路简单，容易起振，调频方便。由于反馈信号取自电感 L_2，电感对高次谐波感抗大，所以高次谐波的正反馈比基波强，因此使输出波形含有较多的高次谐波成分，波形较差。电感三点式 LC 振荡电路常用于对波形要求不高的设备中，其振荡频率通常在几十兆赫以下。

【例 8-2】　试用相位平衡条件判断图 8-9 电路能否产生正弦波振荡？

解： 因 C_E、C_B 数值较大，对于高频振荡信号可视为短路，其交流通路如图 8-9b 所示。由图可见，L_1、L_2、C 组成并联谐振回路，反馈电压取自电容 L_2 两端，加到晶体管 B、E

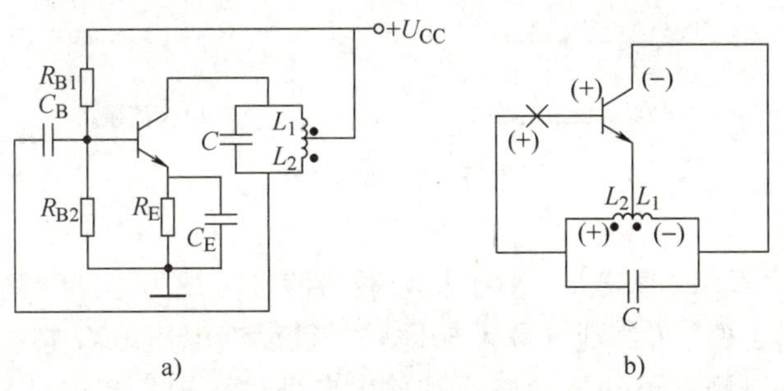

图 8-9　例 8-2 图

间。用瞬时极性法判断，可知反馈电压与放大电路输入电压极性相同，满足相位条件，可以产生振荡。

3. 电容三点式 *LC* 振荡电路

把并联 *LC* 回路中的 *C* 分成两个，则 *LC* 回路就有三个端点。把这三个端点分别与晶体管的三个极相连，就形成了电容三点式 *LC* 振荡电路。

图 8-10 所示电路为一电容三点式 *LC* 正弦波振荡电路，又称考毕兹振荡电路。

由图 8-10 的电路可看出，反馈电压取自电容 C_2 两端，并加到晶体管 B、E 间。设基极瞬时极性为正，由于放大器的倒相作用，集电极电位为负，与基极相位相反，则电容的 3 端为负，2 端为公共端，1 端为正，各瞬时极性如图 8-10 所示。反馈电压由 1 端引至晶体管的基极，故为正反馈，满足相位平衡条件。

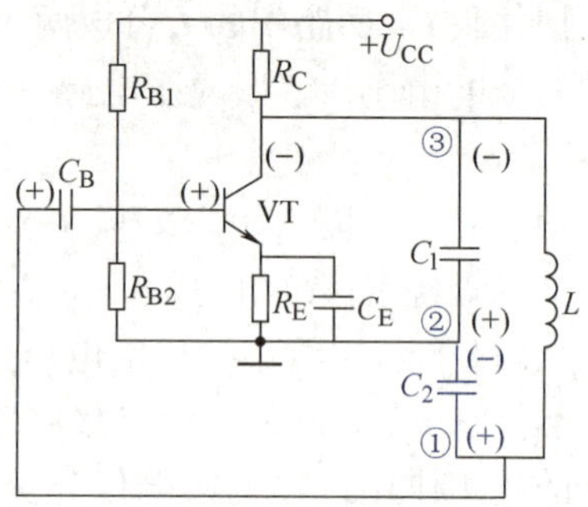

图 8-10　电容三点式 *LC* 正弦波振荡电路

适当地选择 C_1、C_2 的数值，并使晶体管有足够的放大倍数，电路便可起振。

电路的振荡频率由 *LC* 回路谐振频率确定，电路的振荡频率为

$$f_o \approx \frac{1}{2\pi\sqrt{LC}} = \frac{1}{2\pi\sqrt{L\frac{C_1C_2}{C_1+C_2}}} \tag{8-6}$$

由于反馈电压取自电容两端，电容对高次谐波容抗小，对高次谐波的正反馈比基波弱，使输出波形中的高次谐波成分小，输出波形较好，振荡频率较高，可达 100MHz 以上，但调节频率不方便。

【例 8-3】　试用相位平衡条件判断图 8-11a 电路能否产生正弦波振荡？若能振荡，指出振荡电路的类型，并计算其振荡频率 f_o。

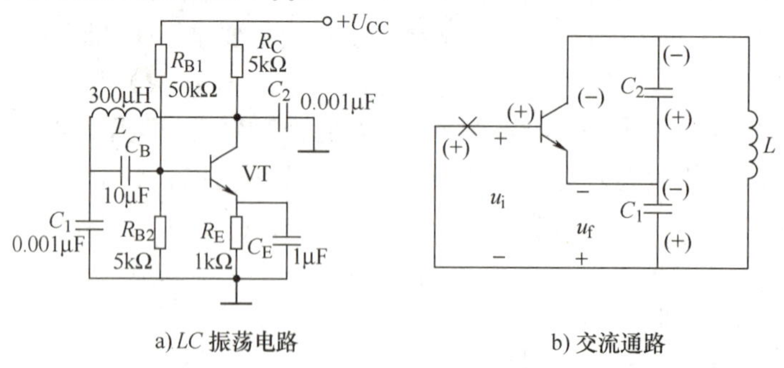

a) *LC* 振荡电路　　b) 交流通路

图 8-11　例 8-3 图

解：（1）因 C_B、C_E 数值较大，对于高频振荡信号可视为短路，其交流通路如图 8-11b 所示。由图可见，C_1、C_2、*L* 组成并联谐振回路，且反馈电压取自电容 C_1 两端。在交流通路中，用瞬时极性法判断，可知反馈电压和放大电路输入电压极性相同，满足相位平衡条件，因此可以产生振荡。

（2）由图8-11b可以看出，晶体管的三个电极分别与电容 C_1 和 C_2 的三个端子相接，所以该电路属于电容三点式 LC 正弦波振荡电路。

（3）振荡频率为

$$f_o = \frac{1}{2\pi\sqrt{L\frac{C_1C_2}{C_1+C_2}}} = \frac{1}{2\pi\sqrt{300\times10^{-6}\times\frac{0.001\times10^{-6}\times0.001\times10^{-6}}{0.001\times10^{-6}+0.001\times10^{-6}}}}\text{Hz} = 410.9\text{kHz}$$

8.1.4 石英晶体振荡电路

在很多场合，如通信电台、程控电话交换机、无线电综合测试仪、高档频率计数器、GPS、卫星通信、遥控移动设备等各种系统中，往往要求振荡器的频率稳定性很高。频率稳定性一般用频率的相对变化量 $\frac{\Delta f}{f_o}$ 表示，其中 $\Delta f = f - f_o$ 为频率偏移，f 为实际频率，f_o 为固有频率。石英晶体振荡电路选用石英晶体谐振器作为选频网络，具有极高的频率稳定性。一般石英晶体振荡电路的频率稳定性可达 10^{-9} ~ 10^{-11}。

石英是一种各向异性的结晶体，其主要的化学成分是 SiO_2。石英晶体谐振器（简称晶振）是从一块石英晶体上按确定的方位角切下的薄片，然后将晶片的两个对应表面上涂敷银层，并装上一对金属板，接出引线，封装于金属壳内构成。其外形、结构和符号如图8-12所示。

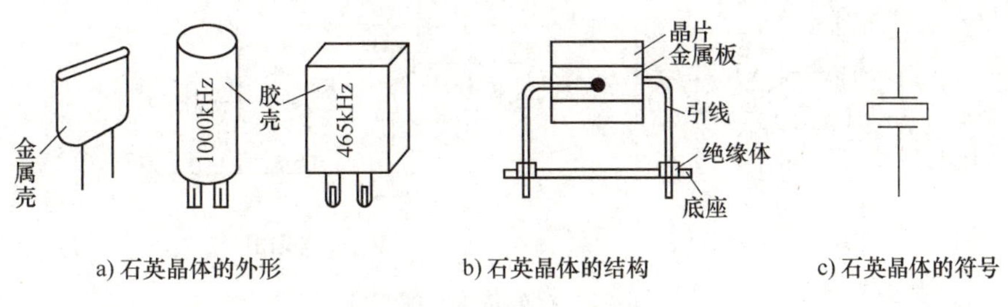

a) 石英晶体的外形　　b) 石英晶体的结构　　c) 石英晶体的符号

图8-12　石英晶体谐振器

石英晶体的等效电路如图8-13a所示。当石英晶体不振动时，可等效为一个平板电容 C_o，称为静态电容；其值决定于晶片的几何尺寸和电极面积，一般为几皮法到几十皮法。当晶片产生振动时，机械振动的惯性等效为电感 L，其值为几毫亨。晶片的弹性等效为电容 C，其值仅为0.01 ~0.1pF，因此，$C << C_o$。晶片的摩擦损耗等效为电阻 R，其值为几欧至上百欧，理想情况下 $R=0$。

当等效电路中的 L、C、R 支路产生串联谐振时，该支路呈纯阻性，等效电阻为 R，串联谐振频率为

$$f_s = \frac{1}{2\pi\sqrt{LC}} \tag{8-7}$$

在谐振频率下整个网络的电抗等于 R 并联 C_o 的容抗，因 $R << \frac{1}{\omega_o C_o}$ 故可近似认为石英晶体也呈纯阻性，等

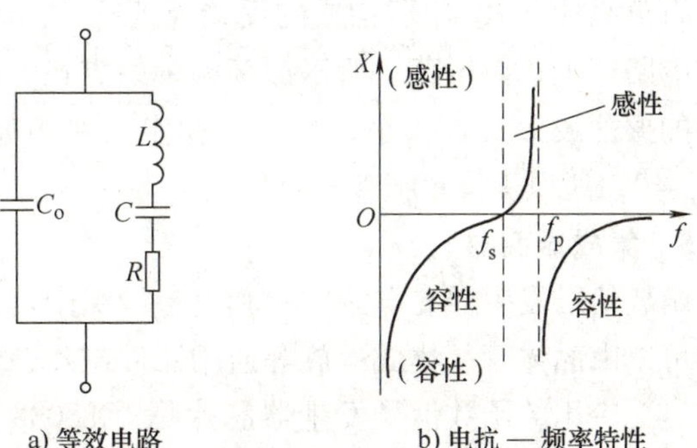

a) 等效电路　　b) 电抗—频率特性

图8-13　石英晶片的等效电路及电抗—频率特性

效电阻为 R。

当 $f<f_s$ 时，C_o 和 C 电抗较大，起主导作用，石英晶体呈容性。

当 $f>f_s$ 时，L、C、R 支路呈感性，又可能与 C_o 产生并联谐振，并联谐振时石英晶体又呈纯阻性，此时整个等效电路并联谐振频率为

$$f_p=\frac{1}{2\pi\sqrt{L\frac{CC_o}{C+C_o}}} \tag{8-8}$$

由于 $C<<C_o$，所以 $f_p\approx f_s$。这两个频率非常接近。图 8-13b 是石英晶体谐振器的电抗—频率特性曲线。当 $f_s<f<f_p$ 时，石英晶体呈感性，在其余频率范围内，均呈容性。

回路品质因数 $Q=\frac{1}{R}\sqrt{\frac{L}{C}}$，由于 C 和 R 的数值都很小，L 数值很大，所以 Q 值高达 10^4 ~ 10^6，使得振荡频率非常稳定。频率稳定性 $\Delta f/f_o$ 可达 10^{-6} ~ 10^{-8}，采用稳频措施后可达 10^{-10} ~ 10^{-11}。

石英晶体振荡电路可以归结为两类，一类称为并联型，如图 8-14a 所示；另一类称为串联型，如图 8-14b 所示。

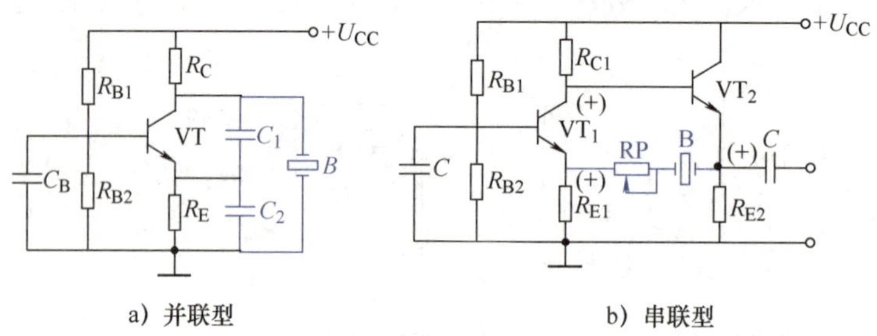

图 8-14　石英晶体振荡电路

并联型石英晶体振荡电路利用频率在 f_s ~ f_p 之间时，晶体阻抗呈感性的特点，与外接电容 C_1、C_2 构成电容三点式振荡电路。石英晶体为感性元件，该电路的振荡频率 f_o 接近于 f_s，但略高于 f_s，C_1、C_2 对 f_o 的影响很小，但改变 C_1 或 C_2 可以在很小的范围内微调 f_o。

图 8-14b 中，当频率等于石英晶体的串联谐振频率 f_s 时，晶体阻抗最小，且为纯电阻，此时石英晶体和 RP 串联构成的反馈为正反馈，满足相位平衡条件，且在 $f=f_s$ 时，正反馈最强，电路产生正弦振荡，所以振荡频率稳定在 f_s，图中的可变电阻 RP 用来调节反馈量，使输出的振荡波形失真较小，且幅度稳定。对于偏离 f_s 的其他信号，晶体的等效阻抗增大，且 $\varphi_F\neq 0$，所以不满足振荡条件。

8.1.5　集成振荡器

函数信号发生器在电路实验和设备检测中具有十分广泛的用途。如前所述，函数信号发生器可以由晶体管、集成运放等通用器件制作，现在还有专门的函数信号发生器集成电路。目前广泛应用的函数信号发生器芯片是 ICL8038（国产 5G8038），可以产生 300kHz 以下的方波、三角波、正弦波三种信号。MAX038 是 ICL8038 的升级产品，它的最高振荡频率可达 40MHz。

MAX038内部结构如图8-15所示，用一个主振器产生三角波和矩形波，三角波再由正弦波形成器转变为正弦波，矩形波OSCA、OSCB经方波形成器转变为方波。三种波形进入多路器，由地址线A0和A1选择输出。振荡器中C_F的充电和放电电流是由流入IIN的电流I_{in}来控制的，改变C_F和I_{in}的值能控制振荡器的频率。另外，在FADJ引脚上加±2.4V的电压可以改变±70%的标称频率（$U_{FADJ}=0$时的频率），这种方法可以对频率进行细调。在DADJ引脚上加±2.3V电压可以把占空比从15%变化到85%，并维持频率不变。当$U_{FADJ}=U_{DADJ}=0$时，输出信号对应50%的占空比和标称频率。MAX038内部提供的2.5V基准电压可以直接用电阻R_{in}接到IIN、FADJ、DADJ端，组成基本的波形产生电路。

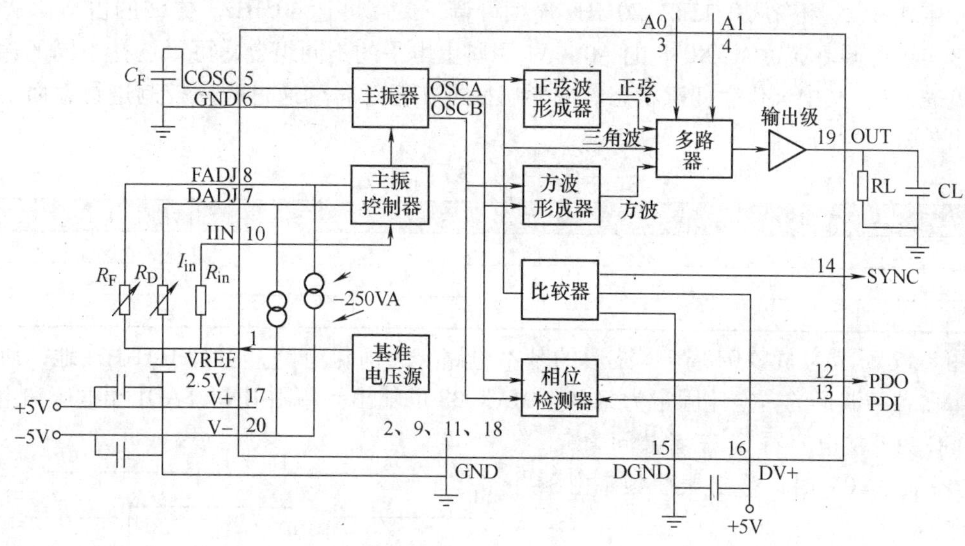

图8-15　MAX038内部结构图

图8-16所示为集成函数信号发生器芯片MAX038的引脚图。各引脚功能如下：

1—VREF：2.50V带隙基准电压输出端；

2、6、9、11、18—GND：接地端；

3—A0：波形选择输入端，TTL/CMOS兼容；

4—A1：波形选择输入端，TTL/CMOS兼容；

5—COSC：外部电容连接端；

7—DADJ：占空比调整输入端；

8—FADJ：频率调整输入端；

10—IIN：用于频率控制的电流输入端；

12—PDO：相位检波器输出端。如果不用相位检波器则接地；

13—PDI：相位检波器基准时钟输入端。如果不用相位检波器则接地；

14—SYNC：TTL/CMOS兼容的同步输出端，可由DGND至DV+间的电压作为基准。可以用一个外

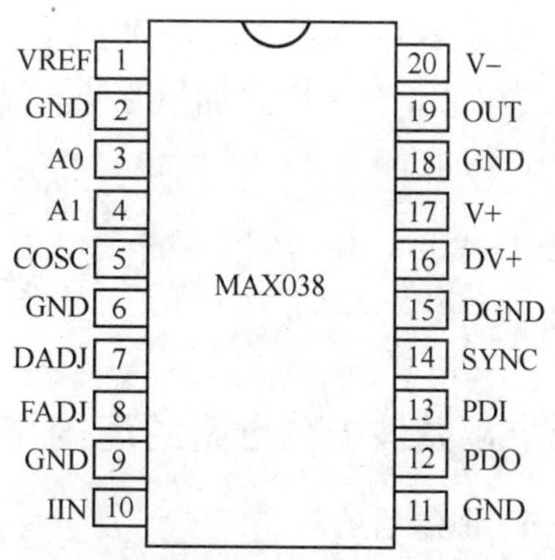

图8-16　MAX038引脚图

部信号来同步内部的振荡器。如果不用则开路；

15—DGND：数字地；

16—DV +：数字 +5V 电源。如果 SYNC 不用则将其开路；

17—V +：+5V 电源；

19—OUT：正弦波、方波或三角波输出端；

20—V -：-5 V 电源。

MAX038 是只需要很少外部元器件的精密高频波形产生器，在适当调整其外部控制条件时，它可以产生准确的高频方波、正弦波、三角波、锯齿波等信号，这些信号的峰-峰值精确地固定在 2V，频率从 0.1Hz ~20MHz 连续可调，最高可达 40MHz。方波的占空比从 10% ~90% 连续可调。通过 MAX038 的 A0、A1 引脚上电平的不同组合，可以选择不同的输出波形，见表 8-1，其中 × 代表任意状态。波形切换可在任意时刻通过程序控制进行，而不必考虑输出信号当时的相位。

表 8-1　A0、A1 的编码

A0	A1	输出波形
×	1	正弦波
0	0	方波
1	0	三角波

图 8-17 所示为 MAX038 产生波形的基本电路。为简化电路，引脚 DADJ 接地，使该信号发生器各种波形的占空比固定为 50%。MAX038 的输出频率由 IIN、FADJ 端电压和主振荡器 COSC 的外接电容器 C_F 三者共同确定。

当 $U_{FADJ}=0V$ 时，输出振荡频率由下式决定：

$$f_o = I_{in}/C_F$$

式中，I_{in}为当前输入到 IIN 的电流（$2\mu A \leqslant I_{in} \leqslant 750\mu A$），$I_{in}$可由基准电压源 VREF 与电阻 R_{in}串联来驱动（接在 VREF 和 IIN 之间的电阻就可产生 I_{in}，$I_{in}=U_{REF}/R_{in}$）。推荐的参考电流 I_{in}范围：10 ~400μA。

C_F 为 COSC 端外接振荡电容器，推荐容量范围为 $20pF \leqslant C_F \leqslant 100\mu F$。

当 $U_{FADJ} \neq 0V$ 时，输出频率 $f=f_o(1-0.2915U_{FADJ})$。

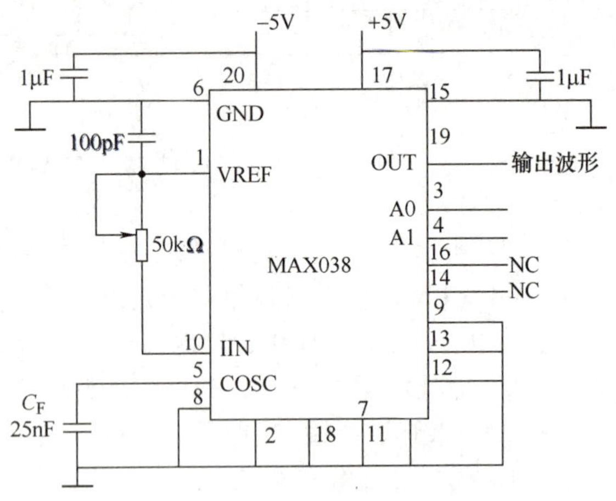

图 8-17　MAX038 的典型应用电路

模块 2　相关技能训练

8.2　正弦波振荡电路的连接与测试

1. 训练目的

1）进一步学习 *RC* 正弦波振荡器的组成及其振荡条件。

2）进一步学习变压器反馈式 LC 振荡器的组成及其振荡条件。

3）学会测量、调试振荡器。

2. 设备与元器件

12V 直流电源、双踪示波器、函数信号发生器、直流电压表、交流毫伏表、频率计、振荡线圈、晶体管 3DG12 或 9013、电阻器、电容器。

3. 电路原理

图 8-18a 为 RC 串并联选频网络振荡器，观察幅频特性时，将 RC 串并联网络与放大器断开，用函数信号发生器的正弦信号注入 RC 串并联网络，保持输入信号的幅度不变（约 3V），频率由低到高变化，RC 串并联网络输出幅值将随之变化，当信号源达某一频率时，RC 串并联网络的输出电压将达最大值（约 1V 左右），且输入、输出同相位，此时信号源频率为 $f=f_o=\dfrac{1}{2\pi RC}$。

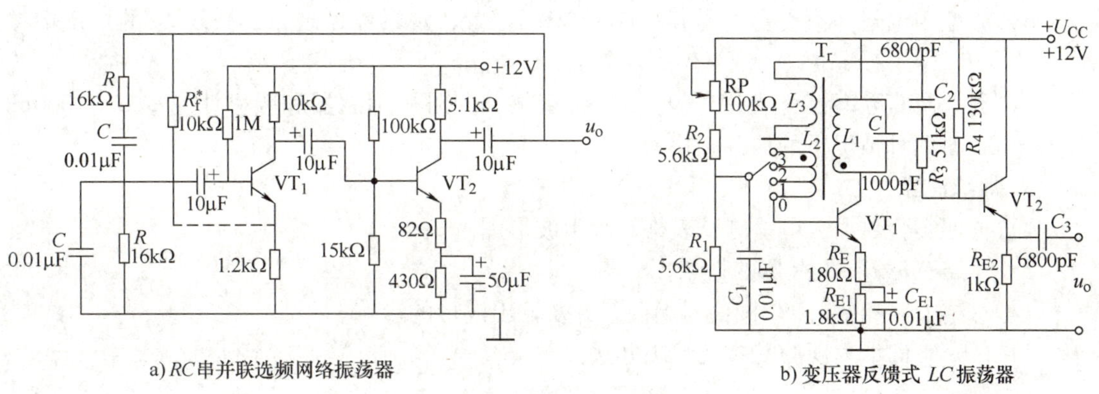

图 8-18　正弦波振荡电路

图 8-18b 为变压器反馈式 LC 振荡器，该电路是靠变压器一、二次绕组同名端的正确连接（如图中所示）来满足自激振荡的相位条件，即满足正反馈条件的。在实际调试中可以通过把振荡线圈 L_1 或反馈线圈 L_2 的首、末端对调，来改变反馈的极性。而振幅条件的满足，一是靠合理选择电路参数，使放大器建立合适的静态工作点，二是改变线圈 L_2 的匝数，或它与 L_1 之间的耦合程度，以得到足够强的反馈量。稳幅作用是利用晶体管的非线性来实现的。由于 LC 并联谐振回路具有良好的选频作用，因此输出电压波形一般失真不大。振荡器的振荡频率由谐振回路的电感和电容决定，即 $f_o=\dfrac{1}{2\pi\sqrt{LC}}$，式中 L 为并联谐振回路的等效电感（即考虑其他绕组的影响）。振荡器的输出端增加一级射极跟随器，用以提高电路的带负载能力。

4. 训练内容与步骤

（1）RC 串并联选频网络振荡器

1）按图 8-18a 组接线路。

2）断开 RC 串并联网络，测量放大器静态工作点及电压放大倍数。

3）接通 RC 串并联网络，并使电路起振，用示波器观测输出电压 u_o 波形，选择合适的

R_f 阻值使输出获得满意的正弦信号，记录波形及其参数。

4）测量振荡频率，并与计算值进行比较。

5）改变 R 或 C 值，观察振荡频率变化情况。

6）观察 RC 串并联网络的幅频特性。

（2）LC 串并联选频网络振荡器

1）按图 8-18b 连接实验电路。电位器 RP 置最大位置，振荡电路的输出端接示波器。

2）接通 $U_{CC}=+12$ 电源，调节电位器 RP，使输出端得到不失真的正弦波形，如不起振，可改变 L_2 的首末端位置，使之起振。测量两管的静态工作点及正弦波的有效值 U_o。

3）把 RP 调小，观察输出波形的变化。测量有关数据。

4）调大 RP，使输出波形刚刚消失，测量有关数据。

5）观察反馈量大小对输出波形的影响：置反馈线圈 L_2 于位置“0”（无反馈）、“1”（反馈量不足）、“2”（反馈量合适）、“3”（反馈量过强）时测量相应的输出电压波形。

6）验证相位条件：改变线圈 L_2 的首、末端位置，观察停振现象；恢复 L_2 的正反馈接法，改变 L_1 的首末端位置，观察停振现象。

7）测量振荡频率：调节 RP 使电路正常起振，同时用示波器和频率计测量 $C=1000$pF 和 $C=100$pF 两种情况下的振荡频率 f_o。

5. 训练总结

1）整理实验数据，填写测试表格，画出波形图。

2）总结三类 RC 振荡器的特点。

3）总结电路参数对 LC 振荡器起振条件及输出波形的影响。

4）讨论实训中发现的问题及解决办法。

模块 3　任务实现

8.3　正弦波信号发生器的制作

8.3.1　正弦波信号发生器的设计

MAX038 是 MAXIM 公司生产的一个只需要很少外部元器件的精密高频波形产生器，较以前常用的函数发生器件，从频率范围、频率精确度、对输出波形的控制性能以及用户使用的方便性等方面都有了很大的提高，因此可广泛应用于信号发生器、压控振荡器、脉宽调制器、频率合成器及 FSK 发生器等。

MAX038 的性能特点：

1）能精密地产生三角波、方波、正弦波信号。

2）频率范围为 0.1Hz ~ 20MHz，最高可达 40MHz，各种波形的输出幅度均为 2V（峰-峰值）。

3）占空比调节范围宽，占空比和频率均可单独调节，互不影响，占空比最大调节范围为 10% ~ 90%。

4）波形失真小，正弦波失真度小于 0.75%，占空比调节时非线性度低于 2%。

5）采用 ±5V 双电源供电，允许有 5% 变化范围，电源电流为 80mA，典型功耗为

400mW，工作温度范围为0～70℃。

6）内设2.5V基准电压，利用控制端FADJ、DADJ实现频率微调和占空比调节。

本任务中用MAX038构成一个5Hz～5MHz正弦波信号发生器。

图8-19所示为由MAX038构成的5Hz～5MHz正弦波信号发生器。

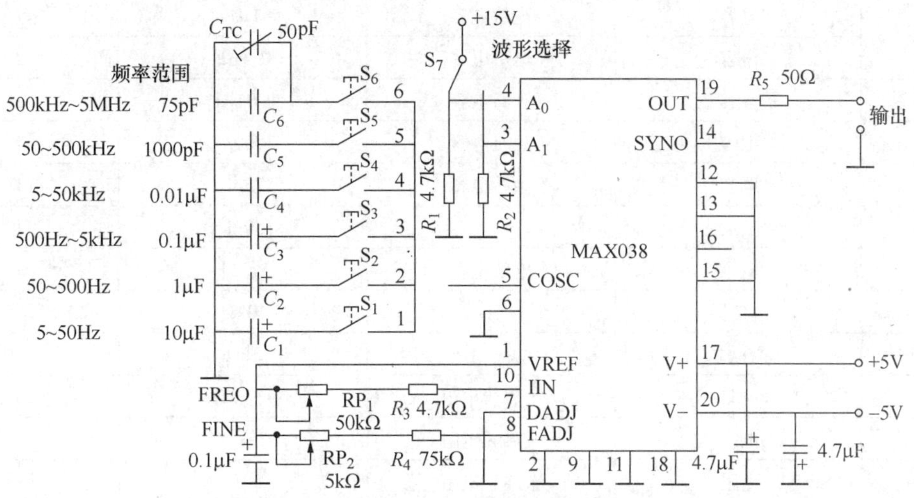

图8-19 MAX038构成的5Hz～5MHz正弦波信号发生器

此电路的特点是外围元器件少，功能多，可调元器件少，工作稳定可靠。此电路可以根据需要从方波、正弦波和三角波中任选，根据需要从6个频率中任选。MAX038专用函数发生器通过电流输入端IIN的大小设定振荡频率，用电阻把基准电压变换成电流，用流经FADJ端的电流微调频率。C_1～C_6是定时电容，电位器RP_1是用于设定频率。

8.3.2 元器件的选择及装调

根据MAX038的工作特性，当$U_{FADJ}=0V$时，输出频率$f_o=I_{in}/C_F$，$I_{in}=U_{in}/R_{in}=2.5V/R_{in}$；当$U_{FADJ}\neq 0V$时，输出频率$f=f_o(1-0.2915U_{FADJ})$。本任务中要用MAX038构成一个5Hz～5MHz正弦波信号发生器，由波段按钮$S_{1\sim6}$选择不同的C_F值，将整个输出信号分为6个频段：5Hz～50Hz、50Hz～500Hz、500Hz～5kHz、5kHz～50kHz、50kHz～500kHz、500kHz～5MHz。

每频段频率的调节由电位器RP_1和RP_2完成。RP_1为粗调电位器，改变RP_1数值，使振荡电容器C_F的充电电流I_{in}改变，从而使频率改变。根据MAX038的频率输出特点，可取RP_1总阻值为50kΩ的电位器。RP_2为细调电位器，通过改变U_{FADJ}的数值，使输出频率变化，RP_2变化范围较小，起微调作用，根据$f=f_o(1-0.2915U_{FADJ})$，取$RP_2=5k\Omega$的电位器可达到题目设计要求。因5MHz属于高频信号，为了减小连线分布电容对工作电容的影响，增加了一个50pF的半可变电容C_{TC}与75pF工作电容C_6并联，以对高频进行校准。为简化电路，各种波形的占空比固定为50%，这已能满足多数场合的使用要求，为此将MAX038的7脚DADJ端接地。

根据$f_o=I_{in}/C_F$和RP_1总阻值为50kΩ，电容C_1～C_6的取值可选择10μF～1000pF。

表8-2为构成5Hz～5MHz正弦波信号发生器的材料清单。

表 8-2 5Hz ~ 5MHz 正弦波信号发生器的材料清单

序号	元器件名称	型号	规格	数量
1	集成振荡器	MAX038		1
2	电容	电解电容	10μF	1
3	电容	电解电容	1μF	1
4	电容	电解电容	0.1μF	2
5	电容	独石电容	0.01μF	1
6	电容	独石电容	1000pF	1
7	电容	独石电容	75pF	1
8	可变电容		50pF	1
9	电容	电解电容	4.7μF	2
10	电位器		50kΩ	
11	电位器		5kΩ	
12	电阻	金属膜电阻	4.7 kΩ	3
13	电阻	金属膜电阻	75kΩ	1
14	电阻	金属膜电阻	50Ω	1
15	直流电源		15V	1
16	直流电源		±5V	1

元器件选择好后，按图 8-19 组装电路，检查无误后接通电源，波形选择开关 S_7 合向 3，用示波器观察输出波形，看是否为正弦波，逐一按下按钮 S_1 ~ S_6，观察输出波形频率变化。由于电路外围元器件少，一般安装无误都能正常工作。

习　题

8-1 选择题

(1) 为了满足振荡的相位平衡条件，反馈信号与输入信号的相位差应等于________。

A. 90°　　B. 180°　　C. 270°　　D. 360°

(2) 产生低频正弦波一般可用________振荡器；产生高频正弦波可选用________振荡器；产生频率稳定度很高的正弦波可选用________振荡器。

A. *RC*　　B. *LC*　　C. 石英晶体

(3) 在实验室要求正弦波发生器的频率为 10Hz ~ 10kHz，应选________，电子设备中要求 f = 4.000MHz，$\Delta f/f_o = 10^{-8}$，应选________，某仪器要求正弦波振荡器的频率在 10MHz ~ 20MHz，可选________。

A. *RC* 振荡器　　B. *LC* 振荡器　　C. 晶体振荡器

(4) 若依靠振荡管本身来稳幅，则从起振到输出幅度稳定，管子的工作状态是________。

A. 一直处在线性区　　B. 从线性区过渡到非线性区

C. 一直处在非线性区　　D. 从非线性区过渡到线性区

(5) 已知某振荡电路中的正反馈网络，其反馈系数为 0.02，为保证电路起振且可获得良好的输出信号波形，最合适的放大倍数是下列的________。

A. >0　　B. 5　　C. 20　　D. 50

（6）在并联型石英晶体振荡电路中，对于振荡信号，石英晶体相当于一个________。

A. 阻值极小的电阻　B. 阻值极大的电阻　C. 电感　D. 电容

（7）在串联型石英晶体振荡电路中，对于振荡信号，石英晶体相当于一个________。

A. 阻值极小的电阻　B. 阻值极大的电阻　C. 电感　D. 电容

（8）石英晶体振荡器的主要优点是________。

A. 频率高　B. 频率的稳定度高　C. 振幅稳定

（9）在 LC 振荡电路中，用以下哪种办法可以使振荡频率增大一倍？________。

A. 自感 L 和电容 C 都增大一倍　B. 自感 L 增大一倍，电容 C 减小一半

C. 自感 L 减小一半，电容 C 增大一倍　D. 自感 L 和电容 C 都减小一半

（10）当信号频率等于石英晶体的串联谐振频率或并联谐振频率时，石英晶体呈________；当信号频率介于石英晶体的串联谐振频率和并联谐振频率之间时，石英晶体呈________；其余情况下，石英晶体呈________。

A. 电阻性　B. 电感性　C. 电容性

8-2　试判断图 8-20 所示各电路是否满足自激振荡的相位平衡条件。

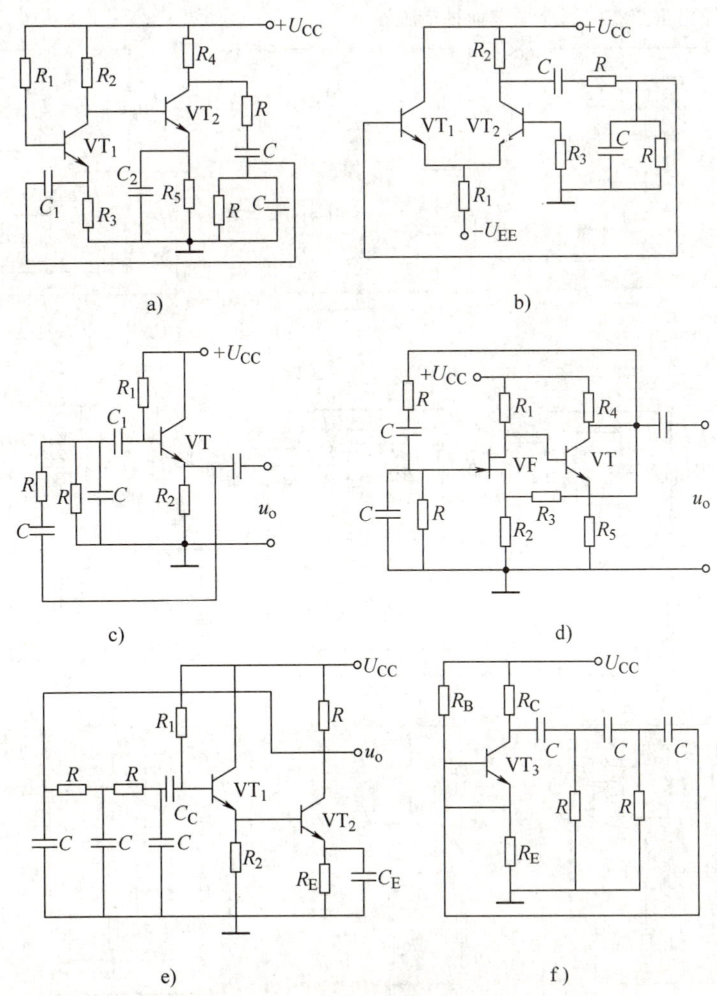

图 8-20　题 8-2 图

8-3　集成运放组成的 RC 桥式振荡电路如图 8-21 所示，已知 $R_1=R_2=1\text{k}\Omega$，$C_1=C_2=0.02\mu\text{F}$，$R_3=2\text{k}\Omega$。

（1）求振荡频率 f_o；

（2）若 R_4 采用具有负温度系数的热敏电阻，为了保证电路能稳定可靠的振荡，试选择 R_4 的冷态电阻；

（3）简述电路的稳幅原理。

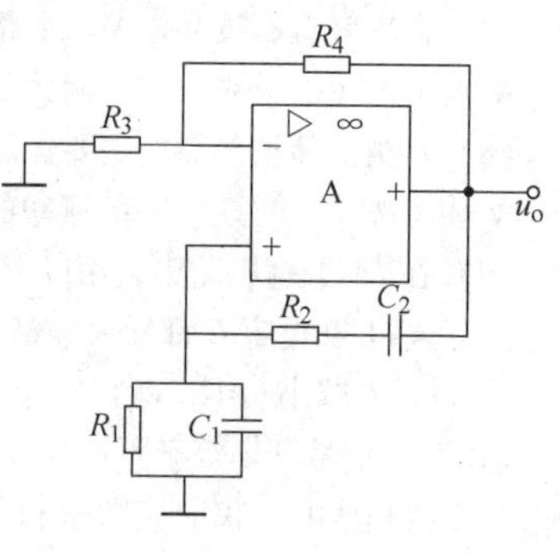

图 8-21　题 8-3 图

8-4　试标出图 8-22 中各变压器的同名端，使之满足产生振荡的相位条件。

8-5　试用相位平衡条件判断图 8-23 所示电路中哪些可能产生正弦波振荡？哪些不能？并说明理由。

8-6　如图 8-24 所示电路，要组成一个正弦波振荡电路，回答下列问题：

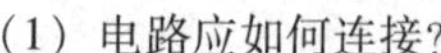

（1）电路应如何连接？

（2）若要提高振荡频率应采取何种措施？

（3）若振荡器输出正弦波失真应采取何种措施？

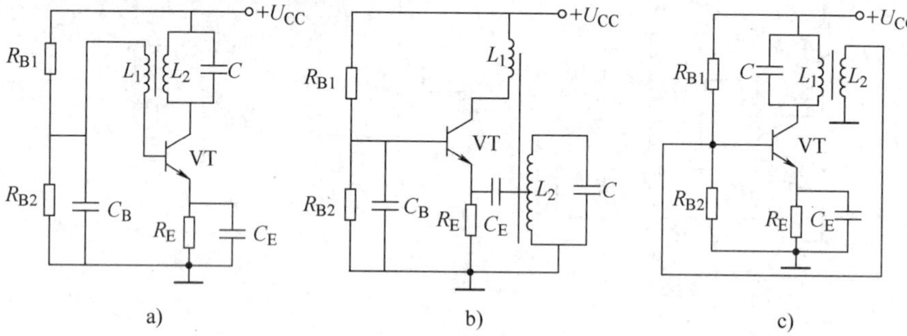

a)　　b)　　c)

图 8-22　题 8-4 图

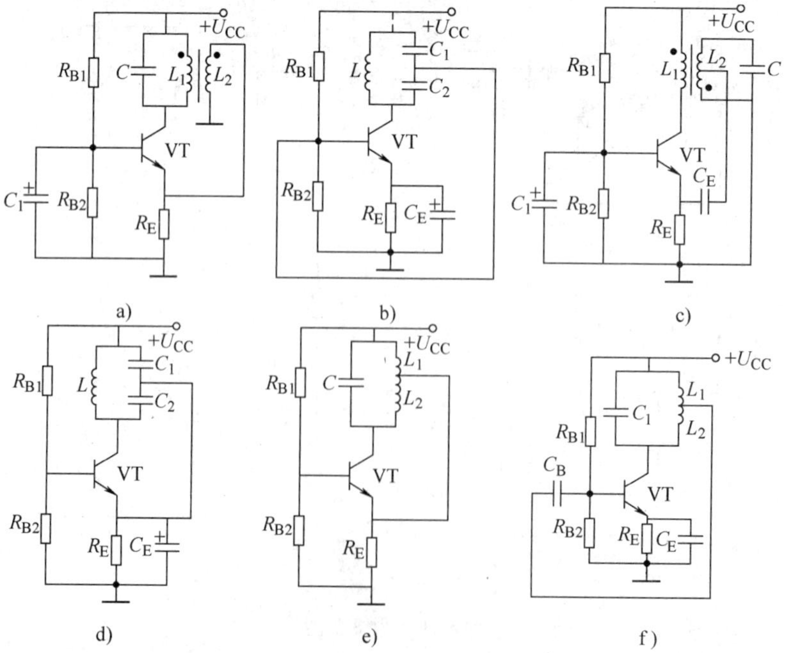

a)　　b)　　c)

d)　　e)　　f)

图 8-23　题 8-5 图

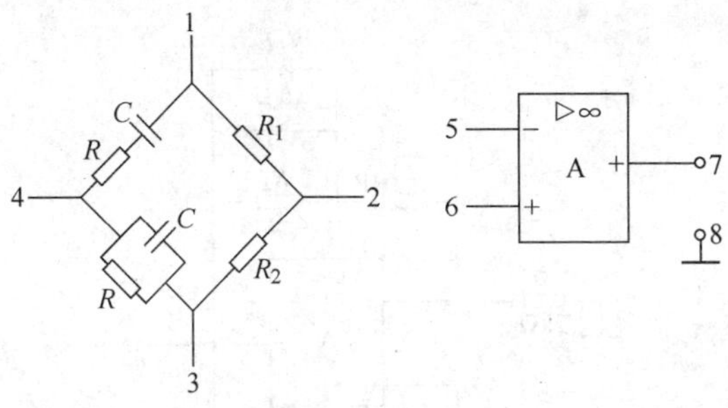

图 8-24 题 8-6 图

8-7 试用相位平衡条件判断图 8-25 所示各石英晶体振荡电路能否产生振荡，如能振荡，说明它们属于串联型还是并联型，并指出石英晶体在电路中各起什么作用。

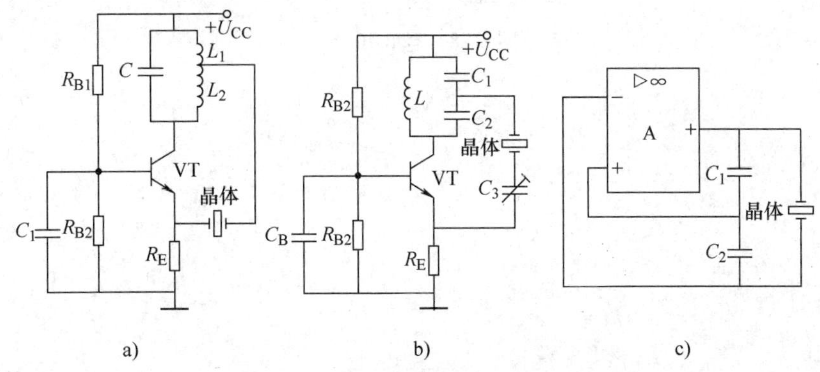

图 8-25 题 8-7 图

8-8 如图 8-26 所示晶振电路中，试分析晶体作用？已知晶体与 C_L 构成并联谐振回路，其谐振电阻 $R_o=80\text{k}\Omega$，$R_f/R_1=2$，试问：为满足起振条件，R 应小于何值？设集成运放是理想的。

8-9 图 8-27 所示电路为方波—三角波产生电路。已知 $R_1=1.5\text{k}\Omega$，$R_2=R_3=5.1\ \text{k}\Omega$，$R_5=2\ \text{k}\Omega$，$C=0.047\mu\text{F}$，$\pm U_Z=\pm 8\text{V}$。

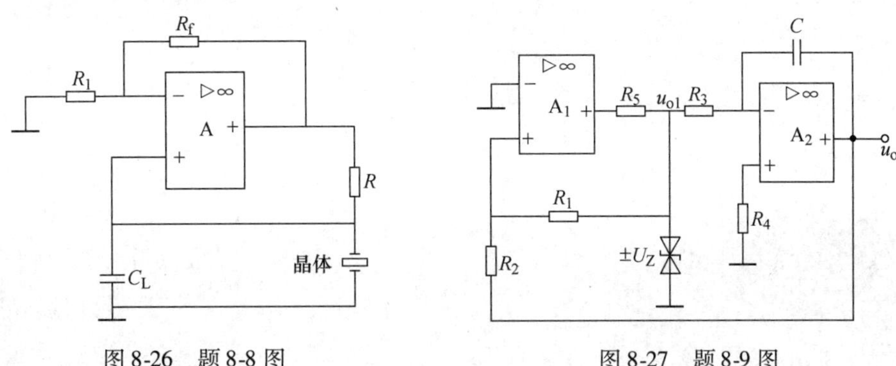

图 8-26 题 8-8 图　　图 8-27 题 8-9 图

(1) 试求其振荡频率，并画出 u_{o1}、u_o 的波形。

(2) 若要产生不对称的方波和锯齿波，电路应如何改进？可用虚线画在原电路图上。

8-10 正弦波振荡电路如图 8-28 所示，已知 $R_1=2\text{k}\Omega$，$R_2=4.5\text{k}\Omega$，RP 在 0 ~ 5 kΩ 范围内可调，设运放 A 是理想的，振幅稳定后二极管的动态电阻近似为 $r_d=500\Omega$。

(1) 求 RP 的阻值；

(2) 计算电路的振荡频率 f_o。

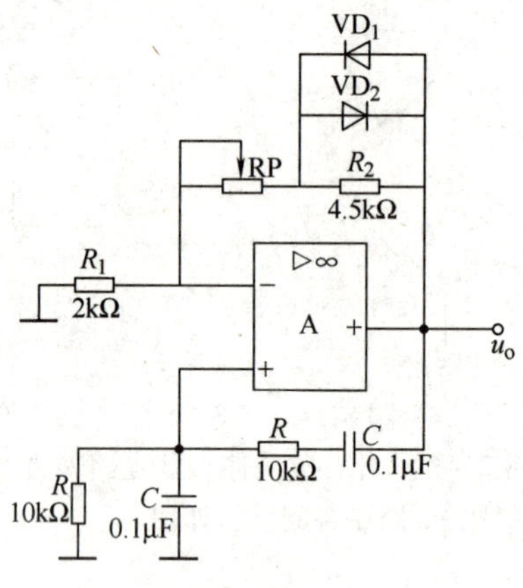

图 8-28　题 8-10 图

附　录

附录A　常用半导体分立器件型号和参数

一、我国半导体分立器件型号命名方法（摘自国家标准GB/T 249—1989）

1. 半导体器件的型号组成

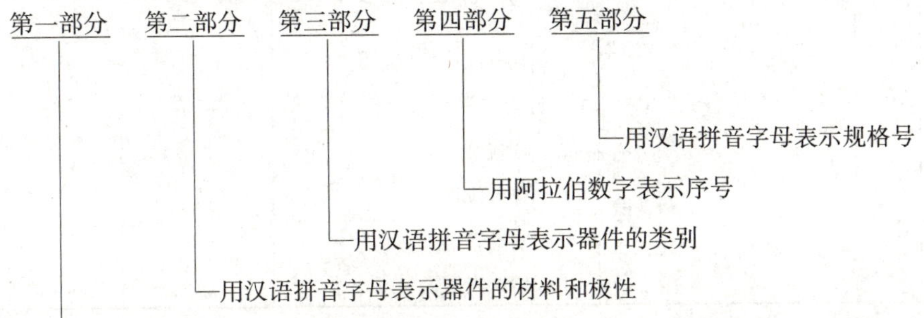

一些半导体分立器件的型号由一～五部分组成，另一些半导体分立器件的型号仅由三～五部分组成。

2. 型号组成部分的符号及其意义

第一部分		第二部分		第三部分		第四部分	第五部分
用阿拉伯数字表示器件的电极数目		用汉语拼音字母表示器件的材料和极性		用汉语拼音字母表示器件的类别		用阿拉伯数字表示序号	用汉语拼音字母表示规格号
符号	意义	符号	意义	符号	意义		
2	二极管	A	N型，锗材料	P	小信号管		
		B	P型，锗材料	V	混频检波管		
		C	N型，硅材料	W	电压调整管和电压基准管		
		D	P型，硅材料	C	变容管		
3	三极管	A	PNP型，锗材料	Z	整流管		
		B	NPN型，锗材料	L	整流堆		
		C	PNP型，硅材料	S	隧道管		
		D	NPN型，硅材料	K	开关管		
		E	化合物材料	X	低频小功率晶体管（$f_a < 3MHz$，$P_c < 1W$）		

（续）

第一部分		第二部分		第三部分		第四部分	第五部分
用阿拉伯数字表示器件的电极数目		用汉语拼音字母表示器件的材料和极性		用汉语拼音字母表示器件的类别		用阿拉伯数字表示序号	用汉语拼音字母表示规格号
符号	意义	符号	意义	符号	意义		
				G	高频小功率晶体管（$f_a \geqslant 3MHz$，$P_c < 1W$）		
				D	低频大功率晶体管（$f_a < 3MHz$，$P_C \geqslant 1W$）		
				A	高频大功率晶体管（$f_a \geqslant 3MHz$，$P_C \geqslant 1W$）		
				T	闸流管		
				Y	体效应管		
				B	雪崩管		
				J	阶跃恢复管		

二、二极管参数选录

1. 锗检波二极管

参数 型号	最大整流电流/mA	最高反向工作电压（峰值）/V	反向击穿电压（反向电流为400μA）/V	最高整流电流时正向压降/V	反向电流（反向电压分别为10V、100V）/μA	最高工作频率/MHz	极间电容/pF
2AP1	16	20	≥40	≤1.2	≤250	150	≤1
2AP7	12	100	≥150	≤1.2	≤250	150	≤1

2. 硅整流二极管

参数 型号	最大整流电流/A	反向电流（25℃）/μA	正向压降（25℃）/V	最高反向工作电压（峰值）/V	最高工作频率/kHz
2CZ52B～H	0.1	≤5	≤1	B：50　C：100　D：200 E：300　F：400　G：500 H：600　J：700　K：800	3
2CZ53C～K	0.3	≤10	≤1		
1N4001～7	1	≤5	≤1	50 100 240 400 600 800 1000	
1N5400～7	3	≤10	≤0.8	50 100 200 300 400 500 600 800	

3. FG 型发光二极管

参数 型号	发光颜色	耗散功率 /mW	工作电流/mA 最大	工作电流/mA 一般	正向电压 /V	反向电压 /V	峰值波长
FG134003	黄	125	50	10	<2.5	>5	585
FG314003	红	125	50	10	<2.5	>5	700

4. 硅稳压二极管

参数 型号		稳定电压 U_Z/V	稳定电流 I_Z/mA	最大稳定电流 I_{ZM}/mA	最大功耗 P_{ZM}/W	动态电阻 r_Z/Ω	温度系数 C_{TV}/（×10^{-4}℃）
1N747～9	2CW52	3.2～4.5	10	55	0.25	<70	-8
1N750～1	2CW53	4.0～5.8	10	41	0.25	<50	-6～4
1N752～3	2CW54	5.5～6.5	10	38	0.25	<30	-3～5
1N754	2CW55	6.2～7.5	10	33	0.25	15	+6
1N755～6	2CW56	7.0～8.5	5	27	0.25	15	+7
1N757	2CW57	8.5～9.5	5	26	0.25	<20	+8
2DW7A	2DW230	5.8～6.6	10	30	<0.20	<20	-0.5～0.5

5. 2CU 型光敏二极管

参数 型号	最高工作电压/V	暗电流 /μA	光电流 /μA	光电流灵敏度 /（μA/μW）	结电容 /pF	响应时间 /ns
2CU1A	10	≤0.2	≥80	≥0.5	≤8	5～50
2CU2B	20	≤0.1	≥30	≥0.5	≤8	5～50

三、常用小功率晶体管参数选录

1. 场效应晶体管参数选录

参数 型号	类型	I_{DSS} /mA	$U_{GS(off)}$或 $U_{GS(th)}$/V	g_m /mS	C_{gs} /pF	C_{gd} /pF	$U_{(BR)DS}$ /V	$U_{(BR)GS}$ /V	P_{DM} /mW	I_{DM} /mW	低频噪声系数 /dB
CS4868	NJFET	1～3	-1～-3	1～3	<25	<5	40	-40	300		<1
CS187	NDMOS	5～30	-0.5～-4	>7	4～8.5	<0.03	20	±6.5～12	330	50	4.5
3C01	PEMOS		-2～-6	0.5～3			15	20	100	15	
3DJ6H	NJFET	6～10	<9	>1	≤5	≤2	≥20	≥20	100	15	≤5

2. 晶体管参数选录

参数 型号	极性	P_{CM} /mW	I_{CM} /mA	$U_{(BR)CEO}$ /V	h_{FE}	I_{CBO} /μA	f_T /MHz	C_{ab} /pF
3AX31A	PNP（锗）	125	125	≥12	40～180	≤20	0.5	
3BX31A	NPN（锗）	125	125	≥12	40～180	≤20		

（续）

型号＼参数	极性	P_{CM} /mW	I_{CM} /mA	$U_{(BR)CEO}$ /V	h_{FE}	I_{CBO} /μA	f_T /MHz	C_{ab} /pF
3CX3200A	PNP（硅）	300	300	≥12	55～400	≤1		
3DX3200A	NPN（硅）	300	300	≥12	55～400	≤1		
3AG55A	PNP（锗）	150	50	≥15	40～180		≥100	≤8
3BG1	NPN（锗）	50	20	≥15	20～150			
3CG100A	PNP（硅）	100	30	≥15	≥25	≤0.1	≥100	≤4.5
3DG100A	NPN（硅）	100	20	≥20	≥30	≤0.1	≥150	≤4
3DG6	NPN（硅）	100	20	≥20	25	0.01	250	≤3.5
9011	NPN（硅）	300	300	≥30	54～198	≤0.1	150	
9012	PNP（硅）	625	500	≥20	64～202	≤0.1	150	
9013	NPN（硅）	625	500	≥20	64～202	≤0.1	150	
9014	NPN（硅）	450	100	≥45	60～1000	≤0.05	150	≤2.5

附录B　常用集成运放的引脚排列

集成运算放大器的封装形式主要为金属圆壳封装及双列直插式封装，如图 B-1 所示。金属圆壳封装的引脚有 8、10、12 三种形式，双列直插型封装的引脚有 8、14、16 三种形式。

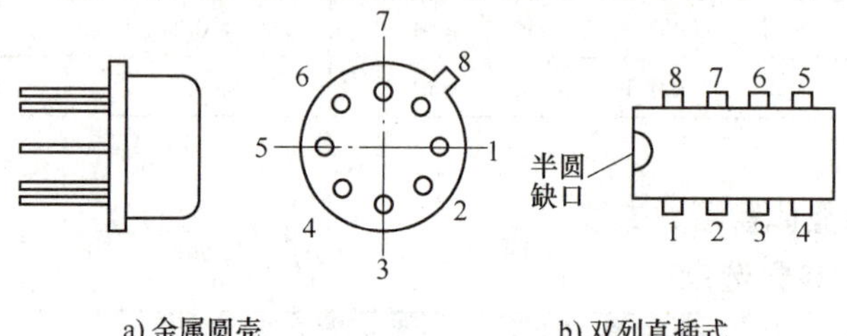

图 B-1　集成运算放大器的封装形式及引脚排列

表 B-1 列出了集成运算放大器引脚功能代表符号。表 B-2、表 B-3 和表 B-4 给出了部分常用集成运算放大器的引脚功能。

表 B-1　集成运算放大器引脚功能代表符号

符号	功能	符号	功能
IN_-	反向输入端	BI	偏置电流输入端
IN_+	同向输入端	C_X	外接电容端
OUT	集成运算放大器输出端	C_R	外接电阻及电容的公共端
V_+	正电源输入端	OSC	振荡信号输出端
V_-	负电源输入端	NC	空闲的引线端(空脚)
V_S	表示供电电压	GND	接地端

（续）

符号	功能	符号	功能
COMP	补偿端	GNDS	信号接地端
OA	调零端	GNGD	功率接地端

表 B-2 单运放集成电路引脚功能

型号	封装形式	引脚及功能
F001、5G922	金属圆壳（12 脚）	1—IN$_-$, 2—IN$_+$, 3—V$_-$, 4—COMP, 5—OUT, 6—V$_+$, 7—COMP2, 8—OA2, 9—OA3, 10—OA, 11—GND, 12—NC
F004、5G23	金属圆壳或双插直列（8 脚）	1—OA2, 2—IN$_-$, 3—IN$_+$, 4—V$_-$, 5—COMP, 6—OUT, 7—V$_+$, 8—OA1
CF709M、CF709C、CF1439C		1—COMP, 2—IN$_-$, 3—IN$_+$, 4—V$_-$, 5—COMP3, 6—OUT, 7—V$_+$, 8—COMP2
F007、5G24	金属圆壳（8 脚）	1—OA1, 2—IN$_-$, 3—IN$_+$, 4—V$_-$, 5—OA2, 6—OUT, 7—V$_+$, 8—NC
F012、5G26	金属圆壳（10 脚）	1—OA1, 2—OA2, 3—IN$_-$ 4—IN$_+$, 5—V$_-$, 6—1BI, 7—OUT, 8—V$_+$, 9—COMP1, 10—COMP2
μA725、LM725、μPC154、AD504H	金属圆壳或双插直列（8 脚）	1—OA1, 2—IN$_-$, 3—IN$_+$, 4—V$_-$, 5—COMP, 6—OUT, 7—V$_+$, 8—OA2

表 B-3 双运放集成电路引脚功能

型号	封装形式	引脚及功能
CF158、CF258、CF358、CF353、LF353、TL082、CF442、CF442A、F1458C、F1558、CF4558、CF7621、LM358、LM2904、NE532、μPC1257C、μPC358、LA6358、AN6561、AN6562、μPC258、5G353、5G022、CF412、CF412A、TLC272	金属圆壳或双插直列（8 脚）	1—OUTA, 2—IN$_-$ A, 3—IN$_+$ A, 4—V$_-$, 5—IN$_-$ B, 6—IN$_+$ B, 7—OUTB, 8—V$_+$
CF159、CF259、LF359	金属圆壳（14 脚）	1—BI$_a$, 2—OUTA, 3—COMPA, 4—GNDA, 5—NC, 6—IN$_-$ A, 7—IN$_+$ A, 8—BI$_b$, 9—IN$_+$ B, 10—IN$_-$ B, 11—GNDB, 12—V$_+$, 13—COMPB, 14—OUTB

表 B-4 四运放集成电路引脚功能

型号	封装形式	引脚及功能
CF124、CF224、CF324、CF147、CF347CF148、CF248、CF348、TL064、TL084、TL074P、TLC274、TLC347、LM2902	金属圆壳或双插直列（14 脚）	1—1OUT, 2—1IN$_-$, 3—1IN$_+$, 4—V$_+$, 5—2IN$_+$, 6—2IN$_-$, 7—2OUT, 8—3OUT, 9—3IN$_-$, 10—3IN$_+$, 11—V$_-$, 12—4IN$_+$, 13—4IN$_-$, 14—OUT4
CF146、CF246、CF346	金属圆壳（16 脚）	1—1OUT, 2—1IN$_-$, 3—1IN$_+$, 4—V$_+$, 5—2IN$_+$, 6—2IN$_-$, 7—2OUT, 8—BI$_{1,2,4}$, 9—BI$_3$, 10—3OUT, 11—3IN$_-$, 12—3IN$_+$, 13—V$_-$, 14—4IN$_+$, 15—4IN$_-$, 16—4OUT

参 考 文 献

[1] 童诗白，华成英. 模拟电子技术基础［M］. 北京：高等教育出版社，2006.

[2] 秦曾煌. 电工学［M］：下册. 4版. 北京：高等教育出版社，1990.

[3] 薛文. 电子技术基础-模拟部分［M］. 北京：高等教育出版社，2001.

[4] 沈任元，吴勇. 模拟电子技术基础［M］. 北京：机械工业出版社，2000.

[5] 梅开乡，梅军进. 模拟电子技术［M］. 北京：北京理工大学出版社，2009.

[6] 陈梓城. 电子技术实训［M］. 北京：机械工业出版社，2002.

[7] 付植桐. 电子技术［M］. 北京：高等教育出版社，2004.

[8] 宁慧英. 模拟电子技术［M］. 北京：化学工业出版社，2010.

[9] 汪红. 电子技术［M］. 2版. 北京：电子工业出版社，2009.